Stefan Caba

Qualitätsorientierte Prozessauslegung im Resin Transfer Molding

AF670530

Fertigungstechnik –
aus den Grundlagen für die Anwendung

Schriften aus der Ilmenauer Fertigungstechnik

Herausgegeben von
Univ.-Prof. Dr.-Ing. habil. Jean Pierre Bergmann
(Technische Universität Ilmenau).

Band 11

Qualitätsorientierte Prozessauslegung im Resin Transfer Molding

Stefan Caba

Universitätsverlag Ilmenau

2021

Impressum

Bibliografische Information der Deutschen Nationalbibliothek

Die Deutsche Nationalbibliothek verzeichnet diese Publikation in der Deutschen Nationalbibliografie; detaillierte bibliografische Angaben sind im Internet über http://dnb.d-nb.de abrufbar.

Diese Arbeit hat der Fakultät für Maschinenbau der Technischen Universität Ilmenau als Dissertation vorgelegen.

Tag der Einreichung:	19. Juni 2020
1. Gutachter:	Univ.-Prof. Dr.-Ing. habil. Jean-Pierre Bergmann (Technische Universität Ilmenau)
2. Gutachter:	Prof. Dr.-Ing. Peter Michel (Hochschule Merseburg)
3. Gutachter:	Prof. Dr.-Ing. Reinhard Schiffers (Universität Duisburg-Essen)
Tag der Verteidigung:	15. Januar 2021

Technische Universität Ilmenau/Universitätsbibliothek
Universitätsverlag Ilmenau
Postfach 10 05 65
98684 Ilmenau
https://www.tu-ilmenau.de/universitaetsverlag

ISSN 2199-8159 (Druckausgabe)
ISBN 978-3-86360-238-3 (Druckausgabe)
DOI 10.22032/dbt.47951
URN urn:nbn:de:gbv:ilm1-2021000044

Danksagung

Ich möchte mich bei allen bedanken, die mir auf dem Weg zum Erstellen dieser Dissertation geholfen haben. Hierbei ist zunächst meine Frau Susanne zu nennen, die in den vergangenen Jahren viel zu viel auf mich verzichten musste und mir dennoch mit Rat und Motivation zur Seite stand.

Weiterhin möchte ich mich bei Professor Jean-Pierre Bergmann herzlich bedanken, der die Betreuung dieser Arbeit nach dem Tod meines Doktorvaters übernommen hat und mir viele wichtige Impulse gegeben hat. Das war keinesfalls selbstverständlich und hat mir ermöglicht, dieses für mich so wichtige Vorhaben zu Ende zu führen.

Ebenso möchte ich meinen Kollegen des Fachgebiets Kunststofftechnik der TU Ilmenau sowie den technischen Mitarbeitern und wissenschaftlichen Hilfskräften danken, die mich bei praktischen Arbeiten und der Diskussion der Messergebnisse unterstützt haben.

Stefan Caba

Zusammenfassung

Resin Transfer Molding (RTM) als Herstellungsverfahren für Faserverbundbauteile bietet die Vorteile kurzer Zykluszeiten und niedriger Fehlstellengehalte in Form von Poren. Die Realisierung dieser beiden Ziele ist jedoch nur möglich, wenn der Einfluss der Prozesskenngrößen auf den Fehlstellengehalt bekannt ist. Hierzu wird in der vorliegenden Arbeit ein Beitrag geleistet.

Die Bildung von Poren findet während der Benetzung der Faserbündel an der Fließfront des Harzes statt. Dabei entstehen aufgrund von Permeabilitätsunterschieden sowie der Wirkung des Kapillareffekts Ungleichmäßigkeiten, die zum Einschluss von Luft führen. In bisherigen Untersuchungen wurden zur Abschätzung des Porengehalts stets statische Kenngrößen verwendet und es erfolgte keine ausreichende Berücksichtigung der Bündelgeometrie. Daher können Ergebnisse nicht zur Prozessoptimierung auf konkret vorliegende Fälle übertragen werden.

Mit Hilfe hier neu entwickelter Bündeltränkungsmodelle, in denen der dynamische Kontaktwinkel zwischen Harz und Faser erstmals rechnerisch erfasst wird, werden zunächst die Vorgänge an der Fließfront beschrieben. Es wird aufgezeigt, dass der Kapillareffekt bei hohen Tränkungsgeschwindigkeiten nicht mehr vorantreibend, sondern hemmend wirkt. Die Tränkungsmodelle werden in Fehlstellenentstehungsmodelle für sphärische und zylindrische Poren überführt. Ein neuartiges Weibull-Modell liefert dabei die Viskositätsentwicklung des Harzes während der Injektionsphase.

Im anschließenden praktischen Teil werden Prozessversuche innerhalb eines Versuchsraums aus unterschiedlichen Preforms durchgeführt, in denen gezielt Poren erzeugt werden. Die vorliegenden Prozesskenngrößen werden in einem Glaswerkzeug in-situ erfasst. Die Gehalte der wesentlichen Fehlstellenarten werden analysiert. Hieraus ergeben sich empirisch ermittelte Anpassungsfaktoren für die Fehlstellenentstehungsmodelle, die von Faserhalbzeug oder Benetzungsrichtung abhängig sind. Die Modelle sind damit auf weitere Halbzeuge übertragbar.

Abschließend wird ein Algorithmus zur Bestimmung der Injektionsparameter auf Basis des zu erwartenden Fehlstellengehalts anhand eines Beispielbauteils präsentiert. Dieser gestattet eine Prozessoptimierung, die sowohl eine kurze Zykluszeit als auch einen niedrigen Fehlstellengehalt zum Ziel hat. Somit wird ein kostengünstiger und qualitativ hochwertiger RTM-Prozess ermöglicht.

Abstract

Resin Transfer Molding (RTM) as a manufacturing process for fiber composite components offers the advantages of short cycle times and low void content in form of pores. However, the realization of these two objectives is only possible if the influence of the process parameters on the void content is known. A contribution is made to this in the present work.

The formation of voids in RTM takes place at the flow front of the resin that wets out the fiber bundles. Due to differences in permeability and the capillary effect, uneven flow fronts are created which leads to air entrapments. In previous investigations, static parameters were used to estimate the pore content and the bundle geometry was not sufficiently taken into account. Therefore, results cannot be transferred for process optimization of concrete parts.

With the help of here newly developed bundle impregnation models, in which the dynamic contact angle between resin and fiber is calculated for the first time, the processes at the flow front are described. It is shown that the capillary effect at high impregnation rates no longer has a driving effect but an inhibiting effect. The impregnation models are transferred into models of void formation for spherical and cylindrical pores. A novel Weibull model provides the viscosity development of the resin during the injection phase.

In the subsequent practical part, process tests are carried out within a testing space using different preforms in which pores are specifically created. The existing process parameters are recorded in-situ using a glass mold. The contents of the main types of voids are analyzed. This results in empirically determined adaptation factors for the void formation models, which depend on the semi-finished fiber product or wetting direction. The models are thus transferable to other semi-finished products.

Finally, an algorithm for determining the injection parameters based on the expected void content is presented using an example component. This allows a process optimization aiming at a short cycle time as well as a low void content. Thus, a cost-effective and high-quality RTM process is made possible.

I Inhaltsverzeichnis

1 Einführung

Das gesteigerte Umweltbewusstsein hat in den vergangenen Jahrzehnten vermehrt zur Entwicklung ressourcensparender Produkte geführt. So werden in der Automobilindustrie eine Senkung des Verbrauchs, bzw. eine Erhöhung der Reichweite angestrebt. Die gleichzeitige Steigerung der Insassen- und Fußgängersicherheit sowie des Komforts hat jedoch dazu geführt, dass die Fahrzeugmasse mit jeder Fahrzeuggeneration angestiegen ist. Eine Fortsetzung der Gewichtssteigerung entsteht durch Hybridantriebe und vollelektrische Fahrzeugvarianten. Diese neuen Antriebsvarianten erzeugen ein Zusatzgewicht, da neben dem Antrieb auch die zugehörige Batterie transportiert werden muss.

Leichtbau als Konstruktionsphilosophie bietet die Möglichkeit, die Gewichtssteigerungen abzumildern. Die Konstruktion wird hierbei unter dem grundlegenden Aspekt der Gewichtsreduktion durchgeführt. Die Reduktion der Masse verursacht zumeist erhöhte Kosten, die sich aus der Verwendung höherwertiger Werkstoffe, aber auch der Nutzung neuartiger Fertigungsverfahren ergeben. Steigende Kosten können daher nur begrenzt werden, wenn Werkstoffe und Verfahren so optimiert werden, dass eine verbesserte Nutzbarkeit bei moderaten Bauteilkosten ermöglicht wird.

Das gilt insbesondere für die Verbundbauweise als wichtiger Teil der Strategie des Stoffleichtbaus [Wie07]. Die Nutzung neuer und angepasster Werkstoffe gemeinsam mit entsprechenden innovativen Auslegungskriterien birgt hier eine Vielzahl von Potenzialen, die es insbesondere für kunststoffbasierte Faserverbunde umzusetzen gilt. Faserverbunde werden erzeugt, indem Fasern mit erhöhter Festigkeit mit einer Kunststoffmatrix benetzt werden. Dabei handelt es sich in der Regel um Glas- oder Kohlenstofffasern, die gezielt in Belastungsrichtung ausgerichtet oder in Form von Geweben oder Gelegen eingesetzt werden [Has14]. Die Faserherstellung ist aufgrund eines hohen erforderlichen Energieeinsatzes sehr aufwendig. Ebenso sind die Produktionsprozesse maßgeblich für einen aktuell noch hohen Preis der Faserverbunde im Vergleich zu klassischen Metallbauteilen. Während auf der Werkstoffseite keine großen Einsparungen mehr zu erwarten sind, kann über die

Steigerung der Qualität sowie die Senkung der Zykluszeiten noch ein großes Potenzial zur Kostensenkung gehoben werden [LEM12]. In diesem Spannungsfeld ist festzustellen, dass keine Prozessmodelle verfügbar sind, die diese Zielgrößen und deren Relation zueinander zufriedenstellend beschreiben können.

Dem Resin Transfer Molding Verfahren (RTM) wird aufgrund der hohen möglichen Automatisierungsgrade und der vergleichsweise kurzen Zykluszeiten hohes Potenzial für mittlere und große Serien zugeschrieben. Dabei wird das zur Matrix aushärtende Harz in ein mit Fasern gefülltes Werkzeug injiziert. Das Verfahren gliedert sich in die in Abbildung 1-1 dargestellten grundlegenden Schritte auf. Zunächst wird ein trockenes Faserhalbzeug in das Werkzeug eingelegt. Hierzu kommen in der Regel sogenannte Preforms zum Einsatz, welche aus bereits konfektionierten Verstärkungsfasern bestehen. Diese können zuvor umgeformt sein, um eine bessere Abbildung der angestrebten Faserrichtungen zu erzielen [FZR13]. Das Werkzeug wird geschlossen, sodass eine luftdichte Kavität entsteht, in der ein definierter Faservolumengehalt vorliegt. Es folgt die Injektion des mit dem Härter gemischten Harzes, das die Fasern benetzt. Dieses wird in einer druck- oder volumenstromgesteuerten Injektionsanlage zu einer homogenen Flüssigkeit vermischt und in das Werkzeug mit Druck injiziert [Pot93]. Die in der Kavität vorhandene Luft wird verdrängt und die Fasern werden benetzt. Nach erfolgreicher Injektion wird gegebenenfalls ein Nachdruck appliziert, der die Schwindung ausgleichen soll. Unter Temperatureinwirkung reagieren Harz und Härter zu einem duroplastischen Festkörper. Nach Öffnung des Werkzeugs kann das Bauteil entnommen werden. Durch die anschließende Reinigung und den Auftrag eines Trennmittels wird die Verbindung des Harzes mit dem Werkzeug verhindert [Cha13] [Sie13].

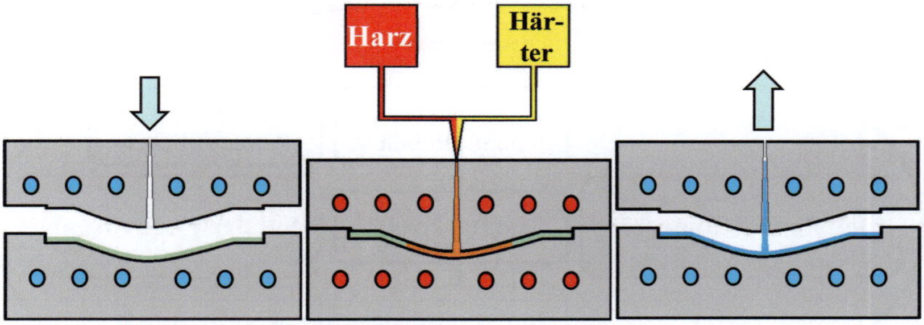

Preform einlegen	Harzinjektion	Werkzeug öffnen
Werkzeug schließen	Aushärtung unter Temperatureinwirkung	Bauteil entnehmen

Abbildung 1-1 Grundlegende Verfahrensschritte des RTM-Verfahrens

Innerhalb des Kernprozesses, der Benetzung der Fasern, wird der Fließvorgang des Harzes von verschiedenen Faktoren beeinflusst, was wiederum den Fehlstellenanteil in Form von Luftblasen und damit auch die mechanischen Eigenschaften des Bauteils maßgeblich bestimmt. Da die Abstände zwischen den Faserbündeln größer sind als zwischen den Einzelfasern, liegen lokal unterschiedliche Fließwiderstände vor. Die Permeabilität als Kehrwert des Fließwiderstands beeinflusst den Fließvorgang in globaler sowie lokaler Betrachtung. Einen weiteren Einflussfaktor auf den lokalen Fließvorgang stellt der ausschließlich im Faserbündel wirksame Kapillareffekt dar, der einen zusätzlichen Druck auf das Harz erzeugt. Dieser ist bislang nur unzureichend in Modellvorstellungen abgebildet. Das in Abbildung 1-2 skizzierte komplexe Zusammenspiel der wichtigsten Einflussfaktoren ist bislang nur in Teilen bekannt. Bestehende Ansätze beschreiben meist entweder die globalen oder lokalen Zusammenhänge. Die Fehlstellenentstehung wird jedoch über beide Betrachtungsebenen erklärt und ist daher nicht hinreichend abschätzbar.

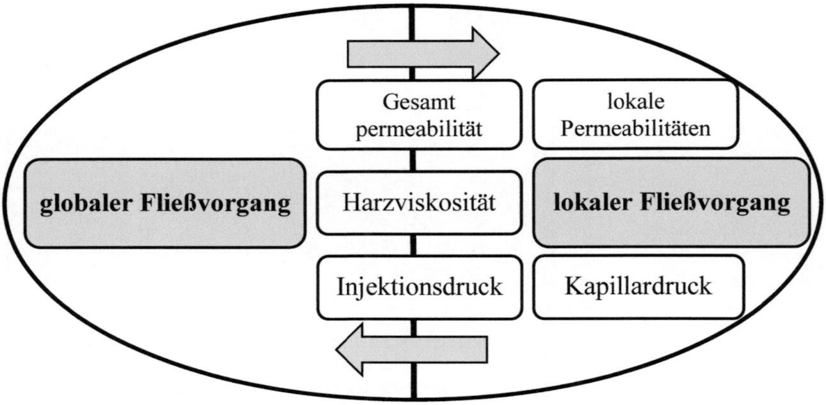

Abbildung 1-2 Komplexes Zusammenspiel zwischen den physikalischen Vorgängen und den Betrachtungsebenen

Eine Verringerung der Fehlstellen ist nur bei einer Anpassung des Prozesses auf die verwendeten Ausgangsmaterialien und deren Verhalten im Prozess möglich. Dazu sind bislang keine allgemeingültigen Prozessmodelle verfügbar, die die Benetzung der Bündel basierend auf mikromechanischen Vorgängen abbilden.

An dieser Stelle setzt die Arbeit an. Auf Grundlage neuartiger, validierter Modelle, die die Fehlstellenentstehung unter dynamischen Bedingungen realitätsnah abbilden und so deren Abschätzung erlauben, wird das Prozessverständnis des RTM erweitert. Damit wird die Basis geschaffen, Zykluszeitverringerung und Bauteilqualität gekoppelt zu betrachten und entsprechend zu berücksichtigen.

2 Stand der Wissenschaft und Technik

2.1 Stand der Technik des RTM-Prozesses

Der Resin Transfer Molding bezeichnet die grundlegende Vorgehensweise der Injektion in ein mit trockenen Verstärkungsfasern belegtes Werkzeug [WiK15] [Pot97]. Der Blick auf das in Abbildung 2-1 dargestellte Zykluszeitdiagramm eines Standard-RTM-Prozesses zeigt, dass die zur Verfügung stehende Prozesszeit zum Großteil durch die Teilprozesse der Harzinjektion und der Harzaushärtung in Anspruch genommen werden [Köt91].

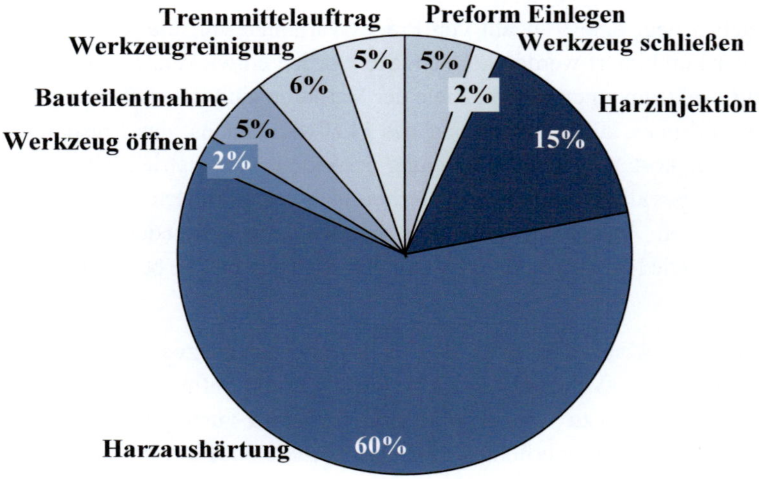

Abbildung 2-1 Zykluszeitdiagramm eines RTM-Prozesses nach [Köt91]

Die Aushärtungszeit beträgt dabei ca. das 3- bis 5-fache der Injektionszeit [HDN11]. Die Voraussetzung dafür ist jedoch, dass Harzsystem und Werkzeugtemperatur aufeinander abgestimmt sind, sodass die Gelierung direkt nach Abschluss der Harzinjektion beginnt [FZR13]. Als Gelierung wird der Zeitpunkt bezeichnet, ab dem das Harz von der Flüssigkeit zum

Festkörper wird. Da ab diesem Zeitpunkt die Injektion sicher abgeschlossen sein muss, ist in der Praxis mit höheren Verhältnissen zu rechnen.

Die erzielbaren Injektionsgeschwindigkeiten sind von der verfügbaren Anlagentechnologie sowie der erforderlichen Bauteilqualität abhängig. Bei zu hohen Fließgeschwindigkeiten kann es zur Faserverschiebung sowie zur Bildung von Lufteinschlüssen kommen [RPL96]. Diese begrenzen daher die mögliche Verringerung der Zykluszeit. Eine Verfahrensoptimierung muss insbesondere die Injektionsphase adressieren. Dabei müssen die Qualität in Form von Fehlstellen sowie die Zykluszeit gleichzeitig betrachtet werden.

2.1.1 Verfahrensvarianten

Der RTM-Prozess bezeichnet lediglich die grundlegenden Prozessabläufe. Daneben liegt eine Vielzahl von Prozessvarianten vor, die teilweise miteinander kombiniert werden können. Sie wurden entwickelt, um das Anwendungsspektrum zu erweitern. Ziele der Variation sind eine Erhöhung des Injektionsdrucks, die Verringerung des Fließwiderstands, das Einsparen von Werkzeugkosten oder die Erzeugung besonderer Geometrien. Die Auswahl der Prozessvariante richtet sich hierbei nach der geforderten Stückzahl, der verfügbaren Anlagentechnologie sowie dem zu produzierenden Bauteil [Klu08]. Die hier vorgestellten Varianten stellen dabei die bekanntesten Vertreter dar.

Im Vacuum Assisted RTM (VARTM) wird die Kavität zusätzlich zum Injektionsdruck unter Vakuum gesetzt, welches von den Entlüftungen ausgeht. So wird eine um bis zu 1 bar erhöhte Druckdifferenz zur Injektion des Harzes erzeugt, was zu einer erhöhten Fließgeschwindigkeit führt [RLK97]. Zudem soll aufgrund der verringerten Luftmasse in der Kavität ein geringerer Porenvolumenanteil erzielt werden. Nachteilig ist der erhöhte Konstruktionsaufwand zur Abdichtung des Werkzeugs [PaW05]. Im Standardverfahren wird selten ein Druck von 20 bar überschritten [Pot97]. Eine in den vergangenen Jahren stark in den Fokus gerückte Verfahrensvariante ist das Hochdruck-RTM (HD-RTM). Das klassische RTM wird mit einem stark erhöhten Injektionsdruck durchgeführt [Zir13]. So werden Pressen mit hohen Zuhaltekräften benötigt [NMB14]. Die Drücke können in der Mischkammer bis zu 230 bar erreichen [Cha13]. Der um eine Größenordnung erhöhte Druck im Vergleich zum Standard-RTM bedingt eine schnellere Fließgeschwindigkeit im Werkzeug und ermöglicht die Verwendung hochreaktiver Harzsysteme, was in Kombination zu einer verkürzten Zykluszeit führt.

Die Injektionszeiten können im Advanced RTM (ARTM) durch eine vergrößerte Kavitätshöhe während der Injektionsphase gesenkt werden [NMB14]. Der Faservolumengehalt wird temporär verringert, woraus ein verringerter Fließwiderstand resultiert. Nach der Injektion des Harzes wird das Werkzeug vollständig geschlossen und überschüssiges Harz fließt in die Steiger. Der Faservolumengehalt wird wieder erhöht und die Bauteildicke verringert, weshalb auch von Compression RTM (CRTM) gesprochen wird [Has14]. In gezielt angepassten Prozessen können der Harzbedarf und der erforderliche Injektionsdruck reduziert werden [THE12]. Es werden Tauchkantenwerkzeuge benötigt, was die Kosten durch erhöhten Dichtungsaufwand erhöht und die Bauteilvariation beschränkt [Kai15] [BüH06b] [MiF08]. Im Spaltimprägnierverfahren wird das Harz in die geöffnete Kavität injiziert und die Fasern werden über die Schließbewegung benetzt [MiF10].

In der Variante RTM-Light wird eine oder beide Formhälften durch eine Form aus glasfaserverstärktem Kunststoff (GFK) ersetzt, um die Werkzeugkosten zu verringern. Dem gegenüber stehen die verringerte Standzeit sowie eine aufgrund des Aufbiegens nicht definierte Kavitätshöhe. Das Verfahren eignet sich für geringe Stückzahlen. [MGH09] [TBK11] Die Herstellung von Hohlkörpern kann in Form des Schlauchblas-RTM-Verfahrens realisiert werden. Hierzu wird ein flexibler Kern in den Preform eingebracht, welcher während Injektion und Aushärtung mit einem Innendruck beaufschlagt wird [Leh99] [AVK13]. Nach der Aushärtung muss der Kern aus dem Bauteil entfernt werden. Dieser ist je nach Werkstoff wiederverwertbar.

Die in Abbildung 2-2 zusammengefassten Varianten zeigen, dass bereits eine Vielzahl an Änderungen vorgenommen wurde, die zur Beschleunigung oder verbreiterten Anwendbarkeit des Prozesses beitragen. Im konkreten Fall muss dem Anwender jedoch eine Hilfestellung bei der Prozessauslegung gegeben werden. Hier werden in allen Varianten sinnvolle Vorgaben benötigt, um die Fehlstellenentstehung zu begrenzen. Allen Prozessvarianten gemein ist die zur Herstellung eines Verbundes erforderliche Benetzung der Faserhalbzeuge mit dem Harz. Hierzu wird auch der Begriff Tränkung verwendet. Dieser Kernprozess muss stets unter geeigneten Prozessbedingungen ablaufen, um luftblasenfreie Bauteile erzeugen zu können. Die hier erarbeiteten Grundlagen sollen auf die vorgestellten Verfahrensvarianten übertragen werden können. So kann auch hier eine im Rahmen einer Prozesssimulation eine Abschätzung von Fehlstellengehalt und Zykluszeit erfolgen.

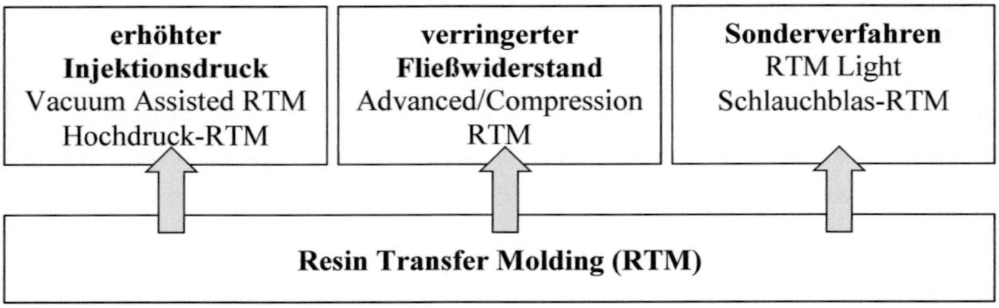

Abbildung 2-2 Varianten des RTM-Verfahrens

2.1.2 Prozessauslegung und Simulation der Injektion

Über die Werkzeugauslegung wird in der Regel auch der Prozess definiert. Im Werkzeug werden die Anguss- und Steigerpositionen festgelegt und somit auch die Fließwege des Harzes. Die Konstruktion erfolgt bislang meist auf Grund von Erfahrungswerten, da die relevanten Materialkennwerte, insbesondere die Permeabilität des Halbzeugs sowie der Viskositätsverlauf des Harzes, häufig nicht vorliegen [BaE10] [BüH06b]. Erst in den vergangenen Jahren werden zunehmend Simulationen nach der Finite Elemente Methode (FEM) zur Abschätzung von Zykluszeit, erforderlichem Injektionsdruck und der Detektion makroskopischer Lufteinschlüsse verwendet [RAS13]. Diese Entwicklung wird von steigenden Losgrößen begünstigt, die eine geringe Zykluszeit für eine wirtschaftliche Fertigung erfordern [ARM13]. Im Rahmen der Simulation werden die zur Verfügung stehenden Angusskonzepte verglichen und eine Abschätzung der erforderlichen Prozesszeit erreicht. Die Steigerpositionen ergeben sich aus den ermittelten Fließwegenden. Ebenso können der Verlauf des Injektionsdrucks, bzw. des Volumenstroms abgeschätzt werden.

Die in der Simulation gewinnbaren Informationen sind somit stark begrenzt. So können zwar unterschiedliche Injektionsdrücke oder -volumenströme getestet werden, jedoch erfolgt die Festlegung des jeweiligen Verlaufs weiterhin vom Nutzer. Simulationen eignen sich aktuell insbesondere zur schnellen Prüfung des Angusskonzepts und zur groben Abschätzung der Zykluszeit.

Simulationen auf mikroskopischer Ebene zum Aufzeigen des lokalen Fließfrontverlaufs sind zwar möglich, erfordern aber weitaus mehr Materialdaten, die von Anwendern nicht sinnvoll bestimmbar wären. So muss beispielsweise die Position der einzelnen Fasern bekannt sein, um die lokalen Fließwiderstände abzubilden. Weiterhin ist eine Validierung nur schwer möglich, da die Vorgänge im Werkzeug auf mikroskopischer Ebene nicht erfassbar sind.

Die Simulation stellt aktuell lediglich eine Unterstützung bei der Werkzeug- und Prozessauslegung dar. Eine Optimierung erfolgt ausschließlich durch Änderungen an der Werkzeugkonstruktion sowie durch manuelle Vorgabe verschiedener Prozessparameter. Es fehlen weiterhin Möglichkeiten, die Prozesskenngrößen, insbesondere Injektionsdruck- oder Volumenstromverläufe anhand der Simulation in optimierter Form festzulegen. Ziel muss es sein, dass die Simulation anhand vorgegebener Zielgrößen und auf Grundlage der Stoffdaten die Einstellgrößen für den Prozess liefert. Dazu muss insbesondere die Fehlstellenentstehung in die Simulation mit aufgenommen werden, da diese die Qualität des Bauteils beeinflusst. Hierzu fehlen jedoch zunächst in die Simulationswerkzeuge implementierbare Modelle, die auch bei einer Betrachtung des Gesamtbauteils anwendbar sind.

2.2 Physikalische Grundlagen der Fließvorgänge

Die Benetzung der Fasern während der Injektion ist ein durch Prozessparameter zu steuernder physikalischer Vorgang. Er wird von einer Vielzahl von Einflussfaktoren bestimmt. Es handelt sich um ein komplexes System, dessen Berechnung die Nutzung von Ersatzmodellen erzwingt. Die Betrachtung erfolgt daher meist auf verschiedenen Ebenen. Auf makroskopischer Ebene wird das gesamte Bauteil betrachtet, während auf mesoskopischer Ebene der

Betrachtungsraum im Größenbereich der Bündel liegt [Sch07]. Auf mikroskopischer Ebene werden die Einzelfasern betrachtet. Die Einteilung der Betrachtungsebenen ist in Abbildung 2-3 skizziert.

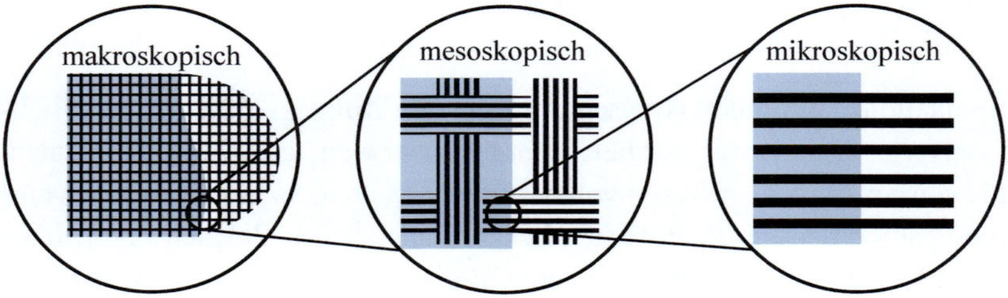

Abbildung 2-3 Einteilung der Betrachtungsebenen für die Benetzung der Fasern

Die Komplexität betrifft neben den fluidmechanischen Vorgängen auch die Stoffeigenschaften der Komponenten. So sind beispielsweise die Fasern der Preform in verschiedene Richtungen angeordnet, was zu richtungsabhängigen mechanischen Eigenschaften, aber auch zu abweichenden Fließgeschwindigkeiten während der Injektion führt. Die Fließfront bildet sich daher nicht homogen in alle Richtungen aus. Es liegen stets Vorzugsrichtungen mit höherer Fließgeschwindigkeit vor.

Auf mesoskopischer Ebene werden bei der Benetzung Einflüsse aus makroskopischen und mikroskopischen Vorgängen wirksam. Die Faserbündel bestehen aus statistisch verteilten Einzelfasern [GEL14]. Daneben befinden sich in den Zwischenbereichen faserfreie Zonen, in denen das Harz ungehindert fließen kann. [TaP12a] Der auf mikroskopischer Ebene betrachtete Größenbereich ist nur einige µm groß [Sch07]. Aufgrund des hohen Schlankheitsgrads der Fasern liegt ein hohes Oberflächen-Volumen-Verhältnis vor, sodass hier die Oberflächeneigenschaften von Fasern und Matrix die Fließvorgänge beeinflussen [AmL01] [PaK95] [Sch07]. Ein 1 cm^3 großer Ausschnitt mit Faservolumengehalt von 50% mit Fasern von 10 µm Durchmesser beinhaltet beispielsweise eine Faseroberfläche von ca. 2000 cm^2.

Die Eigenschaften des Harzsystems ändern sich aufgrund der stöchiometrischen Zusammensetzung aus einem Harz und dem zugehörigen Härter, die während der Injektion und der anschließenden Restaushärtung miteinander reagieren [TaP12b] [TaP12c]. So sind zu Beginn der Injektion nahezu ausschließlich Monomere im Harzsystem enthalten. Im Laufe der Injektionsphase verbinden sich die Monomere zu kurzkettigen und verzweigten Oligomeren, sodass sich die Fließeigenschaften ändern [Cru08]. Am Gelpunkt sind die Oligomere so weiträumig miteinander verknüpft, dass sich ein einzelnes Makromolekül durch den gesamten Matrixbereich des Bauteils zieht. [Gil86]. Die chemische Reaktion hat eine Änderung der Viskosität des Harzes zur Folge, die direkt das Fließverhalten beeinflusst.

2.2.1 Makroskopisches Fließen nach dem Darcy-Gesetz

Das Fließen des Harzes in der Kavität wird im Allgemeinen als ein Fließvorgang in einem porösen Medium angesehen, da die Fasern das vorhandene Volumen in viele kleine, miteinander verbundene Teilebereiche aufteilen [Geb92]. Fließvorgänge dieser Art wurden erstmalig vom französischen Ingenieur Henry Darcy dargelegt. Dieser beschrieb einen proportionalen Zusammenhang zwischen Druck und Fließgeschwindigkeit innerhalb vollständig mit einem Fluid gefüllter Poren [Dar56]. Der Proportionalitätsfaktor wird hierbei als Permeabilität bezeichnet. Dieser Faktor muss in der Regel experimentell bestimmt werden [SKK93].

$$\frac{Q}{A} = \frac{K}{\eta} \frac{\Delta p}{L} \tag{1}$$

Q	Volumenstrom des Harzes [m^3/s]
K	Permeabilität der Verstärkungsfasern [m^2]
A	Fläche [m^2]
η	Viskosität des Harzes [Pas]
Δp	Druckdifferenz [Pa]
L	Fließweglänge [m]

Das Darcy-Gesetz (1) gilt für newtonsche Flüssigkeiten in vollständig ausgeprägten laminaren Strömungen mit gleichmäßigen Porendurchmessern [TaP12a]. Weiterhin werden isotherme Verhältnisse und isotrope Permeabilität vorausgesetzt.Dieses grundlegende Fließgesetz zeigt, dass die Fließeigenschaften maßgeblich von den Faktoren Druckdifferenz, Viskosität und Permeabilität abhängen. Die Permeabilität ist hierbei eine Systemeigenschaft der Faserverstärkungen. Sie ist von deren Kompaktierungsgrad, der vorliegenden Fließrichtung dem Faserdurchmesser sowie deren Anordnung abhängig [SiA15] [SBK15] [RJM13] [KAZ12] [GEB92] Aufgrund der Faserform ist die Permeabilität zudem richtungsabhängig [THA14] [TBK11].

Aus dem allgemeinen Fall des Darcy-Gesetzes lässt sich die differenzielle Form (2) bilden. Dazu wird der Volumenstrom durch die Flussdichte, dem Volumenstrom pro Fläche, ersetzt. Die Permeabilität wird hier in Tensorform beschrieben:

$$\bar{v} = -\frac{K_{ij}\ \nabla p}{\eta} \tag{2}$$

$\bar{v}$ Flussdichte [m/s]

Die hier verwendete Flussdichte beschreibt den Volumenstrom pro betrachteter Fläche des Gesamtvolumens und ist nicht gleichzusetzen mit der lokalen Fließgeschwindigkeit [MTL89]. Diese Fläche schließt neben den Fließbereichen auch nicht fließfähige, unbewegliche Festkörper mit ein. In Werkzeug findet das Fließen des Harzes ausschließlich im freien Volumen der Faserverstärkung statt, da die Fasern in der Regel nicht durch die Fließkräfte bewegt werden. Die bei der erstmaligen Benetzung der Fasern im Vordergrund stehende Fließfrontgeschwindigkeit (3) ist daher auch vom vorliegenden Faservolumengehalt abhängig [LTR91]. Die Fließfrontgeschwindigkeit, aber auch die Fließgeschwindigkeit im Allgemeinen, betrachtet die Bewegung eines einzelnen Punktes innerhalb des Fluides. Der Faservolumengehalt bestimmt hierbei die sogenannte Porosität, die das im Werkzeug vorhandene Volumen beschreibt, welches im Laufe der Injektionsphase mit dem Harz gefüllt wird.

$$v = \frac{\bar{v}}{\varepsilon} = \frac{\bar{v}}{(1 - \varphi_f)} \tag{3}$$

v Fließfrontgeschwindigkeit [m/s]

ε Porosität [%]

φ_f Faservolumengehalt [%]

2.2.2 Modelle für ungesättigtes Fließen an der Fließfront

Für nicht vollständig gefüllte Teilbereiche muss das Darcy-Gesetz modifiziert werden. Das ist insbesondere für Betrachtungen der Fließfront der Fall. In diesen nicht vollständig mit Harz gesättigten Bereichen liegt kein proportionaler Zusammenhang zwischen Druck und Volumenstrom mehr vor. Das Gesetz wird daher in makroskopischen Betrachtungen um den sogenannten Sättigungsgrad in Gleichung (4) erweitert. Dieser Term bildet ab, dass der Druckabfall nur im bereits mit der Flüssigkeit gefüllten Querschnitt stattfindet. Daneben liegt noch luftgefülltes Volumen vor. Die für den Volumenstrom zur Verfügung stehende Querschnittfläche verringert sich dadurch, was ebenso einen Einfluss auf die lokal vorliegende Permeabilität hat. Im benetzten Bereich ergibt sich eine erhöhte Flussdichte. Folglich steigt der Druckabfall um den Anteil der nicht benetzten Querschnittfläche, da der Volumenstrom im teilbenetzten Bereich ebenso groß ist wie im vollständig benetzten Bereich.

$$(1-\varphi_f)\, S\, \bar{v} = -\frac{K_{ij}\,(S)\cdot \nabla p}{\eta} \tag{4}$$

$$S = \frac{V_m}{V_{ges} - V_f} \tag{5}$$

S	Sättigungsgrad [%]
V_m	Matrixvolumen [m^3]
V_{ges}	Gesamtvolumen [m^3]
V_f	Faservolumen [m^3]

Der Sättigungsgrad bezeichnet den Anteil bereits mit Harz gefüllten Volumens am maximal möglichen Matrixvolumen. Er wird nach Gleichung (5) anhand eines repräsentativen Volumenelements bestimmt. Das vorhandene Matrixvolumen wird darin in Verhältnis zur Porosität, dem möglichen maximalen Matrixvolumen in diesem Element, gesetzt. Die Implementierung sättigungsgradabhängigen Permeabilität ermöglicht ein genaueres Abbild der Bedingungen des Fließens in noch nicht vollständig benetzten porösen Medien. So wird eine Betrachtung des makroskopischen Druckgradienten entlang des Fließwegs ermöglicht. Die sättigungsgradabhängige Permeabilität ergibt sich aus der Lösung des sogenannten Senkenterms. Weiterhin müssen das zeit- und temperaturabhängige Verhalten der Viskosität und der vom lokalen Druck abhängige Sättigungsgrad bekannt sein. [Mic16]

Über den Sättigungsgrad ist eine vereinfachte Möglichkeit gegeben, die auf mikro- und mesoskopischer Ebene ablaufenden Vorgänge in teilgesättigten Bereichen in die makroskopische Ebene zu überführen. So wird eine verbesserte Abschätzung des Fließverhaltens an der Fließfront ermöglicht. Die Einteilung der Bereiche nach Sättigungsgrad wird in Abbildung 2-4 aufgezeigt.

Das ungesättigte Fließen liegt in allen Herstellprozessen für Faserverbunde vor, wenn die Fasern erstmals mit Harz benetzt werden [Bea72]. Hierbei ergeben sich aufgrund der Permeabilitätsdifferenzen zwischen Faserbündeln und Fließkanälen Fließphänomene, die eine ungleichmäßige Fließfront erzeugen. Zwischen dem unbenetzten und dem vollständig benetzten Bereich bildet sich so ein teilgesättigter Bereich aus, der makroskopisch mit Hilfe von Sättigungskurven beschrieben werden kann. Ebenso ist eine Berechnung der Fließvorgänge auf kleineren Skalen möglich.

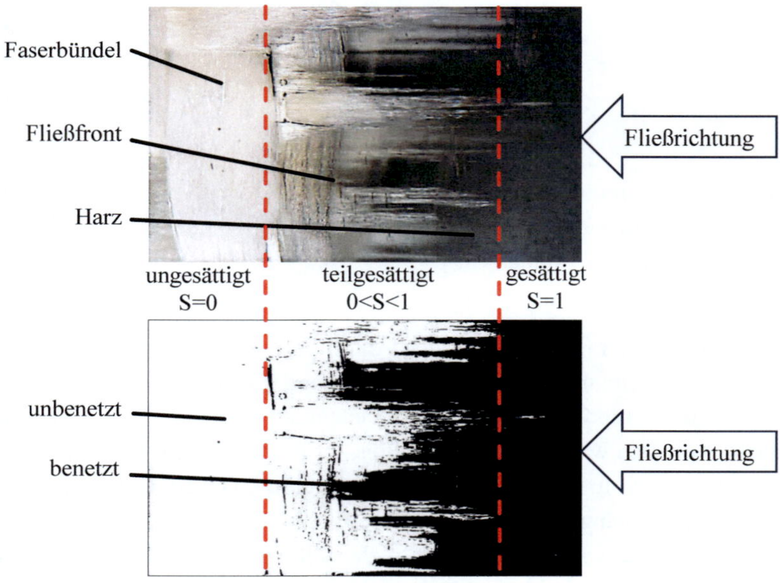

Abbildung 2-4 Mikroskopaufnahme der Fließfront (oben) und Einteilung der Teilbereiche mit Hilfe eines Falschfarbbilds (unten)

Auch im RTM-Prozess werden die Fasern erst während der Injektion benetzt, sodass sich auch hier ungesättigte Bereiche an der Fließfront ausbilden [PHL95]. Der Sättigungsgrad liegt in diesem Bereich stets unter 100% [PPA97]. Erst nachdem die Fließfront vorangeschritten ist, werden die verbliebenen Trockenstellen teilweise oder vollständig mit dem flüssigen Harz gefüllt. Im Falle einer unvollständigen Füllung verbleiben diese Bereiche als Poren, die die Eigenschaften des ausgehärteten Bauteils verschlechtern.

Die Effekte bei der an der Fließfront stattfindenden Benetzung der Fasern und der damit verbundenen Bündeltränkung stehen hier im Vordergrund der Betrachtungen, denn sie sind auch für die Bildung von Fehlstellen verantwortlich. Für das Fließen auf mesoskopischer Skala sind somit die vorliegenden Druckverhältnisse, die aktuell vorliegende Viskosität sowie die Permeabilität von entscheidender Bedeutung. Dabei ist zu beachten, dass Druck und Permeabilität vom zu betrachteten Ausschnitt abhängig sind. So ist auf Mesoskala die makroskopische Permeabilität nicht generell anwendbar und der Kapillareffekt beeinflusst den lokalen Druckgradienten. Im Folgenden sollen diese grundlegenden Parameter des Harzflusses beim ungesättigten Fließen an der Fließfront und die dazu entwickelten Modellvorstellungen genauer betrachtet und vorgestellt werden.

Zum Modellieren des ungesättigten Fließens werden generell zwei Ansätze verfolgt. Zum einen wird ein Multiphasen-Fließen in einem makroskopisch gesehen homogen porösen Körper angenommen [Bea72]. Dabei handelt es sich in der Regel um eine mit dem Harz vollkommen ungesättigte, eine teilgesättigte und eine gesättigte Phase. Die Berechnung der teilgesättigten Phase als Übergangsbereich, in dem Lufteinschlüsse entstehen können, ist hier von erhöhtem Interesse.

Eine weitere Möglichkeit beruht darauf, dass es sich um ein System mit zwei Größenordnungen handelt. Hierin wird zwischen dem Fließen im Fließkanal auf mesoskopischer Ebene und dem Fließen im Bündel mit den Effekten auf mikroskopischer Ebene unterschieden [Mic16]. Beide Methoden eignen sich, um den Druckverlauf an der Fließfront zu beschreiben. Ziel ist es jeweils, die lokalen Fließvorgänge an der Fließfront abzubilden, da hier kein klassisches Darcy-Fließverhalten vorliegt.

2.2.2.1 Multiphasenansatz

Der Ansatz mehrerer sich innerhalb des porösen Körpers verdrängenden Flüssigkeiten ist der Betrachtung des Versickerns von Wasser in Erde entlehnt. Auch hier treten die beschriebenen Phasen ungesättigt, teilgesättigt und vollgesättigt auf. Der Sättigungsgrad beeinflusst den Druckverlust, der durch die Reibung beim Fließen entsteht. Die verringerte Sättigung erzeugt dabei bei Voranschreiten der Fließfront einen zunächst nicht linear ansteigenden Druck innerhalb des benetzten Bereichs. Oberflächeneffekte während der Benetzung beeinflussen den Druckanstieg zusätzlich. In Abbildung 2-5 sind ein exemplarischer Verlauf des Sättigungsgrads sowie des Drucks des Harzes für den in Abbildung 2-4 gezeigten Ausschnitt dargestellt. Die vollständige Sättigung liegt hier 10 mm hinter der Fließfront vor. Es ist erkennbar, dass der Druck zunächst nur geringfügig ansteigt. Der Sättigungsgrad steigt mit zunehmendem Fließweg stetig an. Nach vollständiger Sättigung liegt ein klassisches Fließen nach Darcy mit linearem Druckanstieg vor.

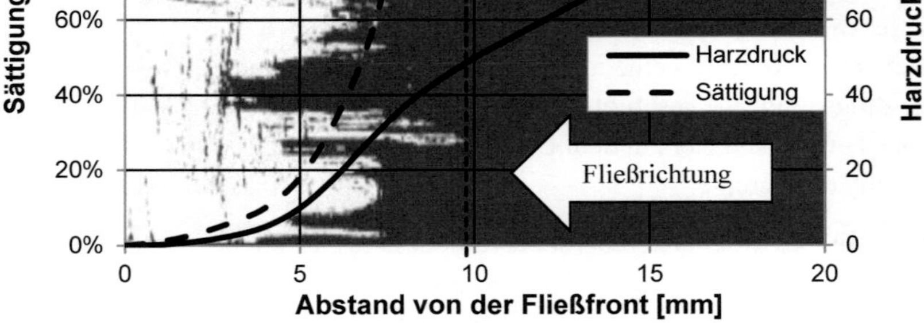

Abbildung 2-5 exemplarische Darstellung des Sättigungsgrads und Harzdrucks hinter der Fließfront am Beispiel eines Ausschnitts

Die Tendenz zur Porenbildung kann anhand des Anstiegs der Sättigungskurve bestimmt werden. Ein schneller Anstieg deutet hier auf eine ebene

Fließfront und geringe Porenentstehung hin. Ziel einer Prozessoptimierung ist hier eine Beschleunigung der Sättigung.

Die Permeabilität in Abhängigkeit der Sättigung muss zur Bestimmung des Druckverlusts bekannt sein [WMM06]. Sie wird dabei als Produkt zweier Faktoren berechnet. Aufgrund des zunächst verringerten Fließquerschnitts und durch den Kapillareffekt liegt an der Fließfront ein erhöhter Druckabfall vor, der in Form der verringerten Permeabilität in die Berechnung eingeht [PiA98].

$$K = k_r K_s \tag{6}$$

k_r relative Permeabilität [%]
K_s gesättigte Permeabilität [m^2]

Die relative Permeabilität ist von der Sättigung abhängig. Sie bildet neben der unvollständigen Benetzung auch die Kapillarwirkung ab und ermöglicht so die Berechnung des Druckabfalls im teilgesättigten Bereich. Hierzu wurden verschiedene Ansätze zum Beschreiben dieser Abhängigkeit eingeführt. Meist basieren diese auf dem Buckley-Leverett-Ansatz. Die allgemeine Form der Ansätze gibt Gleichung (7) wieder.

$$k_r = S^n \tag{7}$$

Der Exponent n liegt dabei typischer Weise zwischen 1 und 3. Die Druck-Sättigungs-Kurve muss zu seiner Berechnung bekannt sein [Pal96a] [PaL96b]. Hierzu können gegebene Funktionen verwendet werden oder Messungen vorgenommen werden. Eine Vielzahl von Ansätzen ist hierzu angewendet worden, wobei in der Regel ausreichend gute Übereinstimmungen erzielt werden konnten [NoM12] [BHT03]. Die Nutzung eines sogenannten Schwelldrucks wurde von GASCON validiert [GGL15]. Diese auch als Blasenbildungsdruck bezeichnete Kenngröße ist experimentell zu bestimmen und dient der Beschreibung des Verhaltens der zu verdrängenden Luft. Es handelt sich nicht um eine messbare Kenngröße.

$$S_l = \frac{V_h}{V_{ges} - V_f} = 1 - \left(\frac{P_b}{P}\right)^{\lambda_b} \tag{8}$$

P_b Schwelldruck [Pa]

λ_b Porengrößenverteilungsindex (hier λ=2 [GGL15])

Ein Abgleich mit gemessenen Werten der Sättigung ist möglich. Der Sättigungsgrad konnte erfolgreich anhand von Messungen der Schallgeschwindigkeit mittels Ultraschall, der Permittivität, bzw. der Leitfähigkeit mittels Elektroden oder optischer Messmethoden ermittelt werden [NoM12] [LGB01]. Dennoch eignet sich der Multiphasenansatz nur bedingt zur Abbildung des Fließgeschehens und ist stets durch separate Untersuchungen zu validieren. Aufgrund der Betrachtung der Preform als homogenen, porösen Festkörper ist insbesondere die Klärung von Fehlstellenbildungsmechanismen nicht möglich. Die Methode eignet sich ausschließlich zum Beschreiben des Fließverhaltens und zur Analyse der Benetzung.

2.2.2.2 Zweiskalenansatz

Im Zweiskalenansatz werden die in der Preform vorhandenen Teilbereiche auf mesoskopischer und mikroskopischer Ebene genauer betrachtet. Der für makroskopische Vorgänge genutzte Sättigungsgrad wird somit in Form lokaler, auf die spezifischen Bereiche des Laminats bezogene, Modelle abgebildet. Während der gesättigte Bereich weiterhin auf makroskopischer Skala betrachtet werden kann, wird der teilgesättigte Bereich detailliert unter Berücksichtigung von Geometrie, lokaler Permeabilität und Oberflächeneffekten abgebildet.

Die Fasern liegen in Bündeln vor, die sich durch einen hohen lokalen Faservolumengehalt auszeichnen. Der Faserabstand liegt im Bereich weniger µm und somit im mikroskopischen Bereich. Zwischen den Bündeln befinden sich Fließkanäle, in denen keine Fasern vorhanden sind. Die Fließkanalbreite kann bis zu 1 mm betragen [KSA07]. Daraus ergeben sich große Permeabilitätsunterschiede zwischen diesen Teilbereichen, die sich über mehrere Größenordnungen erstrecken [TSA15]. Damit verbunden ist die in Abbildung 2-6 schematisch dargestellte Fließgeschwindigkeitsdifferenz zwischen Fließkanälen und Bündeln.

Es wird angenommen, dass der überwiegende Teil des Volumenstroms im gesättigten Bereich in den Fließkanälen stattfindet. Grund dafür ist, dass die Abstände zwischen den Bündeln eine Größenordnung breiter sind als die Spalte zwischen den Einzelfasern. Die Permeabilität der Bereiche zwischen den Bündeln stimmt in etwa mit der Gesamtpermeabilität überein [Geb92]. Dementsprechend füllt sich zunächst der Zwischenbündelbereich. Die Bündeltränkung findet zeitlich versetzt statt und stellt so die Sättigung dar. Das Harz infiltriert die Bündel in Folge des steigenden Harzdrucks. Dieser steigt mit zunehmendem Abstands von der Fließfront an [CMD95] [PLS11]. Die in den Bündeln enthaltene Luft wird entweder entlang der Fasern herausgeleitet oder in Folge eines Umfließens komprimiert und zu einem geringen Anteil im Harz gelöst [YaM05] [YaM07].

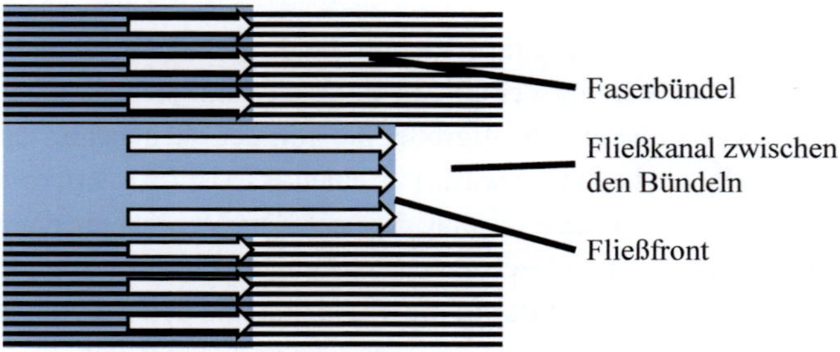

Abbildung 2-6 Fließgeschwindigkeitsdifferenzen zwischen Faserbündeln und Fließspalten zwischen den Bündeln

Lokal aufgelöste Modelle zur Bündeltränkung wurden erarbeitet, die die Mechanismen beschreiben. Diese wurden ebenfalls anhand von Sättigungsmessungen adjustiert und validiert. Daneben wurden CFD-Simulationen durchgeführt, bei denen die vorliegenden Bündelgeometrien nachgebildet werden konnten [VLL10] [LeR08]. Die Berechnungen erfordern einen hohen Zeitaufwand und es konnten gute Übereinstimmungen erzielt werden. Die tatsächlich vorliegenden Bedingungen der Oberflächeneffekte und des Gasdrucks innerhalb der Bündel können jedoch bislang nur unzulänglich abgeschätzt werden [Mic16].

Die Betrachtung im Zweiskalenansatz ermöglicht die Einbeziehung messbarer Kenngrößen der Werkstoffe und basiert auf übertragbaren Modellen. Es müssen im Gegensatz zum Multiphasenansatz keine Modellparameter experimentell bestimmt werden. Stoff- und Systemeigenschaften sowie einfache analytische Modelle werden zur Berechnung der Fließfortschritte herangezogen. So kann beispielsweise die Permeabilität innerhalb des Faserbündels direkt in die Berechnung eingehen. Daher wird hier die Verwendung des Zweiskalenansatzes als zielführend für eine genaue Betrachtung der Mechanismen an der Fließfront und der daraus resultierenden Fehlstellen erachtet. Hierdurch soll das Ziel einer verbesserten modellhaften Beschreibung der Fehlstellenentstehung erreicht werden. Die vorhandenen Modelle werden hierzu erweitert und auf die Tränkung der Bündel ausgerichtet.

2.3 Viskositätsverlauf während der Injektionsphase

Die Viskosität des Harzes ist einer der entscheidenden Parameter, die im Darcy-Gesetz zur Berechnung der Fließfrontgeschwindigkeit genutzt werden. Sie ist in erster Linie eine Stoffgröße, die von der chemischen Zusammensetzung des Harzes bestimmt wird. Für einen RTM-Prozess relevant ist zunächst die sogenannte Mischviskosität, die nach dem Vermengen der Komponenten vorliegt. Das Harz ist stets eine Mischung mehrerer Stoffe, die mit ihren Eigenschaften einen Einfluss auf die Viskosität und deren Veränderung haben können. Die Mischviskosität verändert sich stetig aufgrund der ab diesem Mischzeitpunkt einsetzenden chemischen Reaktion der Edukte.

Weiterhin ist die Viskosität stark temperaturabhängig. Das gilt sowohl für die Mischviskosität als auch für die Entwicklung der Viskosität während der Reaktion, da auch deren Geschwindigkeit und damit der vorliegende Umsatz bei höherer Temperatur beschleunigt werden. Die Temperatur des Harzes und somit des Bauteils steigt während der Aushärtung aufgrund der Exothermie der Reaktion an [KPA96]. Das hat zur Folge, dass die Viskosität zunächst sinkt und erst mit steigender Reaktionsdauer ansteigt.

Die oben beschriebenen Fließvorgänge beeinflussen in Form des Transports und der Verteilung des erwärmten Harzes die Temperaturverteilung. So werden Harzbereiche mit höherem Aushärtegrad in verschiedene Bereiche des

Werkzeugs transportiert. [Tuc96]. Auch der Wärmestrom an die Werkzeugwand ist nicht zu vernachlässigen, da die hergestellten Bauteile häufig dünnwandige Strukturen abbilden [Gri06]. Die Wärmeleitfähigkeit, Dichte und Wärmekapazität und somit alle Faktoren der Temperaturleitfähigkeit sind vom Faservolumengehalt sowie vom vorliegenden Aushärtegrad abhängig, sodass auch hier von transienten Bedingungen ausgegangen werden muss [YuY97].

Es liegen daher mehrere Wechselwirkungen vor, die dazu führen, dass die Viskosität der Harze während der Injektion und Restaushärtung nur unzureichend mit Modellen abgebildet werden kann. Diese Wechselwirkungen sind in Abbildung 2-7 dargestellt [Tuc96]. Die Modellierung der Harzviskosität erfordert neben der Kenntnis einer Vielzahl von Stoffgrößen die Auswahl eines geeigneten Modells, welches den betrachteten Bereich hinlänglich genau abbildet [YLG97] [HaM96].

Neben den beschriebenen Haupteinflussfaktoren sind die vorliegende Scherung und der Druck für das Verhalten der Viskosität und der Härtereaktion im RTM-Prozess von untergeordneter Bedeutung [Klu08] [Hes96] [YLG97] [HsL93]. Sie werden daher häufig für die Simulation der Injektionsphase vernachlässigt.

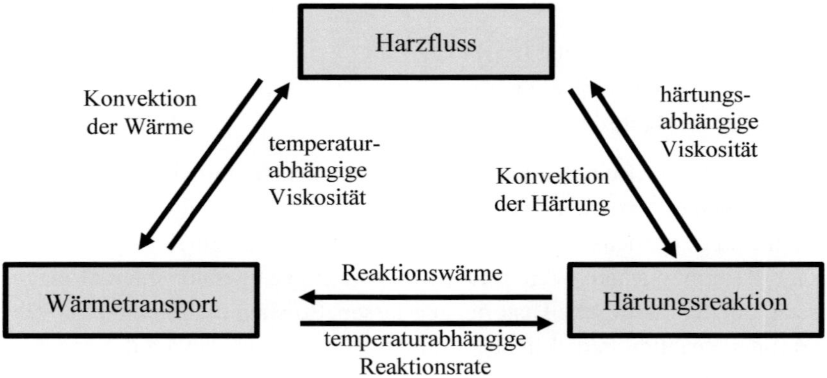

Abbildung 2-7 Wechselwirkungen von Harzfluss, Wärmetransport und Temperatur bei der Reaktion von Harzsystemen nach TUCKER

2.3.1 Kinetische Viskositätsmodelle

Auf Grundlage der genannten physikalischen Vorgänge wurden von verschiedenen Autoren reaktionskinetische Modelle zur Beschreibung der Aushärtung und des Viskositätsverlaufs entwickelt. Die Modellierung des Viskositätsverhaltens erfolgt meist in Abhängigkeit der beschriebenen Parameter Aushärtegrad und Temperatur. Es wird die Änderung der Stoffzusammensetzung im Harz erfasst [Hes96] [YLG97]. Der zeitabhängige Aushärtegrad für den betrachteten Temperatur- und Aushärtegradbereich muss dazu beispielsweise in einer Differential Scanning Calorimetry (DSC) bestimmt werden, was einen nicht unerheblichen Aufwand darstellt [HaM96].

Die Viskosität steigt während einer isothermen Aushärtung von der Mischviskosität auf einen um mehrere Größenordnungen höheren Wert. Dieser Zusammenhang wurde von ersten Autoren mit einfachen exponentiellen Modellen beschrieben [Whi74] [DMS82]. Der Anstieg wird dabei mit Hilfe eines kinetischen Faktors bestimmt, der die Reaktionskinetik abbilden soll. Er wird jedoch als empirischer Wert bestimmt und ist nicht vom Typ der chemischen Reaktion abhängig. Die Abbildungsgenauigkeit ist entsprechend niedrig zu bewerten.

$$\eta\,(t) = \eta_0 \exp(k_c t) \tag{9}$$

η_0 Mischviskosität [Pas]
k_c kinetischer Faktor [s^{-1}]
t Aushärtezeit [s]

Dieses einfache Grundmodell, das ausschließlich eine zeitliche Abhängigkeit für isotherme Prozesse darstellt, wurde von ROLLER mithilfe verschiedener Terme für den kinetischen Faktor erweitert, um eine allgemeingültigere Aussage zu ermöglichen. Weiterhin wird das Zeit-Temperatur-Integral eingesetzt, um die thermische Historie zu erfassen. So kann die Exothermie während der Reaktion berücksichtigt werden. Häufig wird dabei auf einen Arrheniusansatz zurückgegriffen (10) [Rol75] [Rol85].

$$\ln \eta\ (T,t) = \ln \eta_\infty + \frac{\Delta E_\eta}{RT} + k_\infty \int_0^t \exp\left(\frac{\Delta E_k}{RT}\right) dt \qquad (10)$$

T	Harztemperatur [K]
η_∞	Viskosität nach vollständiger Aushärtung [Pas]
ΔE_η	Arrhenius-Aktivierungsenergie der Viskosität [$Jmol^{-1}K^{-1}$]
k_∞	kinetisches Analogon zu η_0 [s^{-1}]
ΔE_k	kinetisches Analogon zu ΔE_η [$\ln(Jmol^{-1}K^{-1})$]

Die im Modell enthaltenen Konstanten müssen über mehrere Messungen bei variierenden Temperaturen bestimmt werden. Die Messungen sollten dazu in einem möglichst großen Bereich durchgeführt werden, um eine breite Anwendbarkeit sicherzustellen [Fon97]. Es ist somit ein hoher Messaufwand erforderlich. Die Modellgruppe eignet sich somit insbesondere für grundlegende und allgemeine Betrachtungen.

Eine weitere Gruppe bilden die Modelle nach dem Willams-Landel-Ferry-Ansatz (WLF). Die WLF-Terme erfordern stets eine Standardtemperatur, welche anhand des zeitlichen Anstiegs der Glasübergangstemperatur bestimmt werden kann [KaP00]. Die Glasübergangstemperatur ist eine wichtige und mit einer einfachen DSC-Messung bestimmbare Stoffgröße, die ebenso wie die Viskosität direkt vom Aushärtegrad des Harzsystems abhängig ist. Daneben werden eine Referenztemperatur, bei der die Ausgangsmessung stattfindet, sowie zwei Modellparameter benötigt, die die Anpassung auf das vorliegende Harzsystem ermöglichen.

$$\frac{\ln \eta}{\eta_g} = -\frac{a_{1W}\left(T - T_r - T_g\right)}{a_{2W} + T - T_r - T_g} \qquad (11)$$

η_g	Viskosität im Gelpunkt [Pas]
a_{1W}/a_{2W}	Modellparameter WLF-Modell [ ]/[K]
T_r	Referenztemperatur [K]
T_g	Glasübergangstemperatur [K]

Das Modell eignet sich speziell für den im Fokus stehenden Bereich unter 10 kPas, in dem die Glasübergangstemperatur in den Bereich der Härtetemperatur steigt. Basierend auf vorangegangenen Untersuchungen wurde die Viskosität im Gelpunkt auf 10^{12} Pas definiert [MiL89].

2.3.2 Empirische Modelle

Alternativ zu den reaktionskinetischen Modellen wurden empirische Modelle entwickelt, in denen die Auswirkungen der Reaktion auf die Eigenschaften des Harzes erfasst werden [YLG97]. So kann direkt die Viskosität des Harzes berechnet werden. Die Viskosität wird in einem Rheometerexperiment bestimmt. Häufig kommt dabei ein Platt-Platte-Rheometer zum Einsatz, in dem die für die Scherung des Harzes zwischen den Platten entstehende Schubspannung gemessen wird. Empirische Ansätze wurden von mehreren Autoren entwickelt. Hierzu wurden stetig steigende Funktionen ausgewählt, die mit Hilfe von Modellparametern auf den Aushärteverlauf angepasst werden. Diese haben in der Regel keinen direkten Bezug zu anderen physikalischen Kenngrößen des Harzes wie die Glasübergangstemperatur. [Hes96] [KLF02]

So wurde speziell für den RTM-Prozess von DUAN und SHI ein Modell vorgestellt, welches lediglich mithilfe von 2 Parametern den isothermen Reaktionsverlauf ergibt. Dieses wurde anhand von Bismaleimidharzen verifiziert. [DSL06] Die Genauigkeit dieses Modells für andere Harze wie die weit verbreiteten Epoxidharze wurde jedoch als für die Injektionsphase unzulänglich charakterisiert. Es lassen sich damit besser spätere Stadien der Aushärtung darstellen [LZX11] [ZJC14]. Epoxidharze weisen eine spezifische Reaktionskinetik auf, die zu einer charakteristischen Form der Viskositäts-Zeit-Kurve führt. Diese kann mit diesem Modell nur unzureichend abgebildet werden.

$$\eta = \eta_0(T) + a_{1d} \exp(a_{2d}(T)t) \tag{12}$$

a_{1d}/a_{2d} Modellparameter nach DUAN und SHI [Pas]/[s^{-1}]

Ein weiteres empirisches Modell, welches speziell für die mit dem RTM verwandte Vakuuminfusion (VI) entwickelt wurde, stammt von YANG. Dieser berechnet eine Viskosität, die den Quotienten aus aktueller und Mischviskosität beschreibt. Ebenso wird der grundlegend exponentielle Charakter der Viskositätsentwicklung aufgenommen. Der Viskositätsanstieg wird hier in eine physikalische, rein temperaturabhängige, und eine chemische, vernetzungsgradabhängige, Viskosität unterteilt. Diese werden mit einem jeweiligen Parameter abgebildet, der den Anteil des physikalischen oder chemischen Anstiegs verknüpft. Die Summe dieser Anteile soll hier stets 1 betragen. [YXZ12]

$$\eta_r = \frac{\eta}{\eta_0} = a_{1p} \cdot \exp(a_{2p} \cdot t) + a_{1c} \cdot \exp(a_{2c} \cdot t) \tag{13}$$

η_r	relative Viskosität [ ]
a_{1p}/a_{2p}	physikalische Modellparameter nach YANG [ ]/[s^{-1}]
a_{1c}/a_{2c}	chemische Modellparameter nach YANG [ ]/[s^{-1}]

Dieses Modell stellt eine Modifikation des Modells von DUAN und SHI dar. Es konnte eine gute Übereinstimmung mit gemessenen Daten im für die Vakuuminfusion entscheidenden Bereich unter 500 mPas gezeigt werden. Dieser Bereich wird jedoch häufig im RTM-Prozess überschritten. Zudem ist eine klare Trennung der Einflüsse häufig nicht möglich. RTM-Prozesse laufen aufgrund der beidseitigen Temperierung durch das Werkzeug nahezu isotherm ab, sodass der temperaturabhängige Anteil gering ausfallen wird und das Modell sehr dem exponentiellen Grundmodell ähnelt.

Die empirischen Modelle bieten den Vorteil einer einfachen Bestimmung der Grunddaten sowie einer einfachen Anwendung. Die Genauigkeit dieser Modelle zur Beschreibung des gesamten Aushärtevorgangs ist jedoch oft nicht ausreichend. Es handelt sich vielmehr um Approximationen der Viskositätskurve. Für einzelne Teilbereiche des Prozesses lassen sich aber gute Ergebnisse mit niedrigen Abweichungen zwischen der gemessenen und der im Modell berechneten Viskosität erzielen [KLF02]. Die Modelle wurden jedoch für den gesamten Prozess ausgelegt, sodass zu Beginn der Reaktion Abweichungen bis zu 20% zwischen Modell und Messwerten auftreten [ZJC14]. Es besteht hingegen kein spezifisch auf die Injektionsphase des RTM-Prozesses ausgelegtes Modell. Die Viskosität als eine der zentralen Kenngrößen wird daher stets unzulänglich dargestellt. Hieraus resultierende Fehler beeinflussen alle Ergebnisse von Fließberechnungen. Dieser Umstand soll im Rahmen der hier vorgestellten Arbeiten mit einer gezielten Modellentwicklung für die Injektionsphase behoben werden.

2.4 Permeabilität der Preform

Der während der Injektionsphase vorliegende Druckabfall wird wesentlich von der Durchlässigkeit der verwendeten Verstärkungsfasern beeinflusst, die als Permeabilität bezeichnet wird. Sie ist eine Systemeigenschaft, die sich anhand der geometrischen Anordnung und Form der Fasern im Werkzeug ergibt. Die Permeabilität wird daher in der Regel makroskopisch in Versuchen mit Ersatzflüssigkeiten oder mit dem zur Anwendung kommenden Harzsystem bestimmt [NSI14]. Aufgrund der Anisotropie der Permeabilität ist eine gesonderte Betrachtung der Fließrichtung erforderlich. Hierzu können 1- oder 2-dimensionale Prüfstände eingesetzt werden [VRA14]. Die Permeabilität wird dabei zumeist zunächst in den Hauptausdehnungsrichtungen, und somit der Kett- und Schussrichtung der Faserhalbzeuge bestimmt [PaS93]. Es werden Preformkonfigurationen entsprechend dem späteren Lagenaufbau gemessen. Eine gleichmäßige Fließfrontausprägung ist stets zu gewährleisten [Köt91]. Weiterhin muss sichergestellt sein, dass keine signifikante Kompression des Preforms in Folge des Harzdrucks vorliegt, was zu einer lokalen Permeabilitätsänderung führen würde [LTR91]. Häufig werden zur Messung Ersatzflüssigkeiten verwendet, die eine vereinfachte Reinigung im Anschluss an die Messung erlauben.

2.4.1 Messung der Permeabilität der Preform

Die Messung kann in verschiedenen Messprinzipen erfolgen. Nach dem Darcy-Gesetz wird das Fließen in einer vollständig benetzten porösen Struktur betrachtet. In dieser gesättigten Strömung können Oberflächeneffekte, die bei der Benetzung auftreten, ausgeschlossen werden. Eine derartige Messung ist jedoch ausschließlich in einem Aufbau möglich, in dem das Harz ausschließlich in eine Richtung fließt [WSW02]. Ein konstanter Druck wird angelegt und die Masse des durchströmenden Harzes erfasst. Die Harzmasse kann dabei sowohl im für die Injektion verwendeten Drucktopf als auch in der Harzfalle gemessen werden. Die Verwendung von Linienangüssen und linienförmigen Steigern ist erforderlich, um eine möglichst gleichmäßig 1-dimensionale Strömung zu erhalten. Weiterhin ist die Messung des Druckabfalls über eine definierte Werkzeuglänge bei einem konstanten Volumenstrom möglich. Dazu wird eine volumenstromkonstante Pumpe ohne Leckage benötigt [Köt91]. Die 1D-Messung muss anschließend für alle relevanten Raumrichtungen wiederholt werden [LGS99].

Das Harz fließt während der Injektion ausgehend vom Anguss scheibenförmig in alle Richtungen. Aufgrund der Permeabilitätsunterschiede bildet sich häufig eine elliptische Form aus. Daher wird der Fließfrontfortschritt für 2D-Messungen in den Hauptrichtungen separat erfasst. Daneben kann sich die als Fließellipse bezeichnete Form der Fließfront in ihrer Hauptausprägung auch in einem spezifischen Winkel zu den Hauptachsen ausbilden. Mögliche Fließfrontausprägungen sind in Abbildung 2-8 dargestellt.

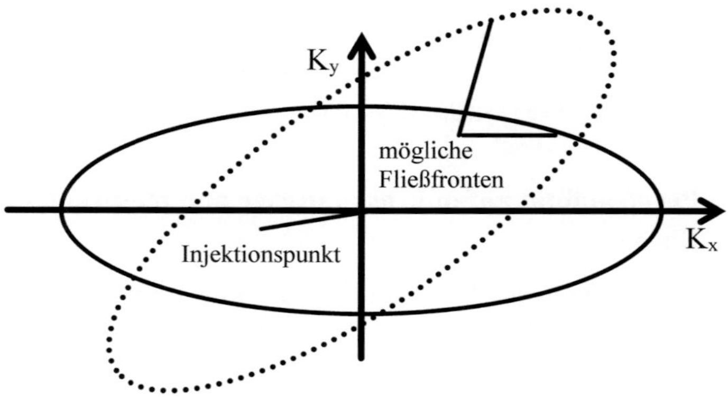

Abbildung 2-8 Mögliche elliptische Fließfrontausprägungen bei einer mittigen Injektion im 2-dimensionalen Versuch zur Permeabilitätsbestimmung

Die im Injektionsprozess vorliegende ungesättigte Strömung kann mit optischen oder dielektrischen Verfahren erfasst werden. Ziel der Messung ist stets die vorliegende Fließfrontgeschwindigkeit. Die gemessene Permeabilität für ungesättigte Halbzeuge kann bis zu 60% von der gesättigten Strömung abweichen [BHT03] [SPA01]. Grund hierfür ist neben den Oberflächeneffekten eine heterogene Fließfrontausprägung, bei der die Faserbündel zunächst nicht vollständig getränkt werden [LAG95]. Vorteilhaft bei der Messung der ungesättigten Strömung ist die Messbarkeit in 2-dimensionalen Aufbauten.

Für die optische Messung wird in der Regel eine transparente Werkzeughälfte aus Glas oder einem durchsichtigen Kunststoff verwendet. Die Fließfront wird mit einer Kamera erfasst und die Zeit zum Erreichen von Referenzpunkten aufgenommen. Aus der Weg-Zeit-Messung wird die Fließfrontgeschwindigkeit errechnet [Sta06]. Eine prozessnahe und gleichzeitig präzise Messung kann hier nur durchgeführt werden, wenn ein Aufbiegen der transparenten Werkzeughälfte in Folge des Injektionsdrucks ausgeschlossen sowie eine exakte Messung der Fließfront realisiert werden kann [MAU09] [MeB13] [PaS93] [RoP05]. Die Videoaufzeichnung ermöglicht unter der Verwendung eines mittigen Angusses die Analyse der Fließfrontausbildung. So können Permeabilitätsunterschiede in Kett- und Schussrichtung des Gewebes direkt erfasst werden. Daneben kann die Messung der Fließfrontposition auch mit Hilfe dielektrischer oder Drucksensoren sowie mittels Lichtwellenleiter erfolgen [Kis15] [MMT15] [Sta06] [EML05].

2.4.2 Permeabilität auf mikroskopischer und mesoskopischer Ebene

Die makroskopische Permeabilität wird von den Fließvorgängen auf mikroskopischer und mesoskopischer Ebene bestimmt. Dies wird deutlich, da bei der erstmaligen Benetzung der Fasern in der Regel der Fließfront ein teilgesättigter Bereich folgt, in der die Bündel nicht vollständig imprägniert sind [AdD04]. Hier zeigt sich, dass in den einzelnen Teilbereichen unterschiedliche Permeabilitäten vorliegen. Die makroskopische Skala umfasst dabei den Bereich weniger Zentimeter bis zum Gesamtabmaß des Bauteils, während der mesoskopische Bereich die Größe eines Bündels, also in der Regel einen Bereich zwischen 0,1 mm und 10 mm umfasst. Die Oberflächeneffekte aus der mikroskopischen Ebene unter 0,1 mm wie der Kapillardruck sind hier messbar, sodass der Einfluss auf dieser Betrachtungsebene nicht vernachlässigbar ist.

Die maßgeblichen Einflussfaktoren auf das Fließen bei mikroskopischer Betrachtung wurden von KONZENY und CARMAN charakterisiert, die die Permeabilität elliptischer Schüttgüter untersuchten [Car37]. Diese leiteten den Zusammenhang zwischen Permeabilität, Porendurchmesser und Feststoffvolumengehalt her. Der Ansatz ist grundlegend auch für Faserverbunde gültig, jedoch sind Einschränkungen bezüglich der vorausgesetzten Homogenität der porösen Struktur vorzunehmen [Geb92]. Der Ansatz wird hierbei mithilfe der für Faserverbunde relevanten Kenngrößen Faserradius und Faservolumengehalt gebildet. Die im Ansatz (14) enthaltene Konzeny-Konstante muss für jeden Gewebetyp rekursiv bestimmt werden. Sie bildet die sekundären Einflüsse von Webart, Bündel und Flächengewicht ab.

$$K(\varphi_f, R, k) = \frac{R^2}{4\,k} \frac{(1 - \varphi_f)^3}{{\varphi_f}^2} \tag{14}$$

R	Faserradius [m]
k	Konzeny-Konstante [ ]

WILLIAMS zeigte auf, dass der vorausgesetzte gleichmäßige hydraulische Radius der porösen Struktur in Faserverbunden nicht eingehalten werden kann. Es liegt stets eine statistisch verteilte Faseranordnung vor, was zu einer Unterschätzung der Permeabilität führt [WME74]. Das vereinfachte Konzeny-Carman-Modell eignet sich ausschließlich zur Berechnung isotroper Permeabilitäten, die jedoch beispielsweise in unidirektionalen Laminaten nicht gegeben sein können. Dies gilt auch für die mikroskopische Ebene, in der die bündelförmig vorliegenden Fasern ebenfalls nahezu unidirektional angeordnet sind. GUTOWSKY et al. korrigierten diesen Umstand und entwickelten Modelle für das Fließen in und quer zur Faserrichtung. In Kompressionsversuchen wurde neben einem Verdichtungsmodell auch ein Modell zur Berechnung der Permeabilität bei variablem Faservolumengehalt hergeleitet [GMC87]. In diesen wurde eine Konstante ähnlich der von KONZENY genutzt, um die unterschiedlichen Permeabilitäten auszudrücken. Sie ist jedoch ebenfalls empirisch zu ermitteln. In dieser Weiterentwicklung wurde zudem berücksichtigt, dass die Permeabilität quer zur Faserrichtung ab einem gewissen Faservolumengehalt gegen 0 geht [GCB87]. Auch dieser Wert ist empirisch zu ermitteln.

$$K(\varphi_f, R, k', V_a') = \frac{R^2}{4\,k'} \frac{\left(\sqrt{\frac{V_a'}{\varphi_f}} - 1\right)^3}{\left(\frac{V_a'}{\varphi_f} + 1\right)} \tag{15}$$

k'	Konzeny-Konstante nach GUTOWSKI et al. [ ]
V_a'	Faservolumengehalt, bei dem kein Fließen mehr stattfindet [%]

Eine analytische Herleitung der longitudinalen und transversalen Permeabilität wurde von GEBART publiziert. So wird eine Abschätzung ohne die Durchführung von Messungen ermöglicht. Dieser unterscheidet zunächst die beiden Grenzfälle der quadratischen und der hexagonalen Anordnung der Fasern. Die Faseranordnung bestimmt, wie in Abbildung 2-9 dargestellt, die Fließspalte zwischen den Fasern. GEBART zeigte anhand analytischer Berechnungen mit geeigneten Vereinfachungen, dass der Druckabfall und somit die Permeabilität beim Durchfließen des Gewebes in erster Linie vom minimalen Abstand der Fasern zueinander abhängt. Dieser wird wiederum von der Faseranordnung und dem Faservolumengehalt bestimmt [Geb92]. Für die longitudinale Fließrichtung wurde ein Modell von DE-VALVE et al. für variable Faseranordnungen hergeleitet [DeP12].

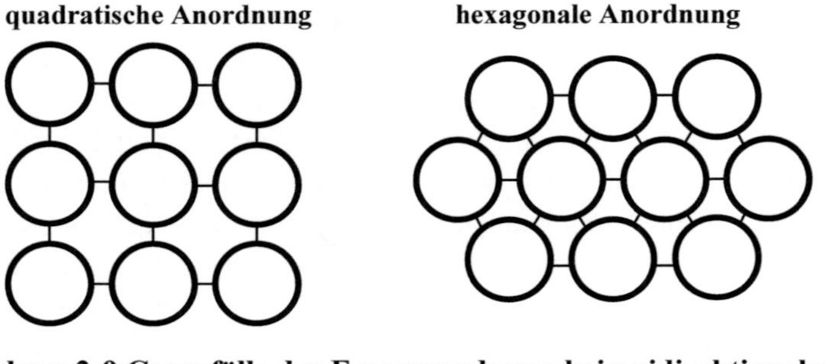

Abbildung 2-9 Grenzfälle der Faseranordnung bei unidirektionaler Faserausrichtung

Die Fließvorgänge in und quer zur Faserrichtung unterscheiden sich maßgeblich voneinander. Während in Faserrichtung auch bei einem maximalen Faservolumengehalt noch ein Harzfluss im verbleibenden Spalt zwischen den aneinander liegenden Fasern möglich ist, kommt dieser in diesem Grenzfall quer zur Faserrichtung gänzlich zum Erliegen. So ergeben sich folgende Gleichungen [Geb92]:

$$K_{\parallel}(\varphi_f, R, c) = \frac{8R^2}{c} \frac{(1-\varphi_f)^3}{\varphi_f^2} \tag{16}$$

$$K_{\perp}(\varphi_f, \varphi_{fmax}, R, C_1) = C_1 \left(\sqrt{\frac{\varphi_{fmax}}{\varphi_f}} - 1 \right)^{\frac{5}{2}} R^2 \tag{17}$$

c Formfaktor parallel [ ]
C_1 Faktor der Faseranordnung [ ]
φ_{fmax} maximaler Faservolumengehalt [%]

Die hier eingesetzten Faktoren c und C_1 beschreiben die Fließspaltgeometrie anhand der Faseranordnung. Der Formfaktor c wurde analytisch anhand der Berechnung der Rohrreibungszahl hergeleitet und basierend auf bekannten Reibungszahlen für das Umfließen von Rohren gewählt [Sch79]. Der Formfaktor bildet die Konzeny-Konstante über die Beziehung c = 32k ab, was im Vergleich der Gleichungen (14) und (16) deutlich wird. GEBART prüfte diese Beziehungen anhand von Berechnungen nach der Finite-Differenzen-Methode und erhielt mit unter 10% Abweichung eine gute Übereinstimmung [Geb92]. Ähnliche Ergebnisse erhielten auch BRUSCHKE und ADVANI sowie YAZDCHI et al., die das Querfließen in einem gleich gearteten Modell untersuchten [BrA93] [YSL11]. Die entsprechenden Werte der Faktoren sind in Tabelle 2-1 zusammengefasst.

Tabelle 2-1 Formfaktoren und maximaler Fasergehalt bei quadratischer und hexagonaler Faseranordnung zur Permeabilitätsberechnung nach GEBART

Faserausrichtung	c	φ_{fmax}	C_1
quadratisch	57	$\frac{\pi}{4}$	$\frac{16}{9\pi\sqrt{2}}$
hexagonal	53	$\frac{\pi}{2\sqrt{3}}$	$\frac{16}{9\pi\sqrt{6}}$

In einer experimentellen Überprüfung wurde eine hohe Abbildungsgenauigkeit der physikalischen Zusammenhänge in und eine gute Abbildung quer zur Faserrichtung mit unter 10% Abweichung erzielt, wenn der effektive Faserradius mit Hilfe einer Approximation bestimmt wurde [Geb92]. Dies ist erforderlich, da die Fasern stets in Bündeln vorliegen, was zu einem verstärkten Fließen in den Fließspalten zwischen den Bündeln führt [THA14]. Es ist zu beachten, dass die Anordnung der Bündel ebenfalls maßgeblich die Permeabilität beeinflusst.

Dieser Umstand wurde von PHELAN et al. aufgegriffen, die GEBARTs Modell für das Fließen in und quer zur Faserrichtung für hexagonal angeordnete elliptische Bündel erweiterten, womit die Berechnung für undurchlässige Bündel ermöglicht wurde [RPA96] [PLP94]. Es konnte gezeigt werden, dass insbesondere die mesoskopische Anordnung der Faserbündel die makroskopische Permeabilität bestimmt. Weiterhin wurde in numerischen Rechnungen der Einfluss der Bündelpermeabilität auf die Gesamtpermeabilität untersucht. Es wurde festgestellt, dass die Permeabilität bei steigendem Halbachsenverhältnis der Bündel steigt. Der Einfluss der Bündelpermeabilität auf die Gesamtpermeabilität steigt ebenfalls bei steigendem Faservolumengehalt und steigendem Halbachsenverhältnis.

Ein weiterer entscheidender Faktor für die Permeabilität auf mikroskopischer und mesoskopischer Ebene ist die statistische Verteilung der Fasern und Bündel in realen Faserverstärkungen [RaP00] [BeY03] [GEL14]. Die Fasern werden in realen Prozessen nicht reproduzierbar gestapelt, sodass insbesondere bei niedrigen Faservolumengehalten große Permeabilitätsunterschiede messbar sind [SKB15]. So entstehen vergrößerte Fließspalte, die die gemessene Permeabilität erhöhen [WME74]. Der Effekt ist beim Querfließen größer, da hier die Fließspaltänderung zusätzlich zu einer Veränderung des Fließwegs führt [SSE07].

Die Permeabilität innerhalb des Bündels kann somit mit guter Genauigkeit mit Hilfe des Modells von GEBART bestimmt werden. Jedoch liegen aufgrund der Anordnung der Fasern in Geweben viele weitere Einflussfaktoren auf mesoskopischer Ebene vor, die die makroskopische Permeabilität beeinflussen. Zur Berechnung der Fließvorgänge im Zweiskalenansatz müssen die nach Modellen ermittelten lokalen Permeabilitäten innerhalb der Faserbündel mit den ausschließlich experimentell bestimmbaren makroskopischen Permeabilitäten kombiniert werden, um umfassende Aussagen zu ermöglichen.

2.5 Kapillareffekt

Während der Injektion des Harzes in die Preform findet die Benetzung der Fasern statt. Das Harz legt sich dabei auf die Faseroberfläche, womit ein energiearmer Zustand der Oberflächenmoleküle im flüssigen Harz erreicht wird. Die Moleküle können sich an der Oberfläche der Fasern anordnen, wobei intermolekulare Bindungen aufgebaut werden. Verantwortlich hierfür sind die in Abbildung 2-10 dargestellten Grenzflächenspannungen zwischen den beteiligten Stoffen [LSB88].

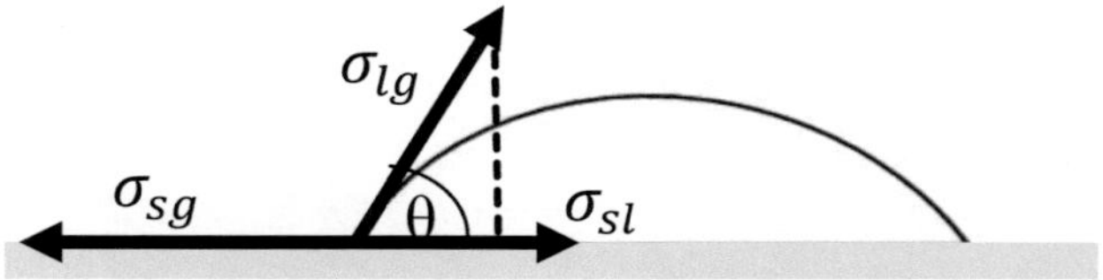

Abbildung 2-10 Kräftegleichgewicht bei der Benetzung von Oberflächen mit Flüssigkeiten

Die Verhältnisse der Oberflächenenergien zueinander erzeugen einen Kontaktwinkel zwischen Flüssigkeit und Oberfläche. Dieser sinkt bei steigender Oberflächenenergie des Festkörpers oder sinkender Oberflächenenergie der

Flüssigkeit ab. Beim Benetzen stellt sich ein Gleichgewicht der Grenzflächenspannungen ein, das mit der Young-Dupré-Gleichung (18) beschrieben werden kann. Für eine gute Benetzung sollte ein geringer Kontaktwinkel vorliegen. [Kis96]

$$\cos\theta = \frac{\sigma_{sg} - \sigma_{sl}}{\sigma_{lg}} \tag{18}$$

σ_{sg}	Grenzflächenspannung Festkörper-Gasphase [N/m]
σ_{sl}	Grenzflächenspannung Festkörper-Flüssigkeit [N/m]
σ_{lg}	Grenzflächenspannung Flüssigkeit-Gasphase [N/m]
θ	Kontaktwinkel zwischen Festkörper und Flüssigkeit [°]

Liegt ein sehr kleines Verhältnis zwischen Flüssigkeits-Gasphasen-Grenzfläche zum Querschnitt der benetzten Fläche vor, kann der Kapillareffekt auftreten [Kis96]. Dieser bedingt ein Voranschreiten der Benetzung ohne zusätzliche Energieeinbringung [Sch07]. Die Energie wird ausschließlich aus dem Erreichen eines energieärmeren Zustands der Grenzflächen gewonnen [Blo04]. Hierzu muss demnach ein Kontaktwinkel kleiner 90° vorliegen. Kontaktwinkel über 90° bedeuten, dass Energie aufgewendet werden muss, um die Oberfläche zu benetzen.

Im Falle einer senkrecht angeordneten Kapillare, die in einem Flüssigkeitsreservoir steht, beginnt die Flüssigkeit zu steigen, bis ein Gleichgewicht mit der Gravitationskraft erreicht ist. Die Steighöhe kann nach Gleichung (19) bestimmt werden [AdD04]. Hierbei sind die Oberflächenspannung der Flüssigkeit sowie der Kontaktwinkel zwischen Kapillarwand und Flüssigkeit die entscheidenden stoffabhängigen Kenngrößen.

$$z = \frac{2\,\sigma_{lg}\,\cos\theta}{r\,g\,\rho} \tag{19}$$

z	Steighöhe [m]
r	Kapillarinnenradius [m]
g	Gravitationskonstante [m/s²]
ρ	Dichte der Flüssigkeit [kg/m³]

2.5.1 Modelle für dynamische Benetzung

Im transienten Fall einer sich bewegenden Flüssigkeit wird zwischen einem voranschreitenden und zurückziehenden Kontaktwinkel unterschieden [Kat04]. Der voranschreitende Kontaktwinkel ist dabei in der Regel größer als der zurückziehende [Rul96] [PRK06]. Für den Benetzungsvorgang ist insbesondere der voranschreitende Winkel von Bedeutung [Krü13] [ASB91].

Der Kontaktwinkel während der Benetzung ist abhängig von der Benetzungsgeschwindigkeit [SQF16]. Grund hierfür ist, dass das Erreichen des energieärmsten Zustands Zeit erfordert. Ist diese nicht gegeben, treten variierende Kontaktwinkel auf. Das trifft die unter zusätzlichem Druck ablaufenden Injektion zu. Es liegt eine erzwungene Benetzung vor. Der voranschreitende Kontaktwinkel kann dabei nach dem Tanner-Gesetz bestimmt werden [VMM06] [Kis93].

$$\theta_a^3 - \theta_0^3 \cong c_T Ca = c_T \frac{\eta v}{\sigma_{lg}} \tag{20}$$

θ_a	voranschreitender Kontaktwinkel [rad]
θ_0	statischer Kontaktwinkel [rad]
c_T	Proportionalitätsfaktor [ ]
Ca	Kapillarzahl [ ]

Der Kontaktwinkel steigt demnach für höhere Benetzungsgeschwindigkeiten an. In empirischen Untersuchungen konnte gezeigt werden, dass die Berechnung nach dieser Näherungsformel bis zu einem Kontaktwinkel von 135° möglich ist [Kis93]. Für höhere Winkel ist das Tanner-Gesetz nicht mehr anwendbar. Der Proportionalitätsfaktor und der statische Kontaktwinkel müssen für jede Festkörper-Flüssigkeits-Kombination experimentell bestimmt werden. Dazu können verschiedene Tensiometerexperimente eingesetzt werden, bei denen ein Probekörper mit variierten Geschwindigkeiten in ein Harzreservoir getaucht wird und die auftretenden Kräfte gemessen werden. Anhand der Länge der Benetzungslinie können anschließend die vorliegenden Kontaktwinkel berechnet werden.

Eine allgemeinere Form wurde von HOFFMAN erarbeitet, der ebenfalls einen Zusammenhang zwischen der Kapillarzahl und dem dynamischen voranschreitenden Kontaktwinkel herstellte [Hof75]. Diese ist auch für den Bereich des Kontaktwinkels über 135° gültig. Das Prinzip beruht auf einer Masterkurve nach Gleichung (21) für alle Flüssigkeit-Festkörper-Kombinationen mit einem statischen Kontaktwinkel von 0° [Hof83]. Diese wird mit Hilfe der Kapillarzahl des vorliegenden statischen Kontaktwinkels $\theta_0>0°$ nach der Umkehrfunktion der Masterkurve verschoben, sodass eine universelle Funktion zur Beschreibung des dynamischen Kontaktwinkels entsteht. Der Vergleich der beiden Modelle in Abbildung 2-11 zeigt eine weitgehende Übereinstimmung, jedoch ermöglicht das Hoffmann-Modell die Beschreibung im Bereich größerer Kontaktwinkel und wird aus diesem Grund bevorzugt.

$$\theta_a = f_{Hoff}(Ca) = \cos^{-1}\left\{1 - 2\tanh\left[5{,}16\left(\frac{Ca}{1+1{,}31\,Ca^{0{,}99}}\right)^{0{,}706}\right]\right\} \tag{21}$$

$$\theta_a = f_{Hoff}\left[Ca + f_{Hoff}^{-1}(\theta_0)\right] \tag{22}$$

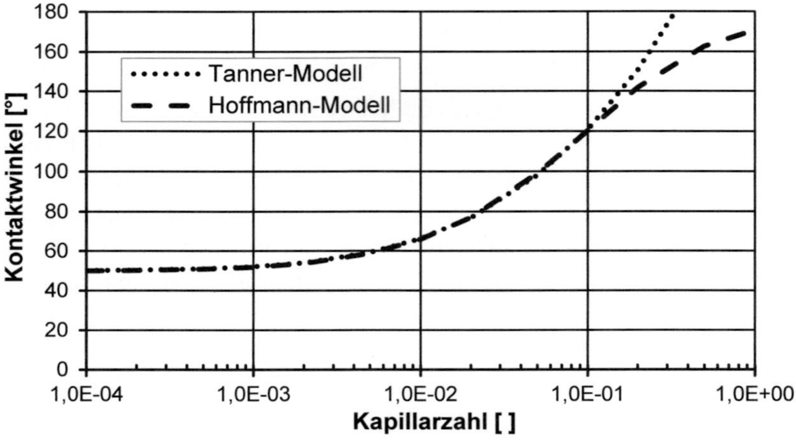

Abbildung 2-11 Vergleich von Tanner- und Hoffmann-Modell für eine Flüssigkeits-Festkörper-Kombination mit einem statischen Kontaktwinkel von 50° (c_T=1,64·10^7 / f_{Hoff}^{-1}=0,0087)

2.5.2 Kapillardruck in der Preform

Die Faserpreform im RTM-Verfahren stellt eine Geometrie dar, in der die Bedingung der großen Benetzungsflächen und kleinen benetzten Querschnittflächen erfüllt ist. Die Fasern sind in Bündeln zusammengefasst, in denen sie parallel ausgerichtet sind, um einen hohen Faservolumengehalt zu erzielen. Hieraus ergeben sich geringe Abstände zwischen den Filamenten, die daher ähnlich einer Kapillare wirken. Während der Injektion entsteht so ein zusätzlicher Druck auf die Matrix [AdD04]. Der Kapillardruck ergibt sich somit in allgemeiner Form aus dem Verhältnis von Faseroberfläche zu Matrixvolumen. Vereinfachend wird hier die Oberflächenspannung des Harzes anstatt der Grenzflächenspannung zwischen Flüssig- und Gasphase genutzt, was im Falle eines Kontaktes mit Luft mit hinreichender Genauigkeit zutrifft [AdD04].

$$P_c = S_f \sigma \cos \theta_a \tag{23}$$

P_c Kapillardruck [Pa]
S_f Verhältnis der Faseroberfläche zum Matrixvolumen [m^{-1}]
σ Oberflächenspannung des Harzes [N/m]

Der Kapillardruck wirkt aufgrund der Faserform anisotrop. Es kann zwischen der Benetzung in Faserrichtung und senkrecht zur Faserrichtung unterschieden werden [Pot97]. Während sich in Faserrichtung nahezu parallel verlaufende und annähernd endlose Kapillaren ergeben, ist quer zur Faserrichtung eine Abhängigkeit von der Faseranordnung gegeben [LWG10] [BCM96]. In der allgemeinen Form ergibt sich der Kapillardruck wie folgt [ASB91]:

$$P_c = \frac{4\sigma \cos \theta}{D_e} \tag{24}$$

D_e äquivalenter Porendurchmesser [m]

Die unterschiedlichen Benetzungsrichtungen können über den äquivalenten Porendurchmesser abgebildet werden [LeB97]. Für eine Benetzung in Faserrichtung ergibt sich ein Formfaktor von 4, während senkrecht zur Faserrichtung ein Formfaktor von 2 gilt [ASB91] [MaP12].

$$D_e = \frac{8R}{F} \frac{(1 - \varphi_f)}{\varphi_f} \tag{25}$$

F geometrieabhängiger Formfaktor ($F_{\parallel}$= 4 und $F_{\perp}$= 2) [LeB97] [ ]

Jedoch ist anzumerken, dass es sich hierbei um eine mesoskopische Betrachtung handelt, in der der mittlere Kapillardruck betrachtet wird [AdD04]. Dieser ist für die axiale Benetzung hinreichend genau. Für die transversale Benetzung ergibt sich bei genauerer Betrachtung ein variierender Kapillardruck, der sich aus der Änderung des Fließspalts zwischen den Fasern im Bündel während des Fließfrontfortschritts herleitet [NAA06] [FoG05] [BaP90] [Blo04] [YaX95].

Weiterhin muss festgehalten werden, dass stets Imperfektionen der Fasern sowie deren Abstände zueinander vorliegen. Dies führt dazu, dass die Benetzung gleichzeitig in und quer zur Faserrichtung abläuft [ASB91] und häufig kleinere Faserabstände als in der idealisierten hexagonalen Anordnung betrachtet auftreten können [NAA06]. Ebenfalls ist zu beachten, dass die Kapillarkräfte auch zu minimalen Verschiebungen der Fasern und somit zu veränderlichen Abständen führen können [WME74]. Derartige Effekte auf mikroskopischer Ebene erzeugen jedoch keinen signifikanten Einfluss auf die Benetzung der Fasern und gleichen sich teilweise gegenseitig aus. Für die Betrachtung der Vorgänge bei der Bündelbenetzung werden in dieser Arbeit deshalb insbesondere die mesoskopischen Modelle verwendet. Die Bündel werden dabei entsprechend als homogener poröser Körper mit den entsprechenden äquivalenten Porendurchmessern angesehen.

2.6 Fehlstellenentstehung

Die Produktion in Großserienprozessen setzt voraus, dass eine gleichbleibend hohe Bauteilqualität sichergestellt wird. Die Qualität eines Faserverbundbauteils kann neben dem angestrebten möglichst hohen Faservolumengehalt und der Maßhaltigkeit am Fehlstellengehalt gemessen werden. Es handelt sich dabei um verschieden ausgeprägte Lufteinschlüsse. An diesen Stellen kann lokal keine Kraft übertragen werden, sodass mit verringerten mechanischen Eigenschaften zu rechnen ist. Fehlstellen entstehen infolge ungleichmäßiger

Fließfrontausprägung und sind somit ein Resultat ungleichmäßiger Benetzung bei der Harzinjektion.

Die Vermeidung von Fehlstellen ist daher eine wichtige Herausforderung der RTM-Verfahrenstechnik. Fehlstellen in Faserverbunden können in verschiedenen Ausprägungen auftreten, die von den jeweiligen Prozess-, Geometrie- und Materialparametern abhängig sind. Die zuvor vorgestellten Modellvorstellungen können verwendet werden, um die Entstehungsursachen zu erforschen. Auf dieser Grundlage ist die gezielte Anpassung des Verfahrens auf die Ausgangsmaterialien und die geometrische Form des Bauteils möglich. Die Entwicklung einer Strategie zur Fehlstellenvermeidung setzt jedoch voraus, dass die Bildungsmechanismen bekannt sind. Die Fehlstellen werden im Folgenden genauer charakterisiert und kategorisiert. Die bisher entwickelten Modelle zur Fehlstellenentstehung werden vorgestellt und bewertet.

Ein grundlegendes Unterscheidungskriterium ist die Größe der Fehlstelle. Es kann zwischen makroskopischen und mikroskopischen Fehlstellen unterschieden werden. Während makroskopische Lufteinschlüsse Ausdehnungen im Bereich mehrerer Zentimeter aufweisen, sind mikroskopische Lufteinschlüsse im Bereich eines Millimeters und darunter angesiedelt [PaL11]. Weiterhin können die Fehlstellen nach der Entstehungsursache unterschieden werden. Eine erste grobe Einteilung wird in Abbildung 2-12 gegeben [LLK06] [RLK97].

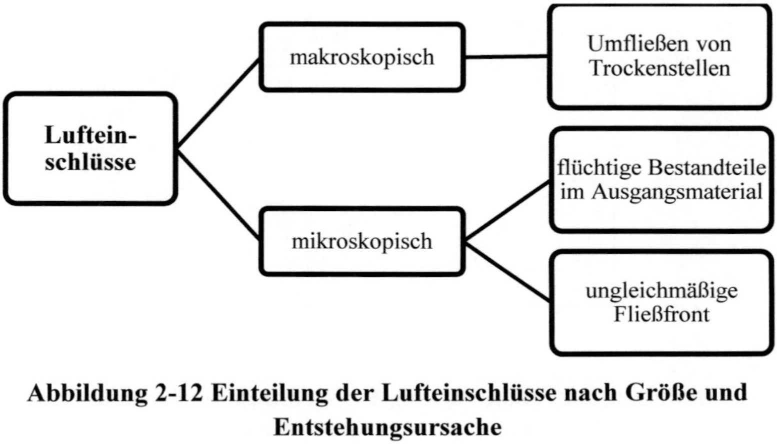

Abbildung 2-12 Einteilung der Lufteinschlüsse nach Größe und Entstehungsursache

2.6.1 Makroskopische Fehlstellen

Makroskopische Fehlstellen sind große fehlerhafte Bauteilbereiche. Hierzu zählen große Trockenstellen und Faserverschiebungen. Faserverschiebungen entstehen, wenn die Reibungskräfte zwischen Preform und Werkzeugwand zu gering sind. Die in Folge des Harzflusses entstehenden Schubspannungen können so die Fasern verschieben. Große Trockenstellen entstehen durch makroskopische Umfließungsvorgänge. Im Allgemeinen treffen hierbei zwei Fließfronten aufeinander [PGS98]. Dies ist beispielsweise der Fall, wenn mit mehreren Angüssen gearbeitet wird, um aufgrund verringerter Gesamtfließweglänge stark verkürzte Injektionszeiten zu erhalten [BüH06]. Weiterhin können Permeabilitätsunterschiede zum Aufeinandertreffen von Fließfronten führen. Dies ist insbesondere in Randbereichen ein bekanntes Phänomen. Aufgrund ungenauen Zuschnitts und dem damit verbundenen verringerten Faservolumengehalt treten am Bauteilrand teilweise um mehrere Größenordnungen höhere Permeabilitäten auf. Das führt dazu, dass die Fließfront hier schneller voranschreitet und Bereiche in der Bauteilmitte umschlossen werden können [RLK97]. Dieser in Abbildung 2-13 dargestellte Mechanismus wird als Racetracking-Effekt bezeichnet [BüH06b].

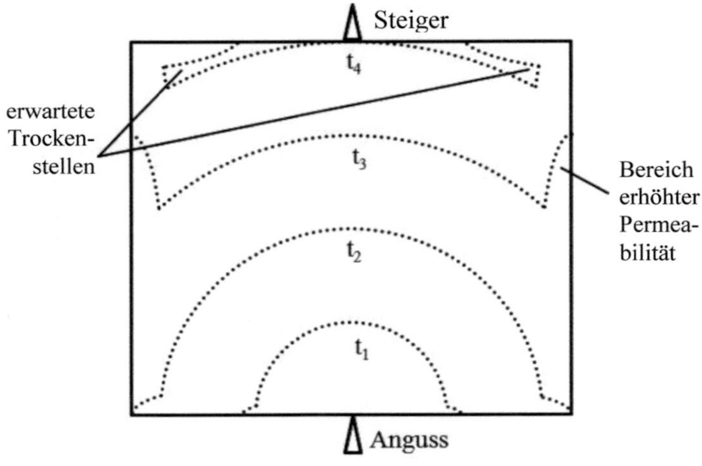

Abbildung 2-13 Racetracking-Effekt durch ungleichmäßige Permeabilität im Preform

Diese makroskopischen Fehlstellen können meist durch ein angepasstes Werkzeugdesign und einen automatisierten Beschnitt der Preform umgangen werden. Die makroskopische Fehlstellenentstehung kann mit Hilfe der etablierten Füllsimulationen gut vorausberechnet werden, sodass frühzeitig Gegenmaßnahmen durch eine verbesserte Anguss- und Steigerpositionierung ergriffen werden können [TBK11] [BaE10] [RLK97]. Makroskopische Fehlstellen sind daher bereits mit konventionellen Herangehensweisen vermeidbar. Die aktuellen Möglichkeiten zur Fehlstellenvermeidung sind jedoch auf diesen Fehlstellentyp begrenzt. Deshalb stehen hier die im Folgenden besprochenen mikroskopischen Fehlstellen im Fokus der Betrachtungen.

2.6.2 Mikroskopische Fehlstellen

Die Fehlstellen mit mikroskopischen Abmessungen können entweder aufgrund des Ausgasens eines in den Ausgangsmaterialien enthaltenen Stoffs oder durch eine ungleichmäßige Fließfront entstehen. Bei der exothermen Aushärtungsreaktion des Harzes können darin gelöste Stoffe ausfallen, da die Löslichkeit bei steigender Temperatur sinkt [GrN10]. Weiterhin kann Feuchtigkeit auf den Fasern, bzw. im Harz vorhanden sein, die bei erhöhter Temperatur verdampft. So entstehen meist sphärische Fehlstellen, die vorwiegend in Bereichen mit erhöhtem Matrixgehalt auftreten. Die Fehlstellen entstehen daher häufig in den Fließkanälen zwischen den Bündeln. Diesem Entstehungsmechanismus kann durch die Verwendung hochwertiger oder zuvor entgaster Harzsysteme entgegengewirkt werden [Low93]. Auch eine Vortrocknung der Fasern kann insbesondere bei der Verwendung von Naturfasern sinnvoll sein. Für aus flüchtigen Bestandteilen resultierende Fehlstellen kann ein Großteil der Entstehungsursachen durch eine geeignete Vorauswahl der verwendeten Ausgangsmaterialien sowie eine hochwertige Werkzeuggestaltung vermieden werden. Sie stehen daher nicht im Fokus der Untersuchungen.

In Serienprozessen sind diese grundlegenden Voraussetzungen in der Regel gegeben. Dennoch kommt es bei der Injektion häufig zu Fehlstellen. Grund hierfür ist eine ungleichmäßige Fließfront. Je nach Prozessbedingungen und Materialauswahl kommt es zu Lufteinschlüssen im Fließkanal oder in den Faserbündeln. Dieses Verhalten tritt reproduzierbar auf [LuG94]. Beispiele für entsprechende Fehlstellen sind in Abbildung 2-14 gezeigt. Die beiden Fehlstellentypen unterscheiden sich in Form und Größe. Es ist zu erkennen, dass diese Luftblasen ca. 1 mm Durchmesser aufweisen. Die Größe ist hierbei von der Oberflächenspannung des Harzes sowie dem Druck und der Temperatur während der Aushärtung abhängig [AdD04]. Die zylindrische Form der Fehlstellen innerhalb des Bündels ergibt sich, wenn die Luft den energieärmsten Zustand zwischen den eng nebeneinander angeordneten Fasern einnimmt. Der Durchmesser des Porenzylinders liegt so im Bereich des Faserdurchmessers. [RPL94]

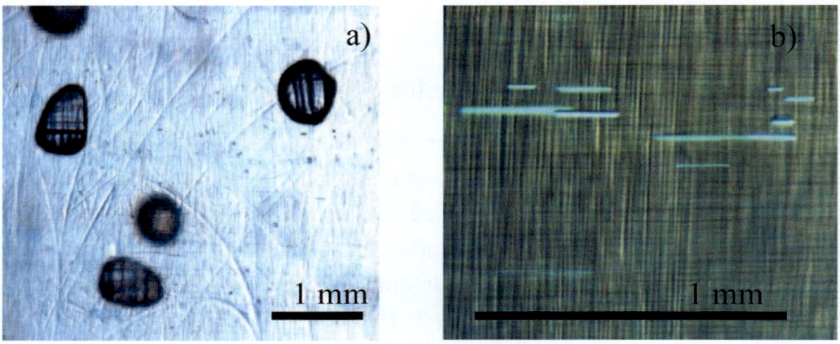

Abbildung 2-14 Charakteristische Fehlstellenarten im Fließkanal a) und im Bündel b) infolge ungleichmäßiger Fließfronten

2.6.3 Fehlstellenentstehung aufgrund unebener Fließfronten

Die Ausbildung der Fließfront ist von den lokalen Permeabilitäten der Faserbündel und der dazwischenliegenden Fließkanäle abhängig. Dabei ist die Permeabilität im Fließspalt stets um Größenordnungen höher [TSA15]. In den Bündeln wirkt jedoch aufgrund des geringen Faserabstands der Kapillareffekt, der eine zusätzliche Kraft auf das Harz ausüben kann. Das Zusammenspiel aus unterschiedlichen Permeabilitäten und dem Kapillareffekt führt zu einer nicht einheitlichen Fließfront. Dabei treten die in

Abbildung **2-15** skizzierten Fließphänomene auf. Die infolgedessen entstehenden Fehlstellen sind abhängig von den vorliegenden Randbedingungen.

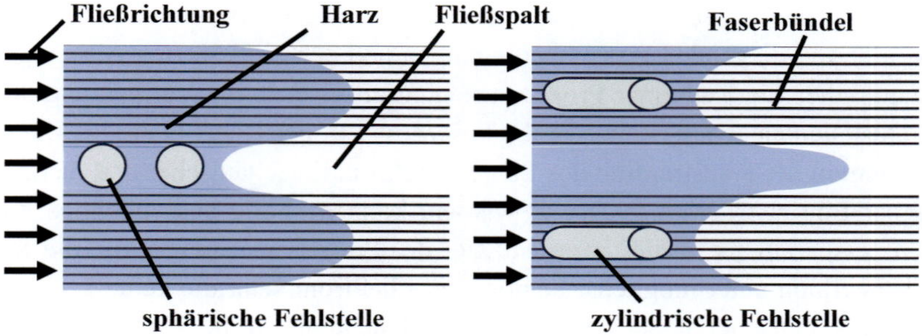

Abbildung 2-15 Fließfrontausprägung infolge von Permeabilitätsunterschieden und Kapillarwirkung bei geringer (links) und hoher (rechts) Fließfrontgeschwindigkeit

Bei einer geringen Fließfrontgeschwindigkeit tritt die Kapillarwirkung in den Vordergrund. Die Fließfront eilt dadurch lokal in den Bündeln voraus. Eine sogenannte Dochtwirkung tritt auf, die zum Umfließen der noch nicht mit Harz gefüllten Fließspalten zwischen den Bündeln führen kann. In diesem Fall wird Luft umflossen, die sich zu sphärischen Fehlstellen formt und die charakteristischen Luftblasen entstehen. Dieser Umfließmechanismus wird durch die mehrdimensionale Ausrichtung der Fasern in Laminaten verstärkt [JYX04] [LeL03]. Insbesondere bei nicht unidirektionalen Preforms oder Geweben aus unterschiedlichen Rovings in Kett- und Schussrichtung kann eine verstärkte Fehlstellenentstehung beobachtet werden [MST14].

Im Falle einer hohen Fließfrontgeschwindigkeit überwiegt das Fließen in den Fließkanälen. Das Harz kann hier aufgrund des geringeren Fließwiderstands schneller fließen. So werden zunächst die Zwischenbündelbereiche gefüllt, von denen sich dann die Matrix in die Bündel ausbreitet. Grund hierfür ist die Permeabilitätsdifferenz zwischen den beiden charakteristischen Bereichen. Hierbei kann es zum Umfließen der Luft im Bündel kommen [BHP98]. So entstehen zylindrische Fehlstellen im Bündel.

Welcher und ob einer der oben beschriebenen Mechanismen auftritt, hängt von den vorliegenden Prozessbedingungen und den eingesetzten Ausgangsmaterialien ab. Ziel einer Prozessauslegung muss stets die Vermeidung der Fehlstellenentstehung sein. Da die Fasern und in der Regel auch das Harzsystem in der Konstruktion des Bauteils aufgrund mechanischer und thermischer Einsatzkriterien festgelegt werden, können häufig ausschließlich die Prozessparameter variiert werden. Ziel der Prozessauslegung muss die Sicherstellung einer möglichst homogenen Fließfront sein, die keine Lufteinschlüsse entstehen lässt. Von besonderer Bedeutung für die Wahl der geeigneten Fließfrontgeschwindigkeit ist das Fließen im Bündel. Die allgemeine Fließfrontgeschwindigkeit muss auf die Benetzungsgeschwindigkeit im Bündel angepasst werden, die wiederum nur teilweise anhand der Prozessparameter beeinflussbar sind. Die grundlegenden Parameter, die das Fließen auf mikroskopischer Ebene im Bündel und somit die Fehlstellenentstehung beeinflussen, sind in Abbildung 2-16 dargestellt [LuG94]. Die Faktoren gehen dabei in das Darcy-Gesetz ein, welches die Fließfrontgeschwindigkeit beschreibt.

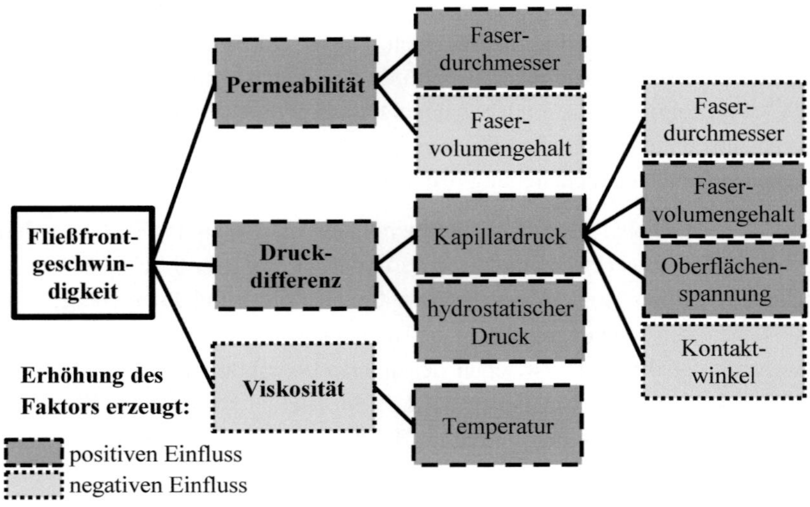

Abbildung 2-16 Haupteinflussfaktoren auf die Fließfrontgeschwindigkeit im Faserbündel

Es ist ersichtlich, dass insbesondere der Faserdurchmesser und der Faservolumengehalt sowohl die Permeabilität als auch die Druckdifferenz beeinflussen. Dies geschieht in gegenläufiger Richtung, sodass ein erhöhter Faserdurchmesser zwar eine erhöhte Permeabilität zur Folge hat, jedoch der Effekt auf die Fließgeschwindigkeit im Bündel durch einen verminderten Kapillardruck zumindest teilweise verringert wird. Wie stark sich eine Änderung dieser Faktoren im Detail auf die Fließgeschwindigkeit im Bündel auswirkt muss über die zugehörigen Modelle berechnet werden. Daneben sind diese Faktoren maßgeblich für die mechanische Festigkeit des Verbundes. Der Faservolumengehalt soll daher stets maximal und der Faserdurchmesser minimal sein, da so die höchste Festigkeit erreicht wird. Die prozessbezogene Materialauswahl muss somit stets die Änderungen der mechanischen Eigenschaften berücksichtigen. Eine freie Variation kann so ausschließlich über die Wahl sekundärer Preformparameter wie Flächengewicht oder Bindungsart erfolgen.

Die Variation des Harzes kann, falls möglich, gezielt zur Verringerung der Viskosität genutzt werden. Hierzu stehen niedrigviskose Harze als auch eine Temperaturerhöhung zur Verfügung. In beiden Fällen stiege die Fließgeschwindigkeit im Bündel, jedoch auch die Fließgeschwindigkeit im Fließkanal an, weshalb nur ein geringer Effekt auf die Fehlstellenentstehung zu erwarten wäre.

Unter Beibehaltung der Harzgattung, beispielsweise Epoxidharze, ist keine Veränderung der Oberflächenspannung oder des Kontaktwinkels zu erwarten. Der Kontaktwinkel kann insbesondere durch die gezielte Auswahl der Grenzschicht der Faserverstärkung verringert werden. Hierzu können Fasern mit einem auf das Harzsystem abgestimmter Schlichte oder einem hochwertigen Finish ausgewählt werden.

Die zur Einstellung des Prozesses steht somit insbesondere die Variation der Druckdifferenz zwischen Fließfront und Injektionspunkt bei der Injektion zur Verfügung. Prozesstechnisch kann dies entweder direkt über eine Steuerung des Injektionsdrucks oder im Falle einer Volumensteuerung durch eine Anpassung des Volumenstroms geschehen. Es muss eine Fließfrontgeschwindigkeit gefunden werden, bei der eine verringerte Fehlstellenbildung auftritt. Diese ist jedoch von den oben beschriebenen vielfältigen Einflussfaktoren abhängig, sodass das Finden der geeigneten Parameter die genaue Analyse der Material- und Einflussparameter erfordert. Der Prozess muss auf die gegebenen Materialkennwerte abgestimmt werden. Hierzu müssen die Einflüsse der Materialparameter auf das Fließen im Bündel und somit auch die Fehlstellenentstehung bekannt sein. Die Fehlstellenentstehung sollte anhand der vorliegenden Parameter quantifiziert werden können. Dazu sind bereits einige Modellvorstellungen von verschiedenen Autoren entwickelt worden. Diese werden in Kapitel 2.6.5 hinsichtlich ihrer Eignung als Grundlage für die Prozessauslegung bewertet.

2.6.4 Auswirkungen der Fehlstellen auf mechanische Eigenschaften

Die infolge unzureichender Prozessparameter entstehenden Fehlstellen beeinflussen die mechanischen Eigenschaften der Bauteile. Dabei wirken die Luftblasen als den Verbund schwächendes Element. Die Luftblasen können keine Kräfte übertragen, sodass sich zunächst die Steifigkeit des Verbunds verringert. Der messbare E-Modul fällt geringer aus, als nach der Mischungsregel berechnet. Hierbei muss nach der Belastungsrichtung unterschieden werden. Während sich in Faserrichtung der Fehlstellengehalt nur gering auswirkt, können quer zur Faserrichtung stark verringerte mechanische Eigenschaften gemessen werden [LiC16] [OCF95]. Die Fasern können weiterhin Kräfte übertragen, werden dabei jedoch nicht gestützt. Es findet eine verringerte Kraftübertragung zwischen den Fasern statt.

Neben der Verringerung des wirksamen Querschnitts unter einer Spannung stellen die Luftblasen einen Rissanfang dar [VGL14]. Die in Abbildung 2-17 dargestellten qualitativen Spannungslinien verdeutlichen die Spannungskonzentration im Bereich der Fehlstellen. Daher kann schon ein geringer Porenvolumengehalt zu einer starken Verringerung der Festigkeit führen [GLZ09].

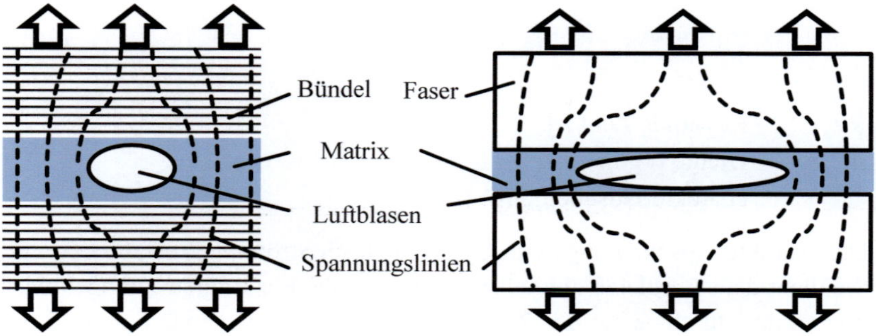

Abbildung 2-17 Schwächung des Verbunds durch sphärische (links) und zylindrische (rechts) Fehlstellen

Der Abfall der Steifigkeit sowie der Festigkeit unterscheidet sich nach der vorliegenden Fehlstellenart. Die Form der Blase gibt die Position der Spannungsüberhöhung sowie deren Höhe vor. So kann eine größere Verringerung des E-Moduls sowie der Zugfestigkeit für zylindrische Poren gemessen werden [LeR08] [OBO02]. Auch eine Verringerung der Druckfestigkeit, der interlaminaren Scherfestigkeit sowie der Dauerfestigkeit können detektiert werden [OCF95]. Die jeweiligen Auswirkungen sind von den Stoffeigenschaften von Faser und Matrix sowie der Faserkonfiguration abhängig und müssen für jeden Einzelfall ermittelt werden. [LiC16]

2.6.5 Kapillarzahl als Maß für die Fehlstellenentstehung

Beim Umfließen von Luft infolge einer ungleichmäßigen Fließfront finden sowohl das viskose Fließen als auch das Fließen infolge von Kapillarkräften statt [RAS06]. Diese Überlagerung tritt bei allen ungesättigten Strömungen in porösen Medien auf. Hierbei wird die Oberfläche des porösen Mediums mit der Flüssigkeit benetzt. In der Strömungsmechanik und der Thermodynamik wurde eine Vielzahl dimensionsloser Kennzahlen entwickelt, die es ermöglichen, Fließvorgänge zu beschreiben. Das viskose Fließen wird in der Regel mit der Reynolds-Zahl beschrieben. Sie bildet das Verhältnis aus Trägheits- zu Zähigkeitskräften bei der reibungsbehafteten Strömung um geometrische Körper ab.

$$Re = \frac{\rho\, v\, L_c}{\eta} \tag{26}$$

Re Reynolds-Zahl [ ]
ρ Dichte [kg/m³]
L_c charakteristische Länge [m]

Die charakteristische Länge wird hierbei je nach Strömungszustand gewählt. Sie dient dem Vergleich ähnlicher Fließzustände. Für Rohrströmungen wird hierbei der Durchmesser des Rohres gewählt. Der vorliegende Fall des Fließens durch die Preform, insbesondere in den Fließspalten zwischen den Faserbündeln, stellt eine reibungsbehaftete Strömung dar, die daher auch mit Hilfe der Reynolds-Zahl beschrieben werden kann.

Eine weitere wichtige dimensionslose Kennzahl zum Beschreiben von Strömungen ist die Weber-Zahl. Sie dient der Beschreibung von Zweiphasenströmungen zweier Fluide und ist ein Maß für die Stabilität der Strömung. Die Trägheitskräfte aus dem Fließvorgang werden in Relation zur Oberflächenkraft gesetzt. Eine hohe Weber-Zahl deutet auf eine hohe Oberflächendeformation hin. Sie ist ein Maß für die Tropfen- oder Blasenbildung. Die charakteristische Länge ist hierbei der Durchmesser der Tropfen oder der Blasen.

$$We = \frac{\rho\, v^2\, L_c}{\sigma} \tag{27}$$

We Weber-Zahl [ ]

Bei der Benetzung der Fasern liegt im teilgesättigten Bereich eine Zweiphasenströmung aus dem Harz sowie der im Werkzeug befindlichen Luft vor. Daher können auch hier die Verhältnisse der Trägheitskräfte und der Oberflächenkräfte gebildet werden, um Strömungszustände vergleichen zu können.

Die Fehlstellenentstehung stellt einen mit Hilfe der beschriebenen dimensionslosen Kennzahlen beschreibbaren Vorgang dar. Für die Bildung von Luftblasen ist das Verhältnis der Viskositätskräfte zu den Oberflächenkräften entscheidend. Dazu kann das Verhältnis zwischen Weber- und Reynolds-Zahl gebildet werden. Die resultierende dimensionslose Kennzahl ist die Kapillarzahl. Sie beschreibt Prozesse, bei denen Flüssigkeiten Oberflächen benetzen.

$$Ca = \frac{We}{Re} = \frac{\eta\, v}{\sigma} \tag{28}$$

Ca Kapillarzahl [ ]

Die Kapillarzahl wurde von mehreren Autoren verwendet, um die Fehlstellenentstehung zu beschreiben [PeR92] [PRL95] [Mic16]. Hierbei können mehrere Bereiche unterschieden werden, die zu den charakteristischen Fehlstellenformen führen. Im Falle niedriger Kapillarzahlen unter 0,002 treten vermehrt sphärische Fehlstellen in den Faserbündeln auf [PRL95]. Deren Anteil verringert sich bei steigenden Werten auf ein Minimum. Bei weiter erhöhten Kapillarzahlen treten vermehrt zylindrische Fehlstellen in den Faserbündeln auf.

2.6.5.1 Modifizierte Kapillarzahl

Die abschätzende Quantifizierung der Fehlstellenentstehung konnte mit der Kapillarzahl erstmals mit geringem Aufwand ermöglicht werden. Sie findet breite Anwendung. In theoretischen und experimentellen Untersuchungen konnte von PATEL und LEE gezeigt werden, dass die Bereiche zur Fehlstellenentstehung von der benetzenden Flüssigkeit abhängig sind. Hierzu wurden verschiede Ersatzflüssigkeiten sowie ein Polyesterharz eingesetzt, um die Benetzung unidirektionaler Faserhalbzeuge zu untersuchen. Es konnte gezeigt werden, dass der statische Kontaktwinkel ein weiterer wesentlicher Einflussfaktor ist, der die Kapillarwirkung beeinflusst [PaL96a]. Das gilt insbesondere für den Bereich niedriger Kapillarzahlen, anhand dessen die Aufnahme des Kosinus des Kontaktwinkels als weitere Stoffgröße zunächst aufgezeigt wurde. Es ergibt sich eine verbesserte Simulation der Fehlstellenentstehung, die unabhängig vom Matrixsystem einsetzbar ist [PRL95] [RPL96] [PaL95]. Eine hinreichende Betrachtung des Bereichs hoher Fließgeschwindigkeiten fand jedoch nicht statt.

Mit Hilfe des Kontaktwinkels wird der Kapillareffekt, der durch die Wirkung der Oberflächenkräfte beeinflusst wird, verstärkt berücksichtigt. Die so gebildete modifizierte Kapillarzahl Ca^* ist ebenfalls dimensionslos und somit universell anwendbar. Für Faser-Matrix-Kombinationen mit geringerer Kompatibilität und einem entsprechend höheren Kontaktwinkel ergeben sich bei gleicher Fließfrontgeschwindigkeit höhere modifizierte Kapillarzahlen. [PaL96b]

$$Ca^* = \frac{\eta \, v}{\sigma \, \cos\theta} \tag{29}$$

Ca^* modifizierte Kapillarzahl [ ]

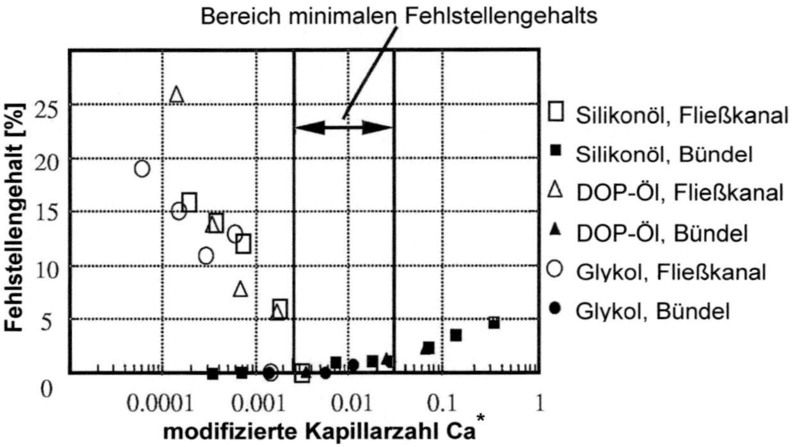

Abbildung 2-18 modifizierte Kapillarzahl Ca* als Maß für die Fehlstellenentstehung [RPL96]

Die so konsolidierten Entstehungsbereiche für die beiden Fehlstellentypen sind in Abbildung 2-18 gezeigt [RPL96]. Demnach treten sphärische Fehlstellen bei modifizierten Kapillarzahlen unter 0,002 auf. Hier dominiert der Kapillareffekt die Benetzung der Fasern. Bei erhöhter modifizierter Kapillarzahl bis zu einem Wert von ca. 0,03 wird im betrachteten System nur ein sehr geringer Fehlstellengehalt unter 1 % detektiert. Die dabei vorliegende Fließfrontgeschwindigkeit liegt zwischen 0,1 und 1 mm/s [Mic16] [PaL11]. Dieser Bereich wird aus Sicht einer erhöhten Bauteilqualität in der Verarbeitung angestrebt. Im Falle größerer modifizierter Kapillarzahlen treten verstärkt zylindrische Fehlstellen auf. In diesem Bereich liegen vergleichsweise hohe Fließfrontgeschwindigkeiten vor, die für eine kurze Zykluszeit erforderlich sind.

Kritisch anzumerken ist hier, dass die modifizierte Kapillarzahl Ca^* anhand des statischen Kontaktwinkels gebildet wird [CTM19]. Wie in Kapitel 2.5.1 aufgezeigt, verändert sich der voranschreitende Kontaktwinkel bei erhöhter Benetzungsgeschwindigkeit. Der statische Kontaktwinkel liegt während der Benetzung mit einer Fließfrontgeschwindigkeit >0 nicht vor. Korrekter Weise müsste hier der dynamische Kontaktwinkel genutzt werden, der sich in Abhängigkeit der Kapillarzahl ergibt. Es ist zu erwarten, dass der Kapillareffekt bei höheren Kapillarzahlen eine verringerte Wirkung entfaltet.

Die Aufnahme des Kontaktwinkels in die Berechnung der Kapillarzahl leistet die Anpassung des Modells auf unterschiedliche Stoffe. Die Kapillarzahlbereiche werden so verschoben und unterschiedliche Werkstoffkombinationen miteinander vergleichbar. Der Verlauf des dynamischen Kontaktwinkels bei variierenden Benetzungsgeschwindigkeiten findet in der modifizierten Kapillarzahl nach PATEL und LEE jedoch keine Verwendung. Dieser Punkt wird hier zur Entwicklung neuer Modellvorstellungen aufgegriffen. Die entsprechenden Kapillarzahlbereiche müssen für eine umfassende Betrachtung experimentell bestimmt werden, da auch eine Veränderung der Fehlstellenentstehung aufgrund der Preformkonfiguration zu erwarten ist. Zusammenfassend eignet sich das Konzept der Kapillarzahl aufgrund der universellen Einsetzbarkeit gut zur Einordnung der anzustrebenden Prozessbereiche. Die modifizierte Kapillarzahl wird jedoch als nicht ausreichend erachtet, um konkrete Aussagen über die Fehlstellenentstehung zu treffen. Hier müssen tiefergehende Untersuchungen unter Einbeziehung dynamischer Effekte sowie weiterer Kennzahlen erfolgen.

2.6.5.2 Optimierung der Fließfrontgeschwindigkeit unter Berücksichtigung des Kapillareffekts

Die Ermittlung einer optimalen Kapillarzahl zur Einstellung der Prozessparameter war Gegenstand mehrerer Untersuchungen [RAS06] [LeR08] [BHA04] [PaL11]. Der in der Prozessgestaltung unter geringstem Aufwand beeinflussbare Parameter ist die Fließfrontgeschwindigkeit. Diese sollte für eine ebene Fließfront im Bündel ebenso so groß sein wie in den Fließkanälen [CMD95]. Die grundlegende Überlegung dazu ist, dass bei einer ebenen Fließfront die verringerte Permeabilität der Bündel durch die Kapillarkräfte ausgeglichen wird [CTM19]. Zum Beschreiben des Verhältnisses zwischen allgemeiner Fließfrontgeschwindigkeit und der Fließfrontgeschwindigkeit im Bündel kann die dimensionslose Geschwindigkeit v^* gebildet werden. Diese ergibt sich aus den Gleichungen (2), (3) und (24). Verglichen werden dabei makroskopische Permeabilität und Druckgradient mit der Bündelpermeabilität und dem Kapillardruck.

$$v^* = \frac{v_{ges}}{v_{cap}} = \frac{K_{ges} \cdot (1 - \varphi_b)}{K_b \cdot (1 - \varphi_{ges})} \cdot \frac{D_e \cdot \nabla p}{4\sigma \cdot \cos\theta} \tag{30}$$

v^*	dimensionslose Fließfrontgeschwindigkeit [ ]
v_{cap}	kapillardruckinduzierte Geschwindigkeit [m/s]
φ_b	Faservolumengehalt im Bündel [%]
D_e	äquivalenter Porendurchmesser nach Gl. (25) [m]
K_b	Permeabilität des Bündels [m²]

Die Benetzung der Fasern läuft bei einer dimensionslosen Fließfrontgeschwindigkeit von 1 mit der Geschwindigkeit einer spontanen Benetzung ab [CMD95]. Hierbei findet die Benetzung der Fasern ausschließlich in Folge des Kapillareffekts statt. Der mechanische Druck ermöglicht einen ausreichenden Transport des Harzes an die Fließfront. Ein stationärer Zustand wird eingenommen. Jedoch müssen zur Ermittlung der optimalen dimensionslosen Fließfrontgeschwindigkeit die einzelnen Kennwerte aller Bündelarten bekannt sein. Hier liegt eine Schwäche dieses Ansatzes. In realen Preforms liegen stets verschiedene Bündelarten sowie Faserausrichtungen vor. Diese können mit Hilfe dieses Ansatzes nicht beschrieben werden. Ebenso wurde in bisherigen Arbeiten nicht die Veränderung des Kontaktwinkels berücksichtigt. Der zu Grunde liegende Gedanke einer Angleichung der Fließfrontgeschwindigkeit an die Preformeigenschaften soll jedoch auch hier weiterverfolgt werden.

Die Erkenntnis, dass die Bündelbenetzung die anzustrebende Fließfrontgeschwindigkeit vorgibt, wurde unter anderem von LEBEL genutzt, um eine optimale Kapillarzahl experimentell zu bestimmen. Die ideale Fließfrontgeschwindigkeit wird dabei in einem Lucas-Washburn-Experiment, wie in Abbildung 2-19 dargestellt, bestimmt [Leb12] [KBL16]. Die hier ermittelte Imprägnierungsgeschwindigkeit für sehr kleine Fließwege unter Vernachlässigung der Erdbeschleunigung ist der angestrebte Wert für den Injektionsprozess. Der Fließfrontfortschritt kann dabei optisch anhand der benetzten Länge oder gravimetrisch anhand der Massezunahme des Bündels ermittelt werden [RRT14]. Dabei kommen häufig Ersatzflüssigkeiten mit Kontaktwinkel 0° wie Hexan zum Einsatz [Leb12]. Daher wird im Experiment vorwiegend die Auswirkung der Geometrie auf Kapillareffekt und Permeabilität bestimmt [KBL16].

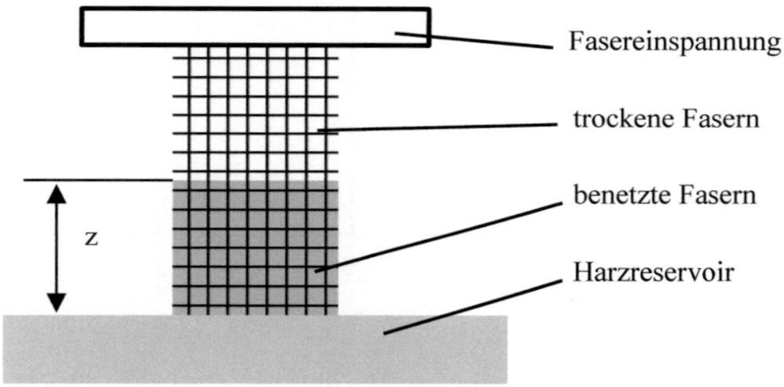

Abbildung 2-19 Lucas-Washburn-Experiment zur Bestimmung der optimalen Kapillarzahl

Zunächst muss die Gewundenheit der Fasern bestimmt werden. Die Gewundenheit stellt den Bezug zwischen der benetzten Länge der Fasern zur Fließweglänge her. Für nicht gestreckte Rovings oder Gewebe ist die Faserlänge stets geringfügig höher als die zurückgelegte Fließweglänge. [Bea72]

$$\tau = \frac{L\,(t)}{z\,(t)} \tag{31}$$

τ Gewundenheit [ ]

L benetzte Länge der Fasern [m]

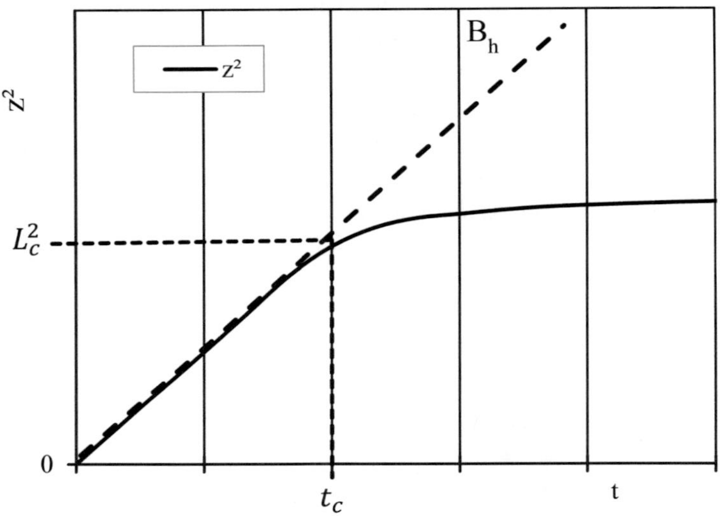

Abbildung 2-20 Anstieg des Harzes im Bündel und charakteristische Kenngrößen

Der Anstieg des Flüssigkeitsmeniskus ist, wie in Abbildung 2-20 exemplarisch dargestellt, für infinitesimal kleine Steighöhen nur untergeordnet von der als Gegenkraft wirkenden Gewichtskraft des Harzes abhängig. Die eingesogene Harzmasse ist dazu noch zu gering. Daher ist die zeitliche Ableitung der quadrierten Steighöhe z im linearen Bereich gleichzusetzen mit der kapillardruckinduzierten Fließfrontgeschwindigkeit [Leb12] [HFN07]. Für die Steigung B_h der quadrierten Steighöhe z^2 im linearen Bereich ergibt sich [BCM96]:

$$B_h = \frac{z^2}{t} = \frac{F}{8\,c} \cdot \frac{d_f \cdot (1 - \varphi_b)}{\tau^2 \cdot \varphi_b} \cdot \frac{\sigma \cdot \cos\theta}{\eta} \tag{32}$$

B_h	Steigung der quadrierten Steighöhe z [m²/s]
F	geometrieabhängiger Formfaktor ($F_{\parallel}$= 4 und $F_{\perp}$= 2) [LeB97] [ ]
c	Form-Faktor nach Gebart [Geb92] [ ]

Aus B_h kann nun die ideale Fließfrontgeschwindigkeit bestimmt werden. Hierzu wird die Ableitung des Kapillaranstiegs gebildet.

$$v\,(z) = \frac{dz}{dt} = \frac{B_h}{2\,z} \tag{33}$$

Durch nochmaliges Ersetzen der Steighöhe mit dem linken Term der Gleichung (32) ergibt sich die zeitabhängige Form:

$$v\,(t) = \frac{dz}{dt} = \frac{1}{2}\sqrt{\frac{B_h}{t}} \tag{34}$$

Die optimale Fließfrontgeschwindigkeit erfordert eine Festlegung eines zu betrachtenden Zeitabschnitts. LEBEL schlägt hierzu die Nutzung einer sogenannten charakteristischen Füllzeit des Bündels vor. Das ist die Zeit, die zur Benetzung einer Einheitszelle der Faserverstärkung erforderlich ist [PLS11]. Diese Einheitszelle ist das kleinste wiederkehrende Volumen, aus dem die Preform zusammengesetzt wird [PaL11]. Für ein Leinwandgewebe ist dies beispielsweise der Abstand zwischen den Bündelmitten quer zur Fließrichtung. Diese Distanz wird als charakteristische Länge L_c bezeichnet [RRT14] [RLR13]. Die Zeit zum Füllen dieses charakteristischen Abschnitts unter den Bedingungen der spontanen Benetzung ist die optimale Benetzungszeit t_c [KLH00]. Sie sollte im linearen Bereich des Anstiegs der quadrierten Steighöhe liegen. [Leb12]

$$t_c = t_{opt} = \frac{L_c^2}{B_h} \tag{35}$$

L_c charakteristische Länge [m]

Hieraus ergibt sich die optimale Benetzungsgeschwindigkeit:

$$v_{opt} = \frac{L_c}{t_{opt}} = \frac{B_h}{L_c} = \frac{F}{8\,c} \cdot \frac{d_f \cdot (1-\varphi_b)}{\tau^2 \cdot \varphi_b} \cdot \frac{\sigma \cdot \cos\theta}{\eta\,\cdot\,L_c} \tag{36}$$

Eingesetzt in die Berechnungsgleichung der modifizierten Kapillarzahl ergibt sich wiederum:

$$Ca_{opt}^{*} = \frac{\eta}{\sigma \cos\theta} \cdot \frac{B_h}{L_c} = \frac{F}{8\,c} \cdot \frac{d_f \cdot (1 - \varphi_b)}{\tau^2 \cdot \varphi_b} \cdot \frac{1}{L_c} \tag{37}$$

Die modifizierte Kapillarzahl, die zur fehlstellenfreien Tränkung der Preform vorliegen sollte, kann demnach mithilfe eines einfachen Lucas-Washburn-Experiments bestimmt werden [CRT18]. Die Berechnung der optimalen Kapillarzahl erfolgt nach Gleichung (37). Im rechten Term wird anstatt des Messwerts der Steigung der quadrierten Steighöhe die zugehörige Berechnungsgleichung verwendet. Damit eliminieren sich die Materialparameter Viskosität, Oberflächenspannung und Kontaktwinkel. Unter Nutzung der charakteristischen Länge L_c ist es somit möglich, die optimale Kapillarzahl ohne Berücksichtigung der vorliegenden Oberflächeneigenschaften zu berechnen [Leb12]. Eine ähnliche Berechnungsmethode für den Fall einer Tränkung in Dickenrichtung wurde von KEDARI entwickelt. Hierbei wird die Preformdicke als charakteristische Länge angenommen [KFH11].

Die Ermittlung der optimalen Kapillarzahl muss für alle in der Preform vorhandenen Bündelarten durchgeführt werden. Zudem muss eine derartige Untersuchung für die Hauptfließrichtungen vorgenommen werden [LeR08] [GBK06]. In Produktionsprozessen ist die dauerhafte Einhaltung der optimalen Fließgeschwindigkeiten gleichzeitig für alle Bündel und Richtungen nicht möglich. Die optimalen Benetzungsgeschwindigkeiten der Bündel unterscheiden sich, die einzustellende Fließfrontgeschwindigkeit ist daher stets ein Kompromiss.

Kritisch anzumerken an dieser Methode zur Bestimmung der optimalen Kapillarzahl ist jedoch, dass die von LEBEL selbst definierte charakteristische Länge L_c, die die kleinste sich wiederholende Einheit des Gewebes beschreibt, in die Berechnungsgleichung eingeht. Dies erfolgt für die Benetzung in Faserrichtung. Bei einer Benetzung in Faserrichtung liegen jedoch nahezu endlos lange Bündel vor. Der Einfluss der mit den Längsbündeln verwobenen Fasern auf die Benetzung in Längsrichtung wird hier weder nachgewiesen noch begründet. Dennoch bestimmt die Konfiguration der Längs- und Querbündel die charakteristische Länge, die genutzt wird, um über die

Kapillarzahl eine Tränkungsgeschwindigkeit zu ermitteln. Diese wird als optimale Fließfrontgeschwindigkeit angenommen. Die charakteristische Länge ist vom Autor gewählt, da diese die kleinste Einheit des Gewebes beschreibt. Die Wahl dieses Ausschnitts ist daher nicht mit physikalischen Effekten begründet. Es ist zudem nicht ersichtlich, warum ein Köpergewebe, das aus gleichen Bündeln zusammengesetzt ist wie ein vergleichbares Leinwandgewebe, eine abweichende charakteristische Länge L_c und damit eine abweichende optimale Kapillarzahl aufweist. Der vorgestellte Zusammenhang wurde nur an einem Gewebe validiert, das in zwei Richtungen getränkt wurde. Es fehlt somit die erforderliche breite experimentelle Grundlage für die Bewertung des Modells. Der Prozessbereich niedriger Fehlstellenentstehung erstreckt sich über eine ganze Größenordnung umfassende Spanne der Kapillarzahl. Es kann daher nicht ausgeschlossen werden, dass die erzielten positiven Ergebnisse Zufallsprodukte sind.

Weiterhin zeigen die von LEBEL durchgeführten mathematischen Umformungen, dass auf die eigentlich als gute Abbildung des Prozesses zu bewertenden Lucas-Washburn-Experimente nicht zur Ermittlung der optimalen Kapillarzahl erforderlich sind. Die Kennwerte aus Gleichung (37) erfordern kein prozessnahes Experiment. In die Berechnung gehen weder statische noch dynamische Oberflächeneffekte mit ein. Diese Vorgehensweise ist folglich als fragwürdig zu bewerten. Gerade das Lucas-Washburn-Experiment ermöglicht es, die dynamischen Oberflächeneffekte in die Berechnungsgrundlagen mit einzubeziehen, da die Bündelbenetzung dynamisch erfolgt. Dies ist auch während der Injektionsphase der Fall. Die Berechnung der optimalen Kapillarzahl erfolgt so unabhängig vom eingesetzten Harz sowie des Kontaktwinkels als Maß für die Grenzflächenspannung zwischen Faseroberfläche und Harz. Das Vorgehen widerspricht sich hier.

Die Untersuchungen von LEBEL zeigen einige Schwächen, jedoch auch gute Ansätze, die für die hier zu erfolgende Modellentwicklung übernommen werden sollen. Folglich wird hier zunächst die Entwicklung einer neuen Vorgehensweise zur Nutzung dynamischer Effekte der Bündeltränkung und basierend auf experimentellen Ergebnissen angestrebt. Auch der Aspekt des geometrischen Einflusses der Faserbündel sowie der Benetzungsrichtung soll in die Modellvorstellungen aufgenommen werden. Die Einbeziehung mehrerer

Benetzungsrichtungen und Bündelarten ermöglicht die Abbildung realer Preforms. Das Finden eines globalen Optimums der Fließfrontgeschwindigkeit erfordert die Kenntnis der Fehlstellengehalte für alle Benetzungsrichtungen und Bündelarten. Hierzu fehlt weiterhin ein Modell, das diese Zusammenhänge vollumfänglich beschreibt.

2.7 Zusammenfassung und Defizite im Stand der Technik

Im Stand der Wissenschaft und Technik wurden die physikalischen Grundlagen des Kernprozesses des Resin Transfer Moldings sowie eine Bewertung bisheriger Herangehensweisen zur Beschreibung und Optimierung des Fehlstellengehalts vorgestellt. Die verfügbaren Modellvorstellungen ermöglichen die Betrachtung der Fließvorgänge in Faserverbunden. Die für die Fehlstellenentstehung im Fokus stehende Benetzung der Bündel findet im teilgesättigten Bereich statt und wird mit Hilfe des Zweiskalenansatzes unter Nutzung der Haupteinflussfaktoren Permeabilität, Viskosität und Druckdifferenz abbildbar. Hierzu wurden die jeweiligen Modelle aus der Literatur vorgestellt und bewertet. Die Einflussfaktoren müssen für eine Abschätzung mathematisch beschrieben werden können, was anhand der vorgestellten Modelle aus der Literatur nur eingeschränkt möglich ist. So fehlt ein auf die Injektionsphase des RTM-Prozesses zugeschnittenes Modell der Harzviskosität. Die Nutzung der Modelle aus der Literatur, die für den gesamten Aushärtevorgang entwickelt wurden, würde die Abbildungsgenauigkeit für diese im Fokus stehende Phase verringern. Ebenso erfolgt die Berechnung des Kapillardrucks bislang ausschließlich anhand statischer Kennwerte, obwohl durch HOFFMANN ein entsprechendes Modell zum Beschreiben des dynamisch stattfindenden Benetzungsvorgangs verfügbar ist.

Die Fehlstellenentstehung als limitierender Faktor für eine Prozessbeschleunigung wurde in Kapitel 2.6 charakterisiert und wirksame Mechanismen erfasst. Mit Hilfe der Kapillarzahl ist eine grundlegende Betrachtung der Vorgänge ermöglicht. Jedoch ist zu beachten, dass die bislang verwendeten Versuchssysteme stets mit Ersatzflüssigkeiten oder vereinfachten Preformkonfigurationen erstellt wurden. In den hier vorgestellten Modellen wurden ausschließlich statische Kennwerte zur Berechnung herangezogen oder stark vereinfachte Ersatzexperimente durchgeführt. Das gilt insbesondere für die

Charakterisierung der Wirkweise des Kapillareffekts, der im Prozess jedoch dynamisch abläuft. Hieraus ergeben sich große mögliche Abweichungen bei der Abschätzung der Vorgänge auf Mikro- und Mesoebene. Der Kapillareffekt erreicht auf diesen Betrachtungsebenen eine relevante Größe, sodass davon auszugehen ist, dass die Bündeltränkung mit den bisherigen statischen Modellen nicht ausreichend beschrieben wird.

In den hier dargestellten Modellen wurden geometrische Kenngrößen der Gewebe nur unzulänglich in die Modellierung der Fehlstellenentstehung mit einbezogen. Sie bilden daher die Fließvorgänge auf Mesoebene nur unzureichend ab. Die Untersuchungen verbleiben häufig bei der Beschreibung der Vorgänge mit Hilfe der Kapillarzahl, die als wichtige Prozesskenngröße etabliert ist. Bei Einbeziehung der geometrischen Verhältnisse, die vom Gewebe vorgegeben werden, wird in der Literatur jedoch keine umfassende Betrachtung der Einflussgrößen präsentiert. Das Ziel der Autoren ist stets das Finden eines idealen Prozesspunkts, der aber in realen Prozessen nicht dauerhaft eingehalten werden kann. Es fehlen daher weiterhin Modellvorstellungen für die Bildung der Fehlstellen mit Bezug zu den Prozesskenngrößen des RTM-Verfahrens. Den Anwender stellen diese Umstände vor die Herausforderung der Übertragung der Ergebnisse der Studien auf die vorliegenden herzustellenden Bauteile. Eine quantitative Abschätzung des Fehlstellengehalts ist somit bislang nicht möglich.

Die Defizite des aktuellen Stands der Wissenschaft lassen sich in den folgenden Punkten zusammenfassen:

- Ungenauigkeiten bei der Viskositätsberechnung des Harzes in der Injektionsphase
- unzulängliche Modellierung der Tränkung der Fasern
- Beschränkung auf statische Modelle zur Kapillarwirkung
- unzureichender geometrischer Bezug der Modellvorstellungen zur Fehlstellenentstehung und daraus resultierend mangelnde Übertragbarkeit
- fehlende Möglichkeit zur Nutzung der Modellvorstellungen für die Prozessoptimierung

3 Zielsetzung und Vorgehensweise

Ziel der Arbeit ist es, die Grundlagen für die qualitätsorientierte Auslegung des RTM-Prozesses zu schaffen. Es soll möglich werden, die Fehlstellengehalte bei der Entwicklung der Prozessparameter abzuschätzen und für die Prozessoptimierung nutzbar zu machen. Dies wird durch eine grundlegende Betrachtung der Fehlstellenentstehung sowie der dabei wirksamen Faktoren ermöglicht.

Dem verfolgten Ziel liegt der Ansatz zugrunde, dass dynamische Effekte bei der Bündeltränkung, die geometrische Anordnung der Bündel sowie die sich hieraus ergebenden Permeabilitätsdifferenzen in einem mesoskopischen Modell genutzt werden, um die Fehlstellengehalte zu prognostizieren. Hierzu zählt ferner ein auf den RTM-Prozess ausgerichtetes Modell für die Harzviskosität während der Injektionsphase, das die aktuellen Verhältnisse an der Fließfront abbildet. Die Fehlstellenentstehungsmodelle werden in praktischen Versuchen überprüft und angepasst, sodass validierte Prozessmodelle vorliegen, die für die Simulation des RTM-Prozesses eingesetzt werden können.

Bisherige Modellvorstellungen erfordern stets aufwendige Versuchsaufbauten oder Messungen im konkret vorliegenden Anwendungsfall. Dementgegen sollen hier Parameter der verarbeiteten Werkstoffe, der geometrischen Verhältnisse und des Prozesses eingehen, um auf möglichst viele Anwendungen übertragbare Modelle zur Bildung der verschiedenen Fehlstellenarten zu erarbeiten. Dazu werden die Vorgänge im Faserbündel und im Fließspalt von Geweben unter Nutzung von Mechanismen aus der Mikroebene neu modelliert. Die konkreten Mechanismen und Umfließungseffekte bei der Fehlstellenentstehung werden explizit betrachtet. Die einzelnen Fehlstellenarten werden dazu spezifisch behandelt und für gängige Halbzeugtypen modellhaft abgebildet. So entstehen theoretische Grundmodelle für die Fehlstellenentstehung, die auf die real vorliegenden Fälle angepasst werden können. Künftig soll anhand weniger entscheidender Parameter der Halbzeuge und Harzsysteme eine Abschätzung des zu erwartenden Fehlstellengehalts für alle Prozesszustände vorgenommen werden können. Das ermöglicht eine vereinfachte Optimierungsmethode, mit Hilfe derer auf aufwendige Prozessversuche verzichtet werden kann.

Im experimentellen Teil (Kapitel 5) soll der Einfluss aller relevanter Faktoren auf den RTM-Prozess und insbesondere die Fehlstellenentstehung charakterisiert werden. Zunächst wird hierzu das Untersuchungssystem mit den verwendeten Ausgangsmaterialien vorgestellt. Der Untersuchungsraum besteht aus Harzen und Faserhalbzeugen, die in ähnlicher Form in Standardprozessen eingesetzt werden. Die Analysemethoden der Werkstoffe sowie der Prozesskenngrößen werden besprochen. Die für die Ermittlung der Prozesskenngrößen entscheidenden Werkstoff- und Halbzeugparameter werden bestimmt. Es erfolgen Prozessversuche, bei denen kontrolliert unterschiedliche Fehlstellentypen erzeugt werden. Ein Abgleich mit experimentellen Werten wird erstellt und die Modelle werden anhand der empirischen Kennwerte mittels spezifischer Faktoren angepasst. So entstehen umfassende und universell einsetzbare Modellvorstellungen

Die Validierung der Modelle auf breiter experimenteller Basis anhand von Prozessversuchen sowie die Anpassung mittels geometrieabhängiger Vorfaktoren erzeugen ein allgemein übertragbares Prozessmodell der Fehlstellenentstehung während der Injektionsphase des RTM-Prozesses. Weiterhin wird aufgezeigt, wie die Modellvorstellungen zur wirtschaftlichen Prozessauslegung eingesetzt werden können. Eine hierauf aufbauende Optimierung ist in der Lage, Prozessparameter für einen fehlstellenarmen Prozess bei möglichst kurzer Injektionszeit zu errechnen. Die sowohl auf Fehlstellen als auch auf Prozessbeschleunigung bezogene Betrachtungsweise soll einen Beitrag dazu leisten, das RTM-Verfahren von den aktuell vorliegenden mittleren Stückzahlen zu einem Massenherstellungsverfahren für Leichtbauteile zu steigern. In Kapitel 6 wird daher eine neue Vorgehensweise für die Anwendung der Fehlstellenentstehungsmodelle zur Optimierung des RTM-Prozesses vorgestellt. Hierzu wird ein Algorithmus präsentiert, der die gleichzeitige Einhaltung einer hohen Injektionsgeschwindigkeit sowie eines niedrigen Fehlstellengehalts sicherstellt.

Mit Hilfe der mesoskopischen Modellvorstellungen unter Berücksichtigung dynamischer Effekte sollen mehrere Ziele erreicht werden. Zunächst soll eine verbesserte Vorstellung und Abschätzung der Fehlstellenentstehung ermöglicht werden. Weiterhin soll damit ein Beitrag zu einer auf den Herstellungsprozess ausgerichteten Auswahl der Prozessparameter geleistet werden. Die modellhafte Betrachtung ermöglicht ebenso eine auf eine geringe Fehlstellenzahl ausgerichtete Auswahl von Verstärkungstextilien und Harzsystemen. Die zur Bildung des Modells verwendeten experimentell zu ermittelnden Kenngrößen sollen mit möglichst geringem Aufwand bestimmbar sein und keine spezifischen Messmethoden erfordern. So soll bei gleichbleibend hoher Bauteilqualität eine Verkürzung der Zykluszeit erzielt werden.

Die Vorgehensweise zum Erreichen des Ziels der Arbeit, der Ermöglichung einer qualitätsorientierten Prozessauslegung auf Basis von Fehlstellenentstehungsmodellen, ist in Abbildung 3-1 zusammengefasst. Es soll gezeigt werden, dass mit Hilfe einer angepassten Prozessführung die Vermeidung von Fehlstellen möglich ist.

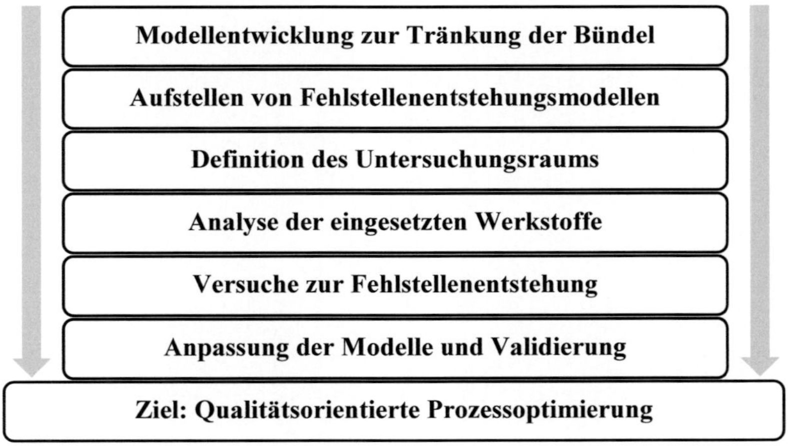

Abbildung 3-1 Vorgehensweise der Arbeit zur Ermöglichung einer qualitätsorientierten Prozessoptimierung

4 Modellentwicklung zur Fehlstellenentstehung im RTM-Prozess

Im folgenden Kapitel erfolgt die Entwicklung der Modelle zur Entstehung von Fehlstellen während der Injektionsphase des RTM-Prozesses. Dazu wird zunächst ein spezifisch auf diesen Prozessschritt ausgerichtetes isothermes Viskositätsmodell des Harzes aufgestellt, welches eine wichtige Basis für alle folgenden Berechnungsschritte darstellt. Die zeitliche Entwicklung der Viskosität des Harzes wird so für die Berechnung zugänglich.

Anschließend erfolgt eine kurze Modellrechnung zur Veranschaulichung der Wirkung dynamischer Effekte bei der Faserbenetzung. Zudem werden Grundbetrachtungen für das Fließen im Bündel zusammengefasst. Diese beiden Zusammenhänge werden in Tränkungsmodelle für die beiden wesentlichen Tränkungsrichtungen umgesetzt, sodass der Fließfrontverlauf innerhalb der Bündel abgeschätzt werden kann. Hierbei erfolgt erstmalig die Nutzung dynamischer Kennwerte in Abhängigkeit von der Benetzungsgeschwindigkeit.

Die entwickelten Modelle der Bündeltränkung werden anschließend in mesoskopische Modelle zur Fehlstellenentstehung umgesetzt. Es werden Mechanismen modelliert, die zum Einschluss von Luft führen und entsprechend abgebildet. Hierzu werden drei Fälle unterschieden. Die Modelle werden im anschließenden Kapitel mit Hilfe von Experimenten validiert.

4.1 Vorbetrachtungen

4.1.1 Viskositätsmodell für die Injektionsphase des RTM-Verfahrens

Die in Kapitel 2.3 gezeigten Viskositätsmodelle bilden den gesamten Viskositätsverlauf während der Phasen des RTM-Prozesses mit geringen Abweichungen ab. Bei genauer Betrachtung zeigt sich jedoch, dass die Modelle für den Gebrauch zur Berechnung der Injektionsphase teilweise nur bedingt geeignet sind. Grund hierfür ist die Ausrichtung der Modelle auf den gesamten

Aushärtezyklus. Für die Simulation der Injektionsphase eignet sich jedoch insbesondere ein Modell, das ausschließlich diesen Bereich abbildet, da dieser Prozessschritt entscheidend für Bauteilqualität und Zykluszeit ist. In Kapitel 2.3.2 wurde aufgezeigt, dass hierzu empirische Modelle vorwiegend geeignet sind. So wird eine hohe Approximationsgüte des Viskositätsverlaufs innerhalb des betrachteten Bereichs der Injektionsphase erzielt.

Die Reaktionswärme wird im RTM-Prozess in der Regel zu einem großen Teil durch konvektive und konduktive Prozesse an die Werkzeugwand abgegeben, sodass nur eine vergleichsweise geringe Temperaturerhöhung während der Injektionsphase auftritt [Tuc96]. Hinzu kommt, dass neben dem Harzsystem selbst auch die Fasern aufgeheizt werden. Es handelt sich demnach nicht um einen adiabatischen Vorgang. Als Resultat läuft die Aushärtung während der Injektionsphase trotz der exothermen Aushärtereaktion nahezu isotherm ab. Das Modell ist folglich für isotherme Reaktionen vorgesehen.

Ein weiterer wichtiger Faktor bei der Prozessdefinition ist die Auswahl eines geeigneten Harzsystems. Dieses bestimmt in Kombination mit der gewählten Werkzeugtemperatur die Dauer der Zykluszeit. Die Auswahl erfolgt in der Regel anhand von Materialdatenblättern, die bislang hauptsächlich mechanische Kennwerte der ausgehärteten Matrix beinhalten. Prozessrelevante Größen sind in der Regel die Topfzeit sowie der vom Hersteller vorgegebene Verarbeitungstemperaturbereich, die Mischviskosität und die Aushärtezeit [HDN11]. Diese Größen lassen den für die Verarbeitung entscheidenden Aushärteverlauf lediglich erahnen. Die Topfzeit, die in einem genormten Volumen gemessen wird, gibt aufgrund der Exothermie der Reaktion nur geringen Aufschluss über die im Prozess zur Verfügung stehende Zeit [WTE03]. Das Modell soll daher auch den Vergleich hinsichtlich der Prozesseigenschaften für verschiedene Harzsysteme anhand weniger Kenngrößen ermöglichen. Diese Kenngrößen sollen insbesondere die für eine Zykluszeitverkürzung erforderlichen Eigenschaften abbilden.

Die Injektion erfordert eine möglichst lange Phase niedriger Viskosität. Die Dauer dieser Phase bestimmt die mögliche Fließweglänge. Hierzu muss bekannt sein, wann ein signifikanter Anstieg der Viskosität zu verzeichnen ist. Im Idealfall sollte die Viskosität bis zum Ende der Injektion auf dem Niveau der Mischviskosität verweilen, um einen geringen Druckverlust im Werkzeug zu verursachen [Cru08]. Nach erfolgreicher Injektion ist ein möglichst steiler Anstieg erwünscht, sodass das Bauteil schnell aushärtet und entformt werden kann [HDN11]. So können minimale Zykluszeiten erreicht werden [BHC11]. Ein solches Verhalten ist in Abbildung 4-1 dargestellt.

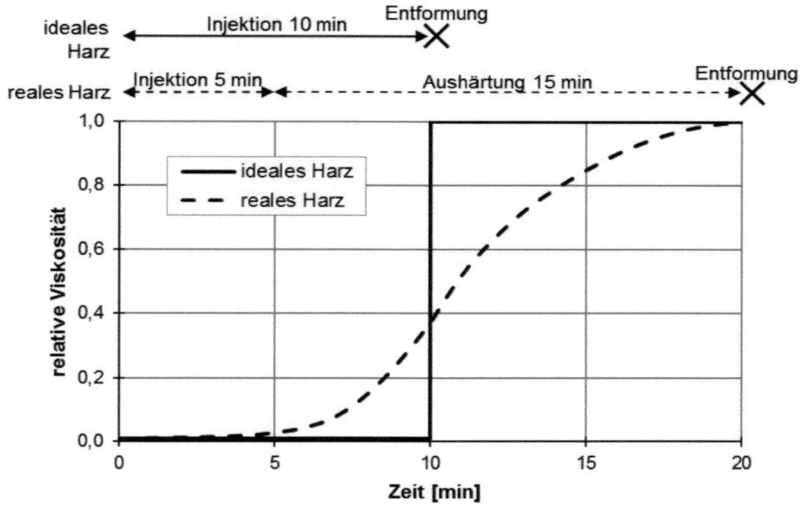

Abbildung 4-1 Vergleich eines realen Harzes mit einem für den Injektionsprozess idealisierten Harz

Während der hier 10 Minuten dauernden Injektionsphase liegt dauerhaft die niedrige Mischviskosität vor. Wenn nach dieser Zeit das Werkzeug vollständig gefüllt ist, steigt die Viskosität schlagartig auf das Maximum an und das Bauteil kann sofort entformt werden. Für kürzere Injektionszeiten kann die Temperatur angehoben werden, sodass der Anstieg früher erfolgt. Dieses idealisierte Verhalten des Harzes ermöglicht minimale Zykluszeiten für jedes Bauteil. Die erforderliche Injektionszeit ergibt sich aus der Mischviskosität in Verbindung mit den Fließwiederständen und dem Fließweg aus der Simulation. Die Zeit für die Aushärtung ist für das idealisierte Harzsystem minimal, sodass die Zykluszeit nahe der Injektionszeit ist. Das hier skizzierte Aushärteverhalten wird praktisch jedoch nicht erreicht. Eine reine Aushärtephase muss stets vorgesehen werden. Eine möglichst nahe Annäherung des Aushärteverhaltens an das idealisierte Harzsystem wird jedoch stets angestrebt.

Das zu entwickelnde Modell muss einen Anstieg der Viskosität vom Plateau der Mischviskosität auf das Plateau des um mehrere Größenordnungen höheren Viskositätsmaximum nach abgeschlossener Aushärtung beschreiben können, wie dies im realen als auch im idealisierten Harzsystem der Fall ist. Zwischen diesen Niveaus soll es möglich sein, den für verschiedene Harzsysteme variierenden S-förmigen Kurvenverlauf flexibel abzubilden. So wird das Beschreiben einer großen Varianz von Harzsystemen ermöglicht.

Eine mathematische Funktion, die diese Anforderungen erfüllt, ist die Weibull-Verteilungs-Funktion (38). Diese wird zur Beschreibung verschiedener technischer Zusammenhänge wie beispielsweise der Ausfallwahrscheinlichkeit von Stahlbauteilen, der Verteilung von Windgeschwindigkeiten sowie dem Aufschmelzverhalten von Kunststoffen in Nutbuchsenextrudern eingesetzt [Wei51] [Koc87]. Der charakteristische Verlauf der Weibullfunktion spiegelt die Auswirkung des sich vergrößernden Molekulargewichts im Harz auf die Viskosität sowie die dabei sinkende Mobilität der Reaktionspartner wider.

$$F(t, \lambda, k) = 1 - e^{-(\lambda \cdot t)^{\kappa}} \tag{38}$$

λ	Zeitparameter [s^{-1}]
κ	Formparameter [ ]

Der Anstieg wird hier von zwei Parametern definiert. Der Zeitparameter λ definiert hierbei den Zeitpunkt des Viskositätsanstiegs, während der Formparameter k die Form des Anstiegs bestimmt. Der Zeitparameter bildet die Reaktionsgeschwindigkeit, während der Formparameter die Mobilitätseinschränkung der Reaktionspartner durch die Vernetzung beschreibt. Der Formparameter muss für einen stetigen Anstieg einen Wert größer 1 aufweisen. Je höher der Wert, desto stärker nähert sich der Kurvenverlauf dem idealen Verhalten an. Dieser in Abbildung 4-2 dargestellte Zusammenhang lässt sich zur Harzauswahl nutzen. Die Darstellung zeigt zum vereinfachten Vergleich die aktuell vorliegende Viskosität als Anteil an der Viskosität nach vollständiger Aushärtung für ein beispielhaftes Harzsystem. Die Viskosität wird so auf die maximale Viskosität normiert. Für die hier gezeigte Darstellung wurde bei einem konstanten Zeitparameter λ=0,1 der Formparameter κ variiert. Harze mit höheren Formparametern des Viskositätsverlaufs sind demnach zu präferieren, da diese dem idealisierten Harzsystem ähnlicher sind.

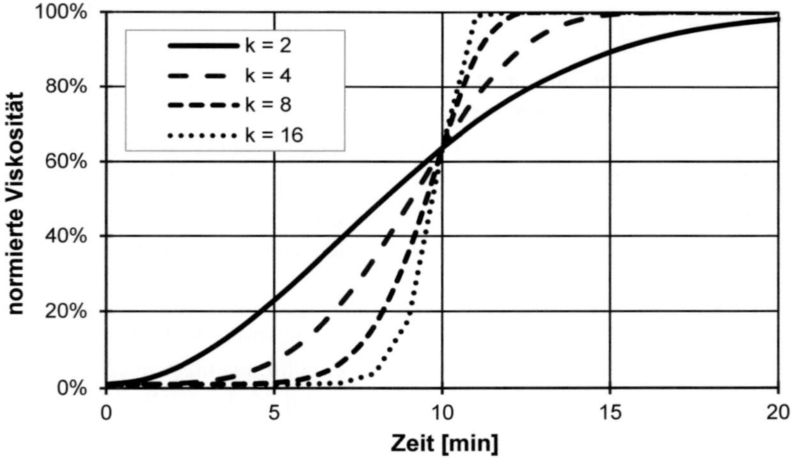

Abbildung 4-2 Variation des Formparameters k zum Beschreiben des Harzaushärteverhaltens

Die Berechnung der zeitabhängigen isothermen Viskosität während der Aushärtung erfolgt durch Approximation der Funktion an gemessene Werte der Mischviskosität und der maximalen Viskosität. Diese wird bei vollständiger Aushärtung erreicht. Die Weibull-Funktion beschreibt den Anstieg der Viskosität während der Aushärtung ausgehend von der Mischviskosität. Der Weibull-Term wird hierzu mit der maximalen Viskosität multipliziert, um den beschriebenen Anstieg zwischen den beiden vorliegenden Plateaus abbilden zu können. Mathematisch findet eine Addition der Mischviskosität mit der aufgrund der Reaktion entstehenden zusätzlichen Viskosität statt.

$$\eta\,(t) = \eta_0 + \eta_\infty \cdot \left(1 - e^{-(\lambda \cdot t)^{\kappa}}\right) \qquad (39)$$

η_0 Mischviskosität [Pas]

η_∞ Viskosität nach vollständiger Aushärtung [Pas]

Die Angleichung an die Messwerte im für die Injektion relevanten Bereich kann mit Hilfe der Methode der kleinsten Fehlerquadrate erfolgen, bei der die quadrierte Differenz zwischen der Modellfunktion und den Messwerten aufsummiert wird. Die Summe stellt ein Maß für die Gesamtabweichung der Funktion von den Messwerten dar. Die geringste Abweichung kann beispielsweise mit der iterativen Nelder-Mead-Methode errechnet werden, wobei lediglich die Modellparameter λ und κ variiert werden [NeM65]. Die Mischviskosität und die Viskosität nach vollständiger Aushärtung müssen der Viskositätsmessung bei der jeweilig vorliegenden Temperatur entnommen werden.

Eine verbesserte Abbildung und somit Simulationsmöglichkeit des Aushärteverlaufs kann durch die Wahl eines dem Betrachtungsintervall entsprechenden Zeitabschnitts erzielt werden. Für die Injektionsphase wird hier der Bereich bis zu einer Viskosität von 10 Pas berücksichtigt. Dieser Wert deckt den für den RTM-Prozess relevanten Bereich ab [LZX11] [DSL06] [BBT11]. Werte darüber können zwar abgebildet werden, werden aber für die Approximation der Modellparameter nicht berücksichtigt. Diese Maßnahme verbessert zudem die Aussagefähigkeit des Formparameters κ für die Auswahl des Harzsystems.

Am Beispiel eines Standard-Harzsystems soll gezeigt werden, ob sich der Viskositätsverlauf während der Injektionsphase mit dem empirischen Weibull-Modell beschreiben lässt. Im vorliegenden Fall wurde ein Standardharzsystem ausgewählt, das mit einer Topfzeit von 30 Minuten für Standard-RTM-Prozesse vom Hersteller empfohlen wird. Die zeitabhängige Viskosität des verwendeten Epoxidharzes RIM 135 des Herstellers Hexion wird in einem Rheometerversuch ermittelt. Der zugehörige Härter RIMH 134 ist ein Aminhärter, der in einem Gewichtsverhältnis von 100:30 zum Start der Reaktion zugegeben wird. Volumetrisch beträgt das Mischverhältnis 100:36. [Hex06]

Die Messung der Viskosität erfolgt im Platte-Platte-Aufbau. Dabei wird eine Probe des Harzes zwischen zwei ebenen Platten mit einem Durchmesser von 25 mm mit einer vorgegebenen Scherrate belastet. Die Scherrate ergibt sich aus der Drehung der Oberen Platte, während die untere fest eingespannt bleibt. Die Temperierung erfolgt hierbei über einen den Messaufbau umschließenden Konvektionsofen. Der Aufbau ist in Abbildung 4-3 dargestellt. Die Viskosität des Harzes ergibt sich aus dem Widerstand des Harzes gegen diese Scherung, der in Form eines erforderlichen Drehmoments zum Bewegen der oberen Platte bestimmt werden kann. In diesem Fall erfolgt die Messung unter Oszillation, was zur Folge hat, dass die viskosen und elastischen Anteile des Widerstands anhand der Phasenverschiebung des Moments separat bestimmt werden können. Die Oszillation ist so gewählt, dass eine Dehnung des Harzes von 1 % bei einer Frequenz von 1 Hz eingehalten wird. So werden etwaige viskoelastische Effekte minimiert. Eine Schichtdicke von 1 mm wurde gewählt, um exotherme Effekte zu minimieren.

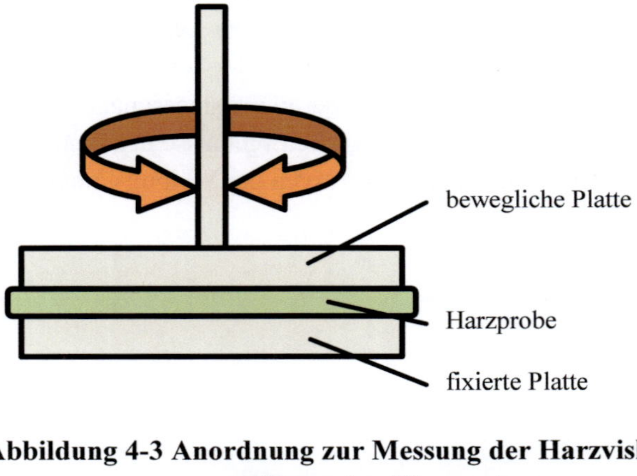

Abbildung 4-3 Anordnung zur Messung der Harzviskosität im oszillierenden Rheometer

Die eingestellte Verarbeitungstemperatur wird auch im Konvektionsofen des Rheometers konstant eingestellt. Das zur oszillierenden Anregung des Harzes erforderliche Moment wird erfasst und in die komplexe Form überführt. So ergeben sich der Speichermodul und der Verlustmodul des Harzes. Die Berechnung der Viskosität erfolgt durch Addition des Real- und Imaginärteils der Viskosität, die sich aus den Moduln sowie der vorliegenden Kreisfrequenz berechnen [Mez10]. Die Anteile geben Aufschluss über das Verformungsverhalten des Harzes. Für die Injektionsphase ist lediglich die Summe relevant.

$$\eta = \sqrt{\left(\frac{G'}{\omega}\right)^2 + \left(\frac{G''}{\omega}\right)^2} \tag{40}$$

η	Viskosität [Pas]
G'	Speichermodul [Pa]
G''	Verlustmodul [Pa]
ω	Kreisfrequenz [s^{-1}]

Das Weibull-Modell soll anhand des hier verwendeten Harzsystems hinsichtlich der Eignung zum Beschreiben des Viskositätsanstiegs geprüft werden. Hierzu wurde eine Messung der Viskosität im Bereich niedriger Temperaturen für den RTM-Prozess durchgeführt, da auch die späteren Versuche möglichst isotherm und mit geringem Viskositätsanstieg während der Injektionsphase durchgeführt werden sollen. Wiederholungsmessungen zeigen, dass die Kurvenverläufe reproduzierbar sind. Die Ergebnisse der Viskositätsmessungen sowie die daran angeglichenen Kurven der Weibull-Funktion sind in Abbildung 4-4 gezeigt.

Temperatur	**30°**	**40°**	**50°**	**60°**
η_{min} [mPas]	197	145	113	100
λ [s^{-1}]	$1{,}48 \cdot 10^{-4}$	$5{,}97 \cdot 10^{-4}$	$1{,}70 \cdot 10^{-3}$	$3{,}49 \cdot 10^{-3}$
κ	2,57	3,20	3,90	4,04

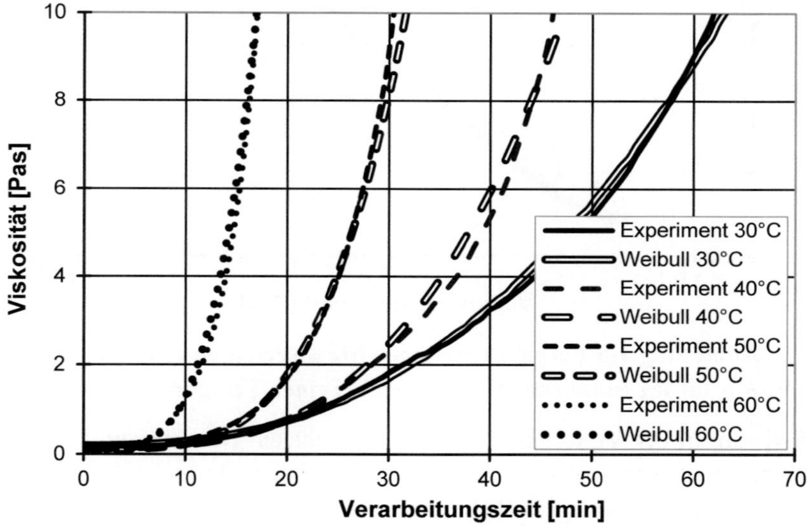

Abbildung 4-4 Approximation des isothermen Viskositätsverlaufs mit dem Weibull-Modell für verschiedene Temperaturen

Die Approximation ergibt eine gute Abbildung der isothermen Viskositätsentwicklung für die Injektionsphase. Das Weibull-Modell ist in der Lage, die Form des Viskositätsanstiegs zu beschreiben. Der in Abbildung 4-5 als Beispiel dargestellte Vergleich zwischen Modell und ermittelten Werten für 40°C bestätigt mit einem Bestimmtheitsmaß von über 0,99 diese Einschätzung. Hierzu wurden die Modellwerte auf der logarithmierten y-Achse und die gemessenen Werte auf der logarithmierten x-Achse aufgetragen. Es liegt ein hohes Signifikanzniveau vor. Das Modell ist somit für die Berechnung des Harzflusses geeignet.

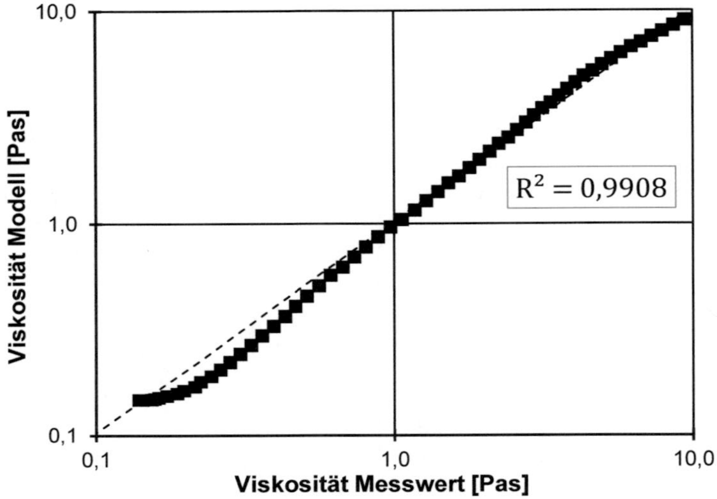

Abbildung 4-5 Vergleich zwischen Messwerten und Modell der Viskosität für isotherme Aushärtung bei einer Temperatur von 40°C

Änderungen der Viskosität werden im betrachteten Bereich vom Weibull-Modell mit hoher Approximationsgüte beschrieben und können so direkt mit in die Berechnungen einfließen. Ebenso kann festgehalten werden, dass der Formparameter bei höheren Verarbeitungstemperaturen ansteigt. Der Formparameter κ ist verglichen mit anderen Harzsystemen klein, was darauf zurückzuführen ist, dass das verwendete Harz nicht auf den RTM-Prozess optimiert wurde. Mit den hier ermittelten Parametern kann eine schnelle zeitabhängige Berechnung der Viskosität während der Injektionsphase erfolgen. Somit kann das speziell für die Injektionsphase aufgestellte Modell im Rahmen der Untersuchungen verwendet werden, um eine zeitabhängige Viskositätsfunktion bereitzustellen, die für alle makroskopischen Untersuchungen und Berechnungen benötigt wird. So kann beispielsweise die Kapillarzahl gebildet werden.

4.1.2 Dynamischer Kapillardruck während der Benetzung

Die Fehlstellenentstehung hängt, wie bereits in der Literatur beschrieben, maßgeblich von der Tränkung der Faserbündel ab. Die Oberflächenenergie der mit einem Finish beschichteten Fasern erzeugt bei Kontakt mit dem Harz eine Kraft auf die Kontaktlinie. Es entsteht ein Druck auf das Harz. Aufgrund der kurzen Fließweglänge vom Bündelrand in die Bündelmitte wirkt sich der Kapillardruck spürbar auf die Tränkung des Bündels aus. Der Einfluss des Kapillareffekts auf die Tränkung der Faserbündel soll daher im folgenden Kapitel genauer charakterisiert werden. Dabei liegt der Fokus auf dynamischen Kennwerten, die den Tränkungsprozess beschreiben können. Diese können zur Berechnung der lokal vorliegenden Druckverhältnisse herangezogen werden.

Die Benetzung erfolgt im Prozess aus dem Zusammenspiel von appliziertem mechanischen Druck und dem Kapillardruck. Der Kapillardruck ist dabei von geometrischen Gegebenheiten sowie von den Oberflächeneigenschaften abhängig. Es konnte bereits gezeigt werden, dass der Kontaktwinkel zwischen den Fasern und dem Harz in Relation zur Benetzungsgeschwindigkeit steht [Hof75]. Bei der Benetzung im RTM-Prozess handelt es sich nicht um eine freie, ausschließlich vom Kapillareffekt begünstigte Benetzung. Die Benetzungsgeschwindigkeit wird stets durch die makroskopische Fließfrontgeschwindigkeit vorgegeben, die sich infolge von Injektionsdruck, Permeabilität und Fließweglänge ergibt. Diese Prozessgrößen beeinflussen die Vorgänge auf mesoskopischer Ebene. Aus diesem Grund wird im Folgenden eine Betrachtung der Einflüsse auf den Kapillardruck vorgenommen.

Geometrisch ist der Kapillareffekt bei einer Betrachtung auf mesoskopischer Ebene vom Faserdurchmesser sowie dem Faservolumengehalt abhängig. Der Faserdurchmesser ist für alle betrachteten Faserverstärkungen gleich. Der Faservolumengehalt jedoch variiert je nach vorliegender Kompression der Bündel. In Abbildung 4-6 ist die Abhängigkeit des Kapillardrucks für Fasern, die mit dem Harz einen Kontaktwinkel von 45° bilden, dargestellt. Das Harz weist eine Oberflächenspannung von 35 mN/m auf. Die Berechnung des Kapillardrucks erfolgt nach den Gleichungen (26) und (27). Die Fließrichtung wird parallel zur Faserrichtung angenommen. Die Fließgeschwindigkeit wird hier nicht betrachtet. Es werden quasi-statische Verhältnisse vorausgesetzt, die bei sehr niedrigen Kapillarzahlen vorliegen. Für höhere Fließgeschwindigkeiten ist der Kapillardruck entsprechend niedriger.

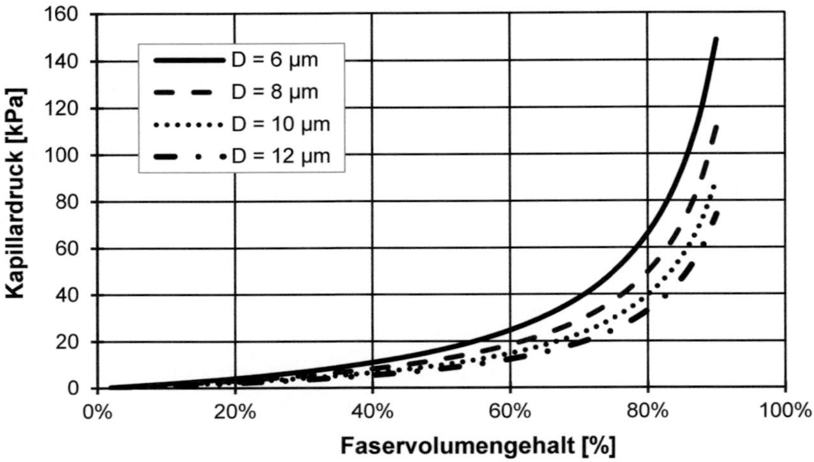

Abbildung 4-6 Kapillardruck in Abhängigkeit von Faserdurchmesser und Faservolumengehalt bei Kapillarzahlen $\leq 10^{-3}$

Es ist ersichtlich, dass der Faserdurchmesser nur einen untergeordneten Einfluss auf den Kapillardruck hat. Der Kapillardruck verhält sich antiproportional zum Durchmesser. Der Faservolumengehalt, der hier bis zum in hexagonaler Anordnung möglichen Maximum dargestellt ist, zeigt einen stärkeren Einfluss. Insbesondere bei Faservolumengehalten jenseits von 60 % steigt der Kapillardruck stark an. Dieser Bereich ist für die Bündeltränkung entscheidend. Der Gesamtfaservolumengehalt des Verbunds aus makroskopischer Sicht ergibt sich ausschließlich aus den Fasern im Bündel, weshalb die lokalen Faservolumengehalte im Bündel im entsprechenden Bereich zwischen 60 % und 90 % liegen können [Leb12].

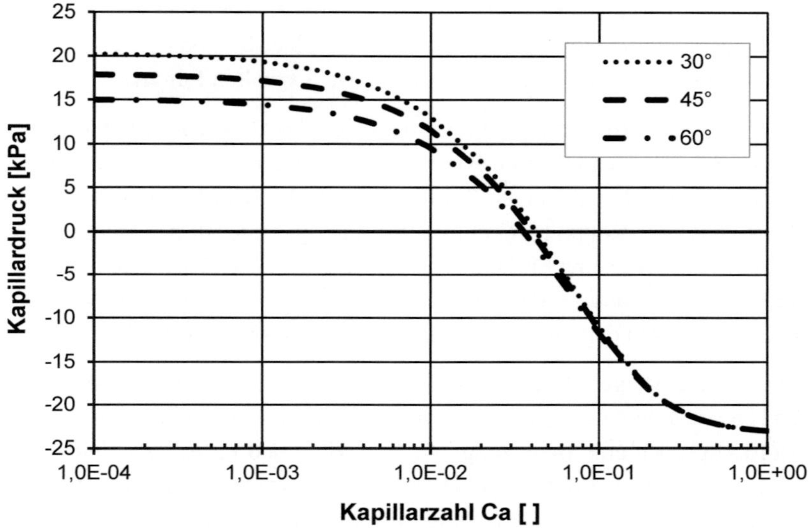

Abbildung 4-7 Kapillardruck in Abhängigkeit der Kapillarzahl für unterschiedliche statische Kontaktwinkel bei $\varphi_f = 60$ % und Faserdurchmesser 9 µm

Die Betrachtung des Einflusses der Benetzungsgeschwindigkeit erfolgt hier beispielhaft bei 60% Faservolumengehalt sowie dem Faserdurchmesser von 9 µm. Die Benetzungsrichtung ist auch hier parallel zur Faser. Der Kontaktwinkel wird maßgeblich durch das auf die Fasern aufgebrachte Finish beeinflusst. Der Vergleich in Abbildung 4-7 zeigt generische Finishs mit unterschiedlichen statischen Kontaktwinkeln zum Harz, das wie oben eine Oberflächenspannung von 35 mN/m aufweist. Es ist zu erkennen, dass der Kapillardruck für kleine Kapillarzahlen ein Maximum erreicht. Die Differenz zwischen den Kurven ergibt sich aufgrund der unterschiedlichen quasi-statischen Kontaktwinkel. Der Verlauf ergibt sich ausschließlich aufgrund des sich nach HOFFMANN verschobenen Masterkurve des Kontaktwinkels. Bei einem statischen Kontaktwinkel von 30° werden bis zu 20,2 kPa erreicht. Bei zunehmender Kapillarzahl sinkt der Kapillardruck aufgrund des steigenden Kontaktwinkels ab. Gleichzeitig nähern sich die betrachteten Systeme einander an, was auf den Basiseffekt des Kontaktwinkels zurückzuführen ist. Ein höherer Faservolumengehalt würde lediglich zu einer Streckung der Funktion, jedoch nicht zu einem generell abweichenden Verhalten führen.

Von besonderer Bedeutung ist hier, dass sich das Benetzungsverhalten verändert. Bei einer Kapillarzahl von zwischen 0,03 und 0,05 liefert der Kapillareffekt je nach Finish keinen Kapillardruck mehr. Dies ist darauf zurückzuführen, dass der Kontaktwinkel hier 90° beträgt. Unter diesen Bedingungen wirkt das Harz wie eine Flüssigkeit ohne jegliche Oberflächeneffekte. Es findet keine eigenständige Benetzung mehr statt. Der Harzmeniskus wird ausschließlich durch den mechanischen Druck des Harzes bewegt.

Eine weitere Steigerung der Benetzungsgeschwindigkeit hat zur Folge, dass das Harz zu einem nicht benetzenden Fluid wird. Es ist eine zusätzliche Kraft erforderlich, um eine Benetzung zwischen Harz und Faser zu erzielen. Dies zeigt sich an einem Kontaktwinkel >90°. Die Zusatzkraft muss in Form eines zusätzlichen Drucks zur Benetzung eingebracht werden. Der Kapillardruck wird daher negativ und erreicht bei einer Kapillarzahl von ca. 1 einen asymptotischen Bereich, bei dem ein Kontaktwinkel von ca. 180° vorliegt. Der Kapillardruck beträgt hier -23,03 kPa.

Es wird deutlich, dass bei der Benetzung des Bündels nicht, wie häufig in der Literatur angenommen, ein konstanter Kapillardruck wirksam ist, der ausschließlich von den Stoffeigenschaften abhängt [BCM96] [AmL01] [Leb12] [PaL96]. Vielmehr ist der Kapillardruck eine von den Prozessbedingungen abhängige Eigenschaft. Der Kapillardruck ist ab einem vom statischen Kontaktwinkel abhängigen Schwellwert, der sich im Bereich von 0,03 bis 0,05 befindet, negativ. Diese Tatsache wird in den bisherigen Berechnungsmodellen nicht berücksichtigt. In praktischen Untersuchungen konnte jedoch bereits bestätigt werden, dass ein negativer Kapillardruck wirksam ist [BHT03] [Mic16] [CTM19]. Das äußert sich beispielsweise in einer geringeren messbaren Permeabilität für ungesättigtes Fließen im Vergleich zur Prüfung bereits gesättigter Preforms.

Die voneinander unterschiedlichen Kapillardrücke zeigen auch, warum die modifizierte Kapillarzahl (Gleichung (29)) eine gute Beschreibung der Entstehung sphärischer Fehlstellen ermöglicht. Sie wurde für verschiedene Faser-Harz-Kombinationen von PATEL, ROHATGI und LEE entwickelt. Die

Modifikation beschränkt sich auf die Division der Kapillarzahl durch den Kosinus des voranschreitenden Kontaktwinkels. Zur Berechnung wird hier der statische Kontaktwinkel genutzt. Dies verbessert die Vergleichbarkeit unterschiedlicher Prozesse. Es ist jedoch festzuhalten, dass die Entwicklung der modifizierten Kapillarzahl ausschließlich anhand von Versuchsergebnissen im Bereich niedriger Kapillarzahlen <0,003 erfolgte [PRL95]. Für diesen Anwendungsbereich ist die Anwendung also auch in Hinblick auf die dynamischen Effekte des Kapillardrucks zulässig. Ein Nachweis der verbesserten Abschätzungsgenauigkeit für zylindrische Fehlstellen, die bei höheren Kapillarzahlen entstehen, wurde jedoch nicht erbracht. Dennoch wird dieser Bereich in Korrelationen zwischen Fehlstellengehalt und modifizierter Kapillarzahl dargestellt [RAS06] [BHA04]. Die systematischen Abweichungen liegen hier im Bereich statistischer Abweichungen, weshalb hier keine klare Aussage über die Abbildungsgenauigkeit möglich ist.

Die konsequente Anwendung der modifizierten Kapillarzahl anhand der tatsächlich vorliegenden Kontaktwinkel erscheint hier allein schon aus mathematischen Gründen nicht sinnvoll. Für einen Kontaktwinkel von 90° ergibt sich eine Definitionslücke, da kein Nenner mit Betrag 0 zulässig ist. Für den Bereich des Kontaktwinkels >90° ergeben sich negative Kapillarzahlen. Es wird also deutlich, dass die modifizierte Kapillarzahl zwar ein sinnvolles Hilfsmittel im Bereich eines quasi-statischen Kontaktwinkels ist, jedoch für größere Kapillarzahlen nicht geeignet erscheint. Dynamische Effekte, die in industriellen Prozessen vorliegen, können so nicht exakt beschrieben werden. Zudem werden starke Effekte auf die Bündeltränkung in diesem Bereich erwartet, die bisher nicht beschrieben wurden. Hierzu wird im Folgenden eine Modellvorstellung entwickelt.

Der Kapillardruck ist von der vorliegenden Geometrie der Fasern, dem Faservolumengehalt sowie von der Benetzungsrichtung abhängig. Weiterhin ist dieser proportional zur Oberflächenspannung des Harzes sowie zum Kosinus des vorliegenden Kontaktwinkels. Aus diesem Grund müssen diese Faktoren für eine Abschätzung des vorliegenden Kapillardrucks bekannt sein. Der lokal vorliegende Kapillardruck muss für dynamische Betrachtungen jedoch aus der lokal vorliegenden Benetzungsgeschwindigkeit berechnet werden. Dazu sind neue Modelle erforderlich.

4.1.3 Geometrie der Bündel im Verbund

In Faserverbunden, deren Verstärkungshalbzeuge aus Geweben bestehen, sind in der Regel zwei Hauptrichtungen der Fasern vorzufinden. Die Bündel der Kettrichtung werden mit den Schussfäden miteinander verwoben, sodass das Gewebe mit entsprechender Bindung entsteht. Im späteren Verbund sind diese Bündel wiederzufinden und mittels einer Schliffprobe analysierbar. Hierzu werden die im Folgenden beschriebenen Geometriekenngrößen eingeführt. Betrachtet werden hier stets die Bündel in einer Richtung, also Kett- und Schussrichtung separat.

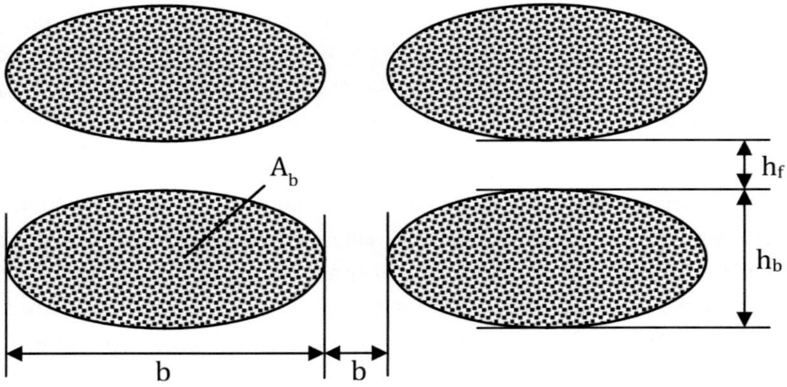

Abbildung 4-8 Bestimmung der Abmaße von Bündeln und Fließkanälen

b_b	Bündelbreite [m]
h_b	Bündelhöhe [m]
b_f	Fließkanalbreite [m]
h_f	Lagenabstand [m]
A_b	Bündelfläche [m²]

Es wird eine grundlegend elliptische Bündelform vorgefunden. Die Vermessung erfolgt daher unter Annahme dieser Grundgeometrie. Die in Abbildung 4-8 definierten Maße sollen eine vereinfachte Bestimmung der wichtigsten geometrischen Kenngrößen ermöglichen. Hierin sind ausschließlich die betrachteten Bündel dargestellt. Diese sind im Verbund mit orthogonal dazu verlaufenden Bündeln verwebt. Neben den dargestellten Größen sind geringfügige Abweichungen der Grundgeometrie möglich. Die hier aufgezeigten Kenngrößen stellen jedoch die als maßgeblich erachteten Maße dar. Diese werden im Folgenden zum Aufstellen von Modellen für die Bündeltränkung sowie die Fehlstellenentstehung verwendet.

4.1.4 Grundbetrachtungen zum Fließen im Bündel

Die Fließvorgänge während der Formfüllung können mit dem Gesetz von Darcy beschrieben werden. Der Kapillareffekt wirkt dabei nach dem Superpositionsprinzip zusätzlich zum mechanischen Druck. Das bedeutet, dass davon ausgegangen wird, dass die Tränkung des Bündels aufgrund des dynamischen Kapillardrucks unabhängig vom Injektionsdruck stattfindet. Der mechanische Druck und der Kapillardruck werden daher addiert [AmL01]. Der Kapillardruck ist jedoch im Gegensatz zum mechanischen Druck von der vorliegenden Fließgeschwindigkeit im Bündel abhängig.

Das Fließen in Fließspalt und Bündel kann wie in Kapitel 2.2.2.2 beschrieben mit dem Zweiskalen-Ansatz abgeschätzt werden. Darin wird zwischen dem ausschließlich druckinduzierten Fließen im Fließkanal und dem von den auf mikroskopischer Ebene stattfindenden Vorgängen beeinflussten Fließen im Bündel unterschieden. Global gesehen findet der Großteil des Volumenstroms in den Spalten zwischen den Bündeln statt, weshalb hier der von der Fließfront ausgehend ansteigende Harzdruck aus der makroskopischen Skala bestimmt werden kann. Hinzu kommt der Kapillareffekt, der ausschließlich im Bündel wirkt. Die Betrachtung findet auf mesoskopischer Skala statt, sodass Einflüsse aus der makroskopischen und mikroskopischen Betrachtung einfließen können. Aufgrund des kleinen Betrachtungsraums von der Größe ca. 2 Bündelbreiten, wird die makroskopische Fließgeschwindigkeit vereinfachend als konstant angenommen.

Die Benetzung des Bündels findet statt, sobald dieses mit dem Harz in Berührung kommt. Prinzipiell liegen zwei grundlegende Grenzfälle des Anströmens der Bündel vor. So können die Bündel axial, in Richtung der Fasern, oder radial, quer zur Faserrichtung, benetzt werden. Im axialen Fall liegt die Hauptfließrichtung des Harzes parallel zur Hauptachse der Fasern. Das bedeutet, dass innerhalb des Bündels ein Fließen mit paralleler Permeabilität und parallelem Kapillardruck vorliegt. Die für den Zweiskalen-Ansatz entscheidende Interaktion zwischen hochpermeablem Fließspalt und niedrigpermeablem Bündel findet jedoch vorwiegend über die radiale Tränkung statt. Der Fließspalt kann aufgrund der ca. 100-fach höheren Permeabilität als Harzreservoir angesehen werden.

4.1.4.1 Axiale Anströmung

Die Tränkung des Bündels führt aufgrund der unterschiedlichen lokalen Permeabilitäten zur Ausbildung spezifischer Teilbereiche, die in Abbildung 4-9 aufgezeigt werden. Dargestellt ist zunächst der Fall einer axialen Strömung, bei dem eine geringere Fließgeschwindigkeit im Bündel vorherrscht. Die Teilbereiche unterscheiden sich nach dem Sättigungsgrad. Zunächst sind Bündel und der Fließkanal ungesättigt, es ist noch kein Harz vorhanden. Sobald die Fließfront den entsprechenden Bereich erreicht, beginnt die Sättigung, bei der sich zunächst entweder der Fließkanal oder das Bündel mit Harz füllen. In der Regel erfolgt die Sättigung innerhalb einer kurzen Zeitspanne, in der sich die globale Fließfront bereits weiterbewegt. So entsteht ein teilgesättigter Bereich. Nachdem das Harz sowohl den Fließkanal als auch das Bündel vollständig benetzt hat, liegt der gesättigte Bereich vor. Diese Teilbereiche bewegen sich im stationären Fließen entlang des Bündels. Die Kapillareffekte wirken ausschließlich im teilgesättigten Bereich.

Das für die Berechnungen gewählte Zylinderkoordinatensystem hat seinen Ursprung in der Bündelmitte auf Höhe der makroskopischen Fließfront. Das bedeutet, dass hier stets ein globaler Harzdruck von 0 vorliegt, der jedoch innerhalb des Bündels variieren kann.

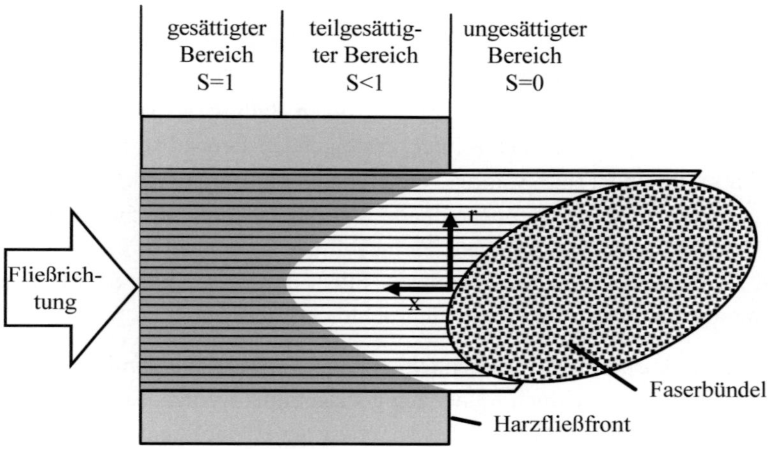

Abbildung 4-9 Axiale Benetzung der Fasern und Teilbereiche nach Sättigungsgrad

Die Betrachtung der Druckgradienten in radialer und axialer Richtung im Falle einer axialen Anströmung zeigt, dass, obwohl die Permeabilität in Fließrichtung stets höher ist [Geb92], die Tränkung maßgeblich in radialer Richtung stattfindet. Der axiale Fließweg innerhalb des Bündels in Faserrichtung steigt entsprechend des globalen Fließfrontfortschritts an. Zur Fließfront innerhalb des Bündels hin muss stets die Distanz in radialer Richtung überwunden werden. Eine zusätzliche Distanz in axialer Richtung innerhalb des Bündels würde eine weitaus höhere Druckdifferenz benötigen. Der resultierende Druckgradient ist daher in radialer Richtung größer. Das zeigt, dass schon ab einer geringen globalen Fließweglänge die Tränkung nahezu ausschließlich in radialer Fließrichtung stattfindet [ChM93]. Die radiale Tränkung ist daher für die Faserbenetzung von entscheidender Bedeutung. Unter Voraussetzung einer geradlinigen, nicht ondulierten Faser stellt sich ein stationärer Zustand ein, in dem die Fließfront innerhalb des Bündels bei voller Ausprägung entlang der Bündelhauptachse wandert. Die Form der Fließfront ändert sich dabei nicht.

4.1.4.2 Radiale Anströmung

Das Anströmen quer zur Faserrichtung bedingt eine Tränkung radial zur Bündelmitte. Das Harz trifft in der Regel am größten Halbmesser auf das Bündel. Die Benetzung aufgrund der zeitlich ansteigenden Druckdifferenz und der Kapillarkräfte findet statt, während das Bündel vom Harz umströmt wird. Zu berücksichtigen ist hierbei neben den in radialer Richtung um 50% geringeren Kapillarkräften die geringere Permeabilität. Es entstehen in der Regel hohe Fließgeschwindigkeitsdifferenzen. Fließt das Harz hinter dem Bündel zusammen, kann auch Luft darin eingeschlossen werden.

Die radiale Anströmung des Bündels erzeugt Teilbereiche ähnliche wie in axialer Richtung, die jedoch zeitabhängig ausgebildet werden. Ein stationäres Fließen ist aufgrund der Querschnittsänderung des Bündels und der endlichen Form nicht möglich. Die Benetzung läuft zeitabhängig für jedes Bündel in ähnlicher Weise ab. In Abbildung 4-10 sind schematisch einzelne Zeitschritte dargestellt, die während der Benetzung des Bündels auftreten. Nach dem Erstkontakt (t_0) teilt sich die Fließfront und das Harz umfließt das Bündel (t_0 bis t_4). Gleichzeitig schreitet die Fließfront innerhalb des Bündels aufgrund der niedrigeren Permeabilität mit verringerter Geschwindigkeit voran. Durch den Kapillardruck kann hier jedoch auch eine höhere Geschwindigkeit möglich sein. Hinter dem Bündel vereinen sich die Teilfronten wieder (t_4), sodass unter Umständen ein unbenetzter Bereich im Bündel eingeschlossen wird. Die Fließfront schreitet weiter voran, sodass der Druck innerhalb des Bündels weiter erhöht wird und eine weitere Tränkung des Bündels stattfindet (t_5). So entstehen auch hier Bereiche, die voll-, teil- oder ungesättigt sind. Ein Fließen des Harzes in Faserrichtung findet bei ausschließlich senkrechtem Anströmen nicht statt.

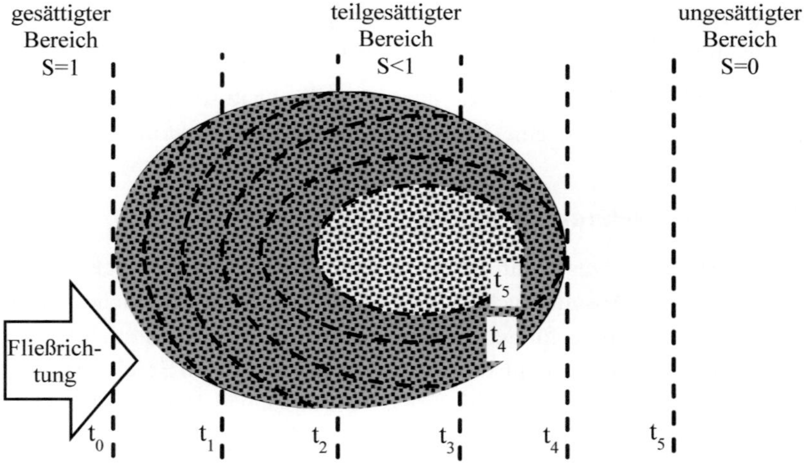

Abbildung 4-10 zeitabhängige Benetzung des Bündels in radialer Richtung und Teilbereiche nach Sättigungsgrad zum Zeitpunkt t_5

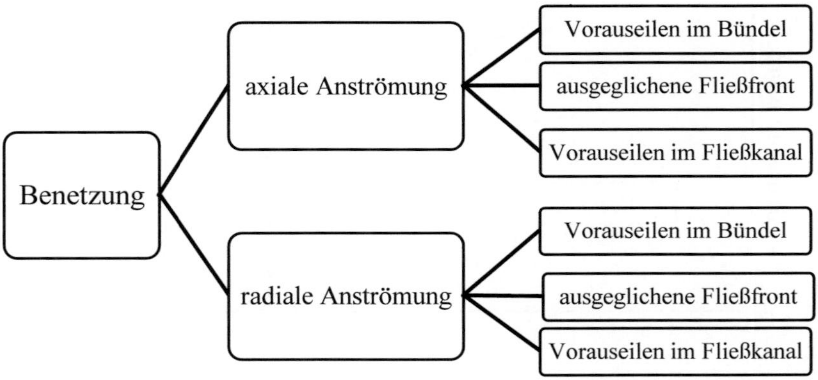

Abbildung 4-11 Unterscheidung der Fälle der Ausbildung der Fließfront

Generell können die in Abbildung 4-11 visualisierten sechs spezifischen Fälle unterschieden werden, die bei der Benetzung auftreten. Das Auftreten hängt neben dem Haupteinflussfaktor der globalen Fließfrontgeschwindigkeit auch von lokalen Permeabilitäten sowie den Oberflächeneffekten ab.

Die Modelle zur Bündeltränkung müssen in der Lage sein, diese Fälle adäquat abzubilden, sodass eine Vorausbestimmung möglich wird.

4.1.4.3 Berechnungsgrundlagen

Der Druck des Harzes bestimmt als vorantreibende Kraft die Fließvorgänge im Bündel. Der Absolutdruck im ungesättigten Bereich entspricht dem Atmosphärendruck, bzw. für den Fall einer vakuumunterstützten Injektion dem verringerten Druck innerhalb der Kavität. Im teilgesättigten Bereich steigt der Harzdruck aufgrund des Kontakts zwischen Faser und Harz, wie in Abbildung 4-12 gezeigt, zunächst stufenartig auf den Kapillardruck an.

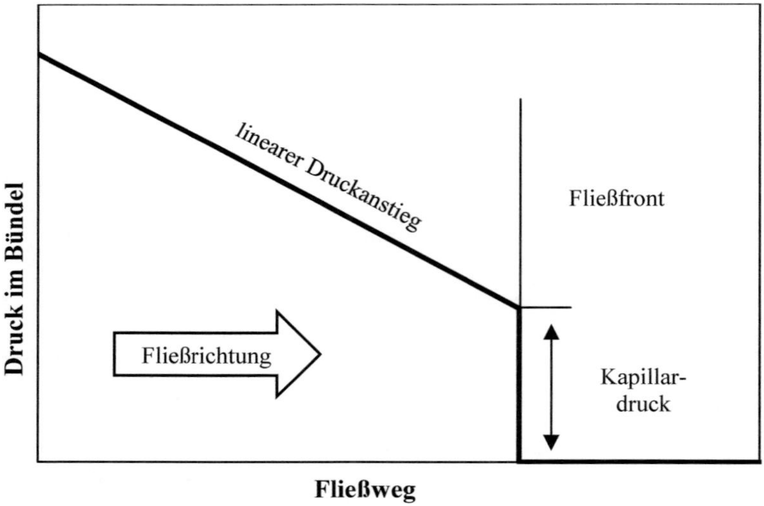

Abbildung 4-12 qualitativer Druckverlauf an der Fließfront

Für den Fall eines negativen Kontaktwinkels liegt hier ein negativer Druck vor. Der Absolutdruck im Harz ist bei eigenständiger Benetzung jedoch unterhalb des Atmosphärendrucks, während er im nicht benetzenden Fall oberhalb des Atmosphärendrucks liegt. Im benetzten Bereich, teilgesättigt und gesättigt, steigt der Druck in der hier vorgestellten Betrachtung nahezu linear mit dem Fließweg an. Der lineare Druckanstieg ergibt sich aus den Druckverlusten beim Fließen des Harzes durch Reibung nach dem klassischen Darcy-Gesetz.

Für Berechnungen, die das vollständige Umfließen einzelner Bereiche innerhalb des Bündels einschließen, ist es zusätzlich erforderlich, den Innendruck des umflossenen Bereichs zu berücksichtigen. Der mechanische Druck setzt sich daher neben dem Druck des viskosen Fließens auch aus der Druckdifferenz zwischen dem noch ungesättigten Bereich der Kavität und dem Druck im umflossenen Bereich zusammen. Dieser Druck steigt in Folge der Luftkomprimierung in Abhängigkeit des vorliegenden Radius an.

$$P_m = P_v + P_{atm} - P_g \quad (41)$$

P_v	Druck des viskosen Fließens [Pa]
P_{atm}	Druck im ungesättigten Bereich der Kavität [Pa]
P_g	absoluter Gasdruck im umflossenen Bereich [Pa]

Die folgenden Grundannahmen gelten für die Berechnung:

- der Druck vor der Fließfront entspricht dem Umgebungsdruck
- es findet kein Fließen in Dickenrichtung statt
- Kapillarkräfte sind durch den dynamischen Kontaktwinkel abhängig von der Benetzungsgeschwindigkeit
- der Fließvorgang ist quasi-statisch
- Trägheitskräfte können vernachlässigt werden ($Re \ll 1$)
- das Harz verhält sich wie eine newtonsche Flüssigkeit
- es liegt eine inkompressible Strömung vor
- die Permeabilität im Bündel ist anisotrop
- die Fasern sind unbeweglich
- die Teilbereiche Fließkanal und Bündel werden als homogen angenommen, was einer Betrachtung auf Mesoskala entspricht

Für die Tränkung eines Bündels, das in der Regel einen elliptischen Querschnitt aufweist, wird hier eine vereinfachte Geometrie angenommen. In Anlehnung an FOLEY, YAMALEEV und MOHAN wird eine runde Bündelform gewählt [YaM05] [FoG05] [YaM07]. Diese ist analytisch berechenbar und entspricht der tatsächlich vorliegenden Form besser als die von BINETRUY ET AL.

gewählte Rechteckform [BHP98]. Der Ersatzradius kann in Anlehnung an VAN WEST ET AL. als äquivalenter hydraulischer Radius oder in Anlehnung an GOURICHON als Wurzel des Produkts Halbachsen der Ellipse bestimmt werden [VBK91] [GrA16] [GDB08]. So stimmen die Flächen des Ersatzkreises sowie der Ellipse überein. Da hier ausschließlich die Vorgänge innerhalb des Bündels betrachtet werden, erscheint die Vereinfachung von GOURICHON als zielführend. Es handelt sich dabei, wie in Abbildung 4-13 dargestellt, um den mittleren Radius eines elliptischen Querschnitts des Bündels.

$$r_0 = \sqrt{b_b \cdot h_b} \tag{42}$$

b_b	Breite des ellipsenförmigen Bündels [m]
h_b	Höhe des ellipsenförmigen Bündels [m]
r_0	Ersatzradius des Bündels [m]

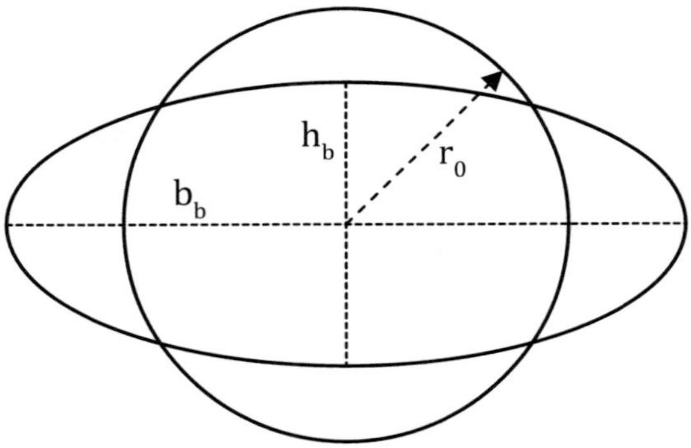

Abbildung 4-13 Vereinfachung des Bündelquerschnitts nach GOURICHON

4.1.4.4 Grundgleichungen zum Fließen im Bündel

Die Berechnung des Fließfortschritts erfordert zunächst die Herleitung der Fließfrontgeschwindigkeit im Bündel. Nach dem Darcy-Gesetz ist der volumengemittelte Geschwindigkeitsvektor V abhängig vom Druckgefälle im betrachteten Bereich [BHP98] [PaL11].

$$V = -\frac{K}{\eta}\nabla P = -\frac{1}{\eta}\begin{pmatrix} K_{\parallel} & 0 \\ 0 & K_{\perp} \end{pmatrix}\begin{pmatrix} \frac{\partial P}{\partial x} \\ \frac{\partial P}{\partial r} \end{pmatrix} \tag{43}$$

V Volumenstromvektor [m³/s]
K Permeabilitätstensor [m²]

Unter Annahme einer zylindrischen Bündelform und einer symmetrischen Tränkung des Bündels liegt der Permeabilitätstensor als eine Diagonalmatrix vor. Die sich hieraus ergebenden Einzelterme stellen die volumengemittelten Darcy-Fließgeschwindigkeiten in axialer und radialer Richtung dar [ChM93] [PSS94] [ChS03] [PLS11]:

$$u = -\frac{K_{\parallel}}{\eta}\frac{\partial P}{\partial x} \tag{44}$$

$$v = -\frac{K_{\perp}}{\eta}\frac{\partial P}{\partial r} \tag{45}$$

u volumengemittelte Fließgeschwindigkeit axiale-Richtung [m³/s]
v volumengemittelte Fließgeschwindigkeit radiale Richtung [m³/s]

Die Kontinuitätsgleichungen in axialer und radialer Richtung des Bündels ergeben sich zu [SEH12] [YaM05] [GDB08]:

$$\frac{\partial u}{\partial x} = 0 \tag{46}$$

$$\frac{1}{r}\frac{\partial (rv)}{\partial r} = 0 \tag{47}$$

Die Druckverteilungen im Bündel werden durch Substitution von Gleichung (44) in (46) und (45) in (47) gebildet [YaM05] [FoG05]:

$$K_{\parallel}\frac{\partial^2 P}{\partial x^2} = 0 \tag{48}$$

$$\frac{K_{\perp}}{r}\frac{\partial}{\partial r}\left(r\frac{\partial P}{\partial r}\right) = 0 \tag{49}$$

Die zeitliche Integration von Gleichung (49) erfordert die Einführung von Randbedingungen für den Druck [YaM05]. Betrachtet wird hier der Bereich innerhalb des Bündels von der Bündelmitte nach außen. So liegt im ungesättigten Bereich bis zur Fließfront der Außendruck vor. An der Fließfront (r_f) entsteht der Kapillardruck, der sich aus den beschriebenen Oberflächeneffekten ergibt. Innerhalb des benetzten Bereichs des Bündels steigt der Druck an, bis der Bündelrand erreicht wird. Der Druck am Bündelrand ist mit dem orts- und zeitabhängigen Druck des makroskopischen Fließens identisch. Hierdurch werden die Betrachtungsebenen verbunden.

$$P(r_0) = P_m(x, t) \tag{50}$$

$$P(r_f) = -P_c \tag{51}$$

P_m	Druck makroskopisches Fließens, bzw. mechanischer Druck [Pa]
r_f	Radius der Fließfront im Bündel [m]

Die Integration des Druckverlaufs ergibt eine Gleichung, in der Integrationskonstanten bestimmt werden müssen. Diese können mit Hilfe der gesetzten Randbedingungen ermittelt werden [YaM05]:

$$P(t, r) = c_1(t)\ln(r) + c_2(t) \tag{52}$$

$$P(t, r_0) = c_1 \ln(r_0) + c_2 = P_m(t, x) \tag{53}$$

$$P\left(t, r_f\right) = c_1 \ln\left(r_f(t)\right) + c_2 = -P_c \tag{54}$$

Daher ergeben sich für die Fließgeschwindigkeiten folgende Gleichungen [ChM93] [YaM05] [FoG05]:

$$u = -\frac{K_\parallel}{\eta} \frac{(P_m + P_c)}{x} \tag{55}$$

$$v = -\frac{K_\perp}{\eta} \frac{(P_m + P_c)}{r_f \ln\left(\frac{r_0}{r_f}\right)} \tag{56}$$

Der Druck setzt sich nach dem Superpositionsprinzip aus den beiden Komponenten mechanischer Druck und Kapillardruck zusammen. Der mechanische Druck ergibt sich hierbei orts- und zeitabhängig aus dem makroskopischen Fließen. Die entsprechenden Fließfrontgeschwindigkeiten ergeben sich mit Hilfe der Porosität, die den Volumenanteil repräsentiert, der nicht mit Fasern gefüllt ist [AmL01] [YaM05]. Es ist zu beachten, dass hier die lokale Porosität des Bündels genutzt wird:

$$\frac{dx}{dt} = \frac{u}{\varepsilon} = -\frac{K_{\parallel}}{\eta(1-\varphi_f)} \frac{(P_m + P_c)}{x} \tag{57}$$

$$\frac{dr}{dt} = \frac{v}{\varepsilon} = -\frac{K_{\perp}}{\eta(1-\varphi_f)} \frac{(P_m + P_c)}{r_f \ln\left(\frac{r_0}{r_f}\right)} \tag{58}$$

ε Porosität [%]

Mit Hilfe dieser beiden Formeln wird die Berechnung des Fließfrontfortschritts innerhalb des Bündels ermöglicht. Die Gleichung des Fließens in Faserrichtung ist hier identisch mit der Gleichung des makroskopischen Fließens, da in beiden Fällen von eindimensionalem Fließen in einem porösen homogenen Medium ausgegangen wird. Für die Berechnung ist jedoch zu beachten, dass der Kapillardruck ausschließlich im Bündel wirken kann, sodass hier entsprechende Randbedingungen gesetzt werden müssen.

4.2 Modellentwicklung zur Bündeltränkung unter Berücksichtigung dynamischer Effekte

Die im vorangegangenen Kapitel eingeführten Grundgleichungen werden verwendet, um Modelle für die Bündeltränkung bei den bekannten Hauptanströmungsrichtungen herzuleiten. Hierzu erfolgt die Nutzung dynamischer Kenngrößen für die Oberflächeneffekte.

Die Tränkung des Bündels ist der bei Betrachtungen zur Fehlstellenentstehung der im Kern der Untersuchungen stehende Vorgang. Das beschriebene dynamische Verhalten des Kontaktwinkels wurde in der Literatur bislang nicht in die entsprechenden Modelle überführt [Mic16]. Eine korrekte Beschreibung der Vorgänge erfordert daher die Loslösung von statischen Kontaktwinkeln, bzw. festen Kapillardrücken. Es soll hier aufgezeigt werden, wie sich die Berücksichtigung eines veränderlichen Kontaktwinkels auf die Bündeltränkung auswirkt.

4.2.1 Mesoskopisches Modell zur Bündeltränkung

Die Kopplung des Fließens auf makroskopischer und mikroskopischer Ebene zum mesoskopischen Modell für die Bündeltränkung erfolgt über den vorliegenden Druck. Der Druck am Rand des Bündels ist identisch mit dem Druck des umgebenden Harzes. Der Druck innerhalb des Fließkanals wird an dieser Stelle auf das Bündel übertragen und erzeugt so den Fließfrontfortschritt innerhalb des Bündels, der vom Kapillareffekt aus dem Mikrobereich überlagert wird.

Der Druckaufbau in den Fließspalten bestimmt den Druck innerhalb des angrenzenden Bündels. Unter Annahme einer konstanten makroskopischen Fließfrontgeschwindigkeit, kann der zeitabhängige Druck innerhalb des Fließspalts bestimmt werden. Die zu erwartenden Abweichungen durch diese Annahme sind aufgrund des im Vergleich zum Gesamtbauteil kleinen Betrachtungsbereichs gering. Hierzu wird der Ursprung des zu Grunde liegenden Zylinderkoordinatensystems, wie in Abbildung 4-9 dargestellt, in die Mitte des Bündels auf Höhe der Fließfront gelegt. Die Fließfront schreitet mit konstanter Geschwindigkeit voran und der Druck im Fließkanal steigt entsprechend der makroskopischen Permeabilität und der Viskosität nach dem Darcy-Gesetz an. Der zeitabhängige mechanische Druck ergibt sich anhand der Substitution der konstanten Fließgeschwindigkeit aus Gleichung (57) mit Gleichung (59) und der entsprechenden Umstellung. Ein Kapillardruck liegt im Bündel nicht vor.

$$x = v_x \cdot t \quad \text{für } v_x = const. \tag{59}$$

$$P_m(t) = \frac{\eta(1-\varphi_f)}{K_{ges}} \cdot x \cdot v_x = \frac{\eta(1-\varphi_f)}{K_{ges}} \cdot v_x^2 \cdot t \tag{60}$$

Der somit bekannte linear ansteigende Druckverlauf kann zur Berechnung des Fließfrontfortschritts innerhalb des Bündels genutzt werden. Die Berechnung erfolgt stets in Abhängigkeit der Benetzungszeit. Der Radius der Fließfront innerhalb des Bündels ergibt sich aus einer numerischen Integration von Gleichung (58). Eine hohe Genauigkeit der Integration wird mit dem Runge-Kutta-Verfahren 4. Ordnung erzielt [Pap07]. Anhand der bekannten Randbedingungen kann so der Verlauf für alle Zeitschritte bestimmt werden.

$$r_{f1} = r_{f0} + \frac{1}{6}(k_1 + 4k_3 + k_4) \tag{61}$$

$$k_1 = h \cdot g(t_0;\, r_{f0}) = h \cdot \left(-\frac{K_\perp}{\eta(1-\varphi_f)} \cdot \frac{P_m(t_0) + P_c}{r_{f0} \ln\left(\frac{r_0}{r_{f0}}\right)} \right) \tag{62}$$

$$k_2 = h \cdot g\left(t_0 + \frac{h}{2};\; r_{f0} + \frac{k_1}{2}\right) = h \cdot \left(-\frac{K_\perp}{\eta(1-\varphi_f)} \cdot \frac{P_m\left(t_0 + \frac{h}{2}\right) + P_c}{\left(r_{f0} + \frac{k_1}{2}\right) \ln\left(\frac{r_0}{r_{f0} + \frac{k_1}{2}}\right)} \right) \tag{63}$$

$$k_3 = h \cdot g\left(t_0 + \frac{h}{2};\; r_{f0} + \frac{k_1}{4} + \frac{k_2}{4}\right) = \cdots \tag{64}$$

$$k_4 = h \cdot g(t_0 + h;\; r_{f0} - k_2 + 2k_3) = \cdots \tag{65}$$

h	Schrittweite der Zeit t [s]
$k_1, k_2, \ldots$	Hilfsgrößen des Runge-Kutta-Verfahrens [m]
r_{f0}	Fließfrontradius zum Zeitpunkt t_0 [m]
r_{f1}	Fließfrontradius zum Zeitpunkt t_1 [m]

Die numerische Integration liefert zum vorhandenen Wertepaar der x-Koordinate und der Zeit t den zugehörigen Fließfrontradius. So kann der Fließfrontverlauf innerhalb des Bündels für axiales Fließen nachgebildet werden. Ein Abbruchkriterium für die Integration wird für einen Fließfrontradius von 0 gesetzt. Das so aufgestellte Modell verbindet die beiden Betrachtungsebenen zu einem in sich geschlossenen System. Dieses ist jedoch ausschließlich numerisch lösbar.

4.2.2 Berücksichtigung dynamischer Oberflächeneffekte bei axialer Tränkung

Innerhalb des Bündels tritt der Kapillareffekt auf. Dieser erzeugt einen zusätzlichen Druck in oder entgegengesetzt der Fließrichtung. Für den hier vorgestellten Fall einer konstanten makroskopischen Fließfrontgeschwindigkeit kann der Kapillareffekt in axialer Richtung in Form einer Fließfortschrittsdifferenz abgebildet werden. Dieser ist im Experiment in Form einer Dochtwirkung erkennbar. Der Kapillareffekt zieht den Harzmeniskus entlang der Fasern nach vorne. Der Fließfrontfortschritt ist auch auf Mesoebene konstant und ergibt sich, wenn die Strömung voll ausgeprägt im stationären Zustand ist. Das bedeutet, dass der vom Kapillardruck erzeugte Effekt auf die makroskopische Fließgeschwindigkeit weiterhin vernachlässigt wird, jedoch nicht auf die Bündeltränkung. Als wichtige Vorgabe gilt dabei ebenfalls die vorliegende makroskopische Fließfrontgeschwindigkeit im Fließkanal, die mit der axialen Bündelgeschwindigkeit übereinstimmt. Für hohe Fließgeschwindigkeiten ist kein gegenteiliger Effekt des Kapillardrucks zu erwarten, da die Bündeltränkung stets in radialer Richtung erfolgt. Die Tränkung des Bündels beginnt stets am Bündelrand.

Der Kapillardruck berechnet sich nach Gleichung (66), die aus Substitution von D_e in Gleichung (24) gebildet wird. Der Formparameter F beträgt für axiales Fließen 4 [ASB91] [MaP12]. Der Kontaktwinkel wird nach dem Hoffman-Gesetz (22) für Flüssigkeits-Festkörper-Kombinationen mit statischem Kontaktwinkel >0° gebildet. Dazu werden die Viskosität und die globale Fließfrontgeschwindigkeit sowie die Oberflächeneigenschaften des Harzes zur Berechnung der vorliegenden Kapillarzahl genutzt. Diese bestimmt den vorliegenden Kontaktwinkel.

$$P_c = \frac{F\,\varphi_f\,\sigma\cos\theta_a(Ca)}{D_f(1-\varphi_f)} \tag{66}$$

Die Auswirkungen des Kapillareffekts auf den Fließfrontverlauf lassen sich aufgrund des bei der axialen Tränkung vorliegenden stationären Zustands anhand einer Fließfrontdifferenz zwischen Fließkanal und Bündel bestimmen. An der globalen Fließfront liegt ein Harzdruck von 0 im Fließkanal vor. Im Bündel ist dementsprechend der Harzdruck gleich dem Kapillardruck. Durch

Umformung von Gleichung (57) nach dem Fließweg x sowie dem Einsetzen der vorliegenden Fließfrontgeschwindigkeit ergibt sich:

$$x_v = -\frac{K_{\parallel}}{\eta(1-\varphi_f)} \frac{P_c(\theta_a(v_x))}{v_x} \, für\ \theta_a < 90° \tag{67}$$

x_v Fließfrontvorsprung im Bündel [m]

Der Vorsprung der Fließfront im Bündel im Falle einer langsamen Tränkungsgeschwindigkeit ist somit bestimmbar. Es erfolgt eine Addition zur aus dem makroskopischen Fließen bekannten Fließfrontposition in x-Richtung. Die x-Koordinate aller Punkte auf der Fließfront wird um den entsprechenden Betrag erhöht. Die Einbeziehung dynamischer Oberflächeneffekte bei der Berechnung der Bündeltränkung in axialer Richtung ist mit Hilfe dieser Modifikation des Grundmodells möglich. Die vorliegende Kapillarzahl bestimmt über die von HOFFMAN aufgezeigte Relation, ob eine spontane Benetzung und somit ein Vorauseilen im Bündel vorliegt. Für dynamische voranschreitende Kontaktwinkel über 90° ist nicht mit einem Vorauseilen zu rechnen. Hier tritt der Effekt der stark verringerten Permeabilität in den Vordergrund und die Bündeltränkung läuft maßgeblich radial ab.

4.2.3 Berücksichtigung dynamischer Oberflächeneffekte bei radialer Tränkung

Für die radiale Bündeltränkung gelten aufgrund der geringeren Fließweglängen andere Randbedingungen. Hier liegt kein linearer Zusammenhang zwischen Fließfrontfortschritt und Druck vor. Der für die Berechnung maßgebliche Bündelradius sowie die Druckdifferenz sind klein, sodass der Einfluss des Kapillareffekts auf die radiale Fließfrontgeschwindigkeit im Gegensatz zum axialen Fließen nicht vernachlässigt werden kann. Die in den Gleichungen (55) und (56) eingeführte einfache Addition des mechanischen Drucks und des Kapillardrucks ist im Falle einer Berücksichtigung der dynamischen Effekte daher nicht mehr uneingeschränkt möglich. Wie in Abbildung 4-14 gezeigt, ist die Ermittlung der vorliegenden Fließgeschwindigkeit nicht trivial. Es liegt eine gegenseitige Abhängigkeit zwischen Fließgeschwindigkeit und Kapillardruck vor, die nicht analytisch gelöst werden kann.

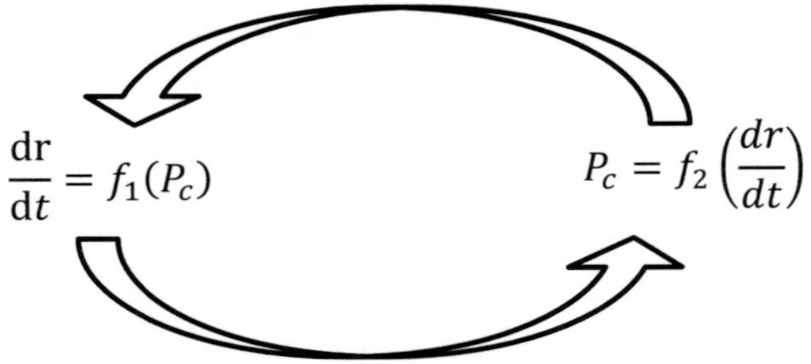

Abbildung 4-14 Gegenseitige Abhängigkeit zwischen Fließfrontgeschwindigkeit und Kapillardruck

Es ist unter Berücksichtigung inkompressibler Fluide anzunehmen, dass sich innerhalb kürzester Zeit ein Gleichgewicht zwischen den vortreibenden und verzögernden Kräften an der Fließfront einstellt. Dem vorantreibenden mechanischen Druck steht der Fließwiderstand gegenüber. Hinzu kommt – je nach vorliegender Fließfrontgeschwindigkeit – ein entsprechend vorantreibender oder verlangsamender Kapillardruck. Im Gleichgewicht stellt sich eine feste Fließgeschwindigkeit mit zugehörigem Kapillardruck ein. Es wird daher eine Berechnung nach iterativer Vorgehensweise angestrebt. So ist es möglich, dieses Wertepaar zu bestimmen.

Die Vorgabe eines Startwerts für die Fließfrontgeschwindigkeit wird vorgenommen, der zugehörige Kapillardruck bestimmt und so eine Iterationsschleife gestartet. Bei einer Änderungsrate des Kapillardrucks, bzw. der Fließfrontgeschwindigkeit unterhalb eines gesetzten Minimums, kann die Schleife abgebrochen werden und es ergibt sich das Wertepaar aus Fließgeschwindigkeit und Kapillardruck. Als Startwert eignet sich hier die Fließgeschwindigkeit, die sich ausschließlich aufgrund des mechanischen Drucks ergibt. Die Iteration kann aufgrund der schnellen Konvergenz nach wenigen Schritten bei einer hier gewählten Differenz der Fließgeschwindigkeit von 0,01% beendet werden. Für den nächsten Zeitschritt wird die zuvor errechnete Fließgeschwindigkeit als Startwert genutzt, sodass hier weniger Iterationsschritte erforderlich sind.

Die iterative Berechnung des Wertepaars aus Kapillardruck und Fließfrontgeschwindigkeit ermöglicht somit auch die Berücksichtigung dynamischer

Oberflächeneffekte in radialer Richtung. Beide Koordinaten des Zylinderkoordinatensystems sind bestimmbar und der Fließfrontverlauf innerhalb des Bündels kann ermittelt werden. Die Aufnahme der dynamischen Oberflächeneffekte in die Modellvorstellungen ermöglicht die Betrachtung des Fließfrontverlaufs im Bündel.

4.2.4 Fließfrontverlauf im Bündel

Die beiden maßgeblichen Fälle der Anströmung zeigen je nach Prozessbedingungen spezifische Fließfrontverläufe innerhalb des Bündels auf. Diese sollen zunächst anhand von Berechnungsbeispielen aufgezeigt werden. Hierbei kommen die in Tabelle 4-1 aufgelisteten Eingangswerte zum Einsatz. Es wird von einer hexagonalen Faseranordnung ausgegangen. Die Berechnung der Permeabilität innerhalb des Bündels erfolgt nach GEBART.

Vorgegeben wird die globale Fließfrontgeschwindigkeit, die in Form der global vorliegenden Kapillarzahl den Vergleich der Prozesszustände ermöglicht. Damit sind die ermittelten Kennwerte auf andere Prozesse übertragbar. Die Modelle werden dazu in Visual Basic übertragen, was über eine Schnittstelle zu Microsoft Excel die Möglichkeit einer schnellen Berechnung sowie über die Erstellung von Diagrammen eine gute Möglichkeit zur Auswertung schafft. Die zeitliche Schrittweite wird so eingestellt, dass mindestens 250 Schritte gerechnet und iteriert werden.

Tabelle 4-1 Eingangswerte der Modellrechnung für den Fließfrontverlauf im Bündel

Kennwert	Wert	Einheit
K_{ges}	2,0·10-11	m²
φ_{ges}	0,5	%
φ_b	0,65	%
η	150	mPas
D_f	9	µm
σ	35	mN/m
θ_0	50	°
r_0	0,1	mm

4.2.4.1 Fließfrontverlauf bei axialer Anströmung

Die dargestellten Fließfrontverläufe innerhalb des Bündels für den in Abbildung 4-15 dargestellten Kapillarzahlbereich ermöglicht die Interpretation der auftretenden Effekte. Die Abbildung ist aufgrund der besseren Lesbarkeit nicht maßstabsgerecht. Die globale Fließfront befindet sich stets auf Höhe von x = 0. Dargestellt ist hier ein Schnitt durch den Mittelpunkt des Bündels auf einer beliebigen x-r-Ebene.

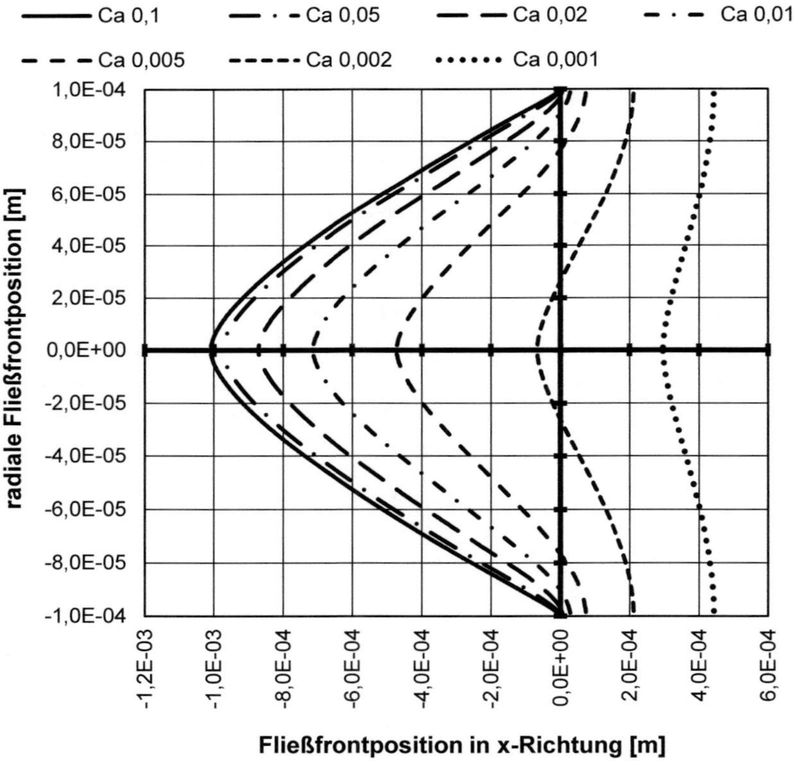

Abbildung 4-15 Fließfrontverlauf bei axialer Anströmung in Abhängigkeit der globalen Kapillarzahl

Bei einer niedrigen Kapillarzahl dominiert wie beschrieben der Kapillareffekt. Das Harz wird in axialer Richtung vorausgesogen, sodass sich bei Ca = 0,001 ein Fließfrontvorsprung am Bündelrand in Höhe der über doppelten Bündelbreite ergibt. Hier ist auch weiterhin zu sehen, dass das Harz von außen in das Bündel eindringt. Die Differenz zwischen Bündelrand und Bündelmitte ist jedoch nicht stark ausgeprägt.

Für steigende Kapillarzahlen verringert sich der Fließfrontvorsprung am Bündelrand und sinkt bei einer Kapillarzahl von ca. 0,02 auf 0. Hier ist die globale Fließgeschwindigkeit so hoch, dass sich ein Kontaktwinkel ≥90° bildet. Es gibt keinen die axiale Strömung begünstigenden Kapillareffekt mehr. Die Differenz zwischen Bündelrand und Bündelmitte vergrößert sich hierbei kontinuierlich bei steigenden globalen Kapillarzahlen.

Auch der Randbereich der Fließfront innerhalb des Bündels ändert seine Form. Bei niedrigen Fließgeschwindigkeiten führt der Kapillareffekt in radialer Richtung zu einem verglichen mit der globalen Fließfrontgeschwindigkeit schnellen Voranschreiten. Dieser Effekt ist bei hohen globalen Kapillarzahlen kaum noch erkennbar. Hier dominiert der schnell linear ansteigende mechanische Druck den Fließfrontverlauf. Die spezifische Form erklärt sich aus der Überlagerung eines Fließverlaufs mit nahezu konstantem Kapillardruck mit einem linear ansteigenden Druck. Während der Kapillardruck bei der hier vorliegenden, sich nur geringfügig ändernden Fließfrontgeschwindigkeit innerhalb des Bündels, in radialer Richtung nahezu konstant bleibt, steigt der mechanische Druck in Folge des Voranschreitens der globalen Fließfront an.

Im Bereich um eine globale Kapillarzahl von 0,1 liegen die Fließfronten nahe beieinander. Hieraus kann geschlossen werden, dass der Kapillareffekt hier nur eine untergeordnete Rolle spielt. Begründet wird dies durch einen sich bei höheren Geschwindigkeiten 180° annähernden Kontaktwinkel sowie maßgeblich mit dem in Relation zum Kapillardruck hohen mechanischen Druck. Bei einer untergeordneten Rolle des Kapillardrucks stellt sich eine Fließfrontform ein, die nahezu ausschließlich vom Verhältnis der globalen Permeabilität zur radialen Permeabilität im Bündel abhängig ist.

In einer maßstäblichen Darstellung, wie in Abbildung 4-16, verdeutlicht sich, dass die beschriebenen Effekte zu einer starken Unebenheit der Fließfront führen können. Die jeweilige Ausprägung ist stark von den vorliegenden lokalen Permeabilitätsunterschieden sowie der Fließfrontgeschwindigkeit abhängig.

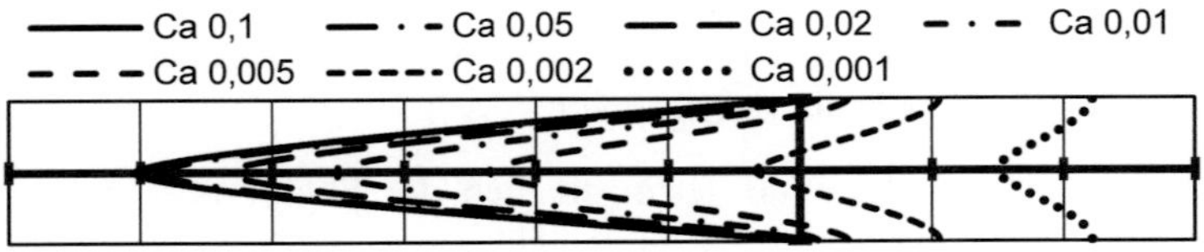

Abbildung 4-16 Maßstäbliche Darstellung der Fließfrontausprägung bei axialer Anströmung

Das Fließverhalten bei der Tränkung der Bündel bei axialer Anströmung lässt sich mit einem einfachen Experiment nachstellen. Hierzu wurde die Fließfront während der Injektion mit Hilfe eines Mikroskops betrachtet. Es ist zu beachten, dass die Bündel an der Oberfläche an einer Glasplatte anliegen und so leicht deformiert werden sowie die Fließkanalgeometrie am sichtbaren Rand eine andere Geometrie aufweist als in der Verbundmitte. Die Aufnahme zeigt zudem das Bündel von außen und nicht wie im Modell den Querschnitt des idealisiert runden Bündels.

Abbildung 4-17 Validierungsexperiment zur Bündeltränkung

Die in Abbildung 4-17 gezeigte Aufnahme der Fließfront eines Köpergewebes mit 280 g/m² Flächengewicht kann daher nur qualitativ aufzeigen, dass das prinzipielle Verhalten mit dem Modell übereinstimmt. Die dunklen Bereiche sind hierbei vollständig benetzt. Sichtbar sowie in Graustufen hervorgehoben sind die Fließfront im Fließkanal sowie die Fließfront innerhalb des Bündels. Die Kapillarzahl liegt im dargestellten Versuch bei ca. 0,01. Ein quantitativer Vergleich der Fließfrontgeometrie ist nicht möglich. Dennoch zeigt die Mikroskopaufnahme, dass sich das Harz wie im Modell beschrieben von den Fließspalten in die Bündel ausbreitet und dabei eine spitz zulaufende kegelförmige Form bildet. Das Modell wird daher als geeignet angesehen, um die Effekte bei der Bündeltränkung aufzuzeigen.

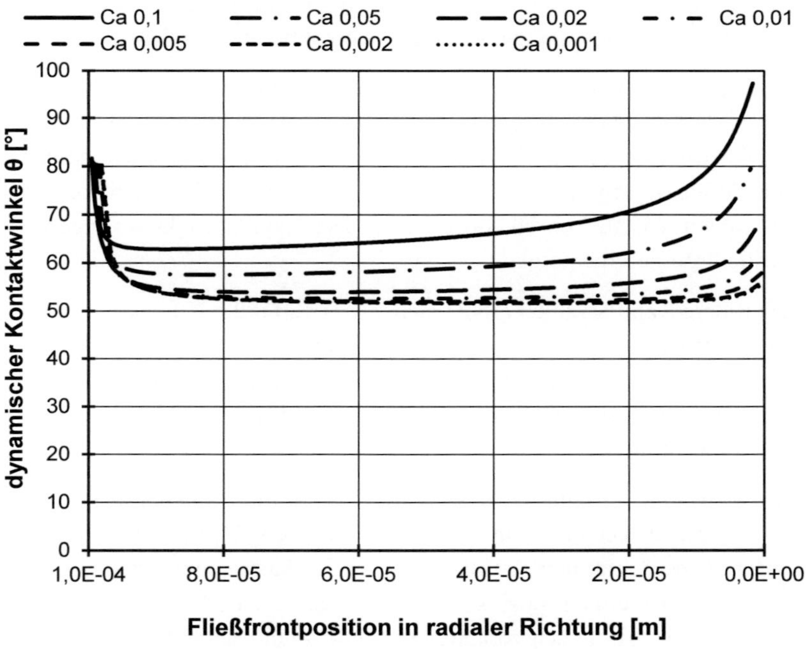

Abbildung 4-18 Verlauf des dynamischen Kontaktwinkels währen der radialen Tränkung bei axialer Anströmung des Bündels in Abhängigkeit der globalen Kapillarzahl

Die beschriebenen Effekte auf die Form der Fließfront lassen sich mit Hilfe der dynamischen Oberflächenkräfte sowie der Permeabilitätsdifferenzen erklären. Der während der Benetzung wirksame Kontaktwinkel ist in Abbildung 4-18 dargestellt. Der hier aufgezeigte Kontaktwinkel über den Radius des Bündels ist das Ergebnis der iterativen Berechnung an den jeweiligen Punkten. Der Beginn der Tränkung liegt bei einem Fließfrontradius von $1 \cdot 10^{-4}$ m vor. Hier tritt ein Kontaktwinkel nahe an 90° auf. Die Wirkungen des mechanischen Drucks sowie des Kapillardrucks erzeugen wegen der noch sehr geringen Fließweglänge eine hohe Fließgeschwindigkeit. Aufgrund des im Verlauf steigenden Fließwegs vom Bündelrand zur Fließfront innerhalb des Bündels verringert sich dieser Basiseffekt, sodass sich schnell ein geringerer Kontaktwinkel einstellt. Dabei wird insbesondere bei niedrigen Kapillarzahlen der Bereich um den statischen Kontaktwinkel erreicht.

Die Fließgeschwindigkeit steigt bei einer radialen Tränkung aufgrund der sich verkleinernden Fließfrontlänge bei geringer werdendem Fließfrontradius an. Dies führt zu einem ebenfalls ansteigenden Kontaktwinkel in Nähe der Bündelmitte. Es ergibt sich eine Wannenkurve, deren Endwert bei hohen Kapillarzahlen jenseits von 90° liegen kann. Der Kapillareffekt verringert hier die Fließfrontgeschwindigkeit.

Für größere Kapillarzahlen erhöht sich wie erwartet der Kontaktwinkel über den gesamten Radiusbereich. Der jeweilige minimale Kontaktwinkel erhöht sich. Bei sehr hohen Fließgeschwindigkeiten, die in Produktionsprozessen nicht zu erwarten sind, wirkt der Kapillardruck daher über den gesamten Bereich fließhemmend.

Die spezifische Wirkung des Kapillardrucks auf die Tränkung des Bündels kann über den hier eingeführten dimensionslosen Kapillardruck bestimmt werden. Dieser setzt den Kapillardruck ins Verhältnis zum wirksamen Gesamtdruck. Der dimensionslose Kapillardruck beschreibt daher den Anteil des Kapillareffekts an den vorantreibenden Kräften während der Bündeltränkung.

$$P_c^* = \frac{P_c}{P_c + P_m} \tag{68}$$

P_c^* dimensionsloser Kapillardruck [ ]

Der Verlauf des dimensionslosen Kapillardrucks in Abbildung 4-19 zeigt, dass der Anteil des Kapillardrucks an den vorantreibenden Kräften wie erwartet bei niedrigen globalen Kapillarzahlen maßgeblich für die Bündeltränkung ist. Der mechanische Druck aus dem makroskopischen Fließen steigt während der Bündeltränkung kontinuierlich an.

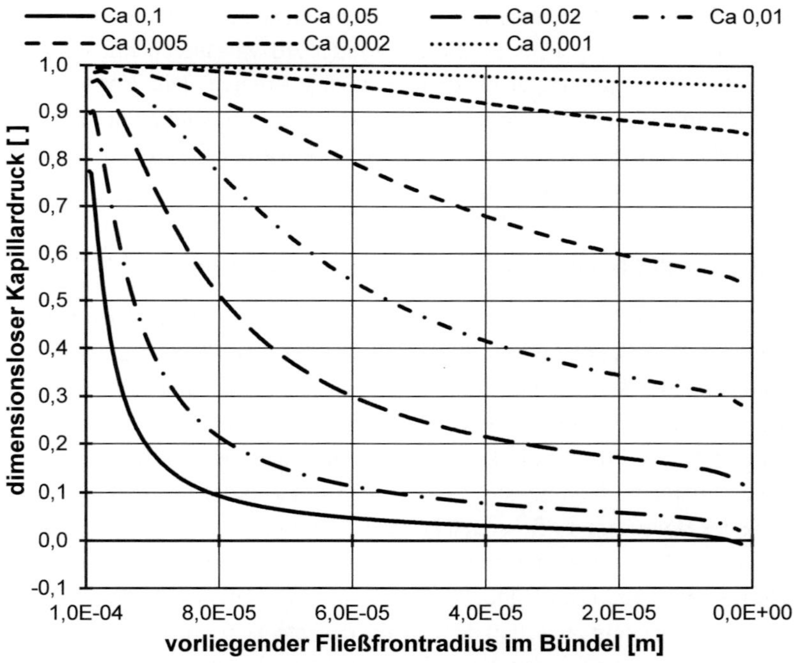

Abbildung 4-19 Dimensionsloser Kapillardruck bei der Bündeltränkung in axialer Richtung in Abhängigkeit der vorliegenden globalen Kapillarzahl

Je höher die globale Kapillarzahl, desto schneller sinkt die dimensionslose Kapillarzahl ab und die Strömung wird zunehmend vom mechanischen Druck dominiert. Dennoch wird deutlich, dass der Kapillareffekt für die Tränkung des Bündels von großer Bedeutung ist. Im Bereich eines dynamischen Kontaktwinkels >90° sinkt der dimensionslose Kapillardruck in den negativen Bereich ab. Hierdurch wird ein die Fließfrontgeschwindigkeit verringernder Effekt deutlich. Für höhere globale Kapillarzahlen liegt der dimensionslose Kapillardruck zunehmend im negativen Bereich.

Es konnte gezeigt werden, dass mit Hilfe der Einbeziehung dynamischer Effekte die Benetzung der Faserbündel in axialer Richtung verbessert beschrieben werden kann. Die Betrachtung der Teilbereiche sowie der Vergleich mit dem Experiment zeigen, dass alle erwarteten Auswirkungen mit Hilfe der neuen Modellvorstellungen abgebildet werden können. Die Variation des Kontaktwinkels in Folge variierender Fließfrontgeschwindigkeiten erzeugt eine starke Änderung des Fließverhaltens, die mit Hilfe der dimensionslosen Kapillarzahl analysiert werden kann.

4.2.4.2 Fließfrontverlauf bei radialer Anströmung

Die radiale Anströmung erzeugt im Bündel ein grundlegend anderes Bild der Fließfront. Hier liegt kein stationärer Zustand vor. Die Fließfront berührt das Bündel an einer Seite und umfließt es, sodass nach einer fließfrontgeschwindigkeitsabhängigen Zeitspanne das Bündel gänzlich von Harz umflossen ist. In dieser ersten Phase liegt kein Gegendruck zur Fließfront vor. Während dieser Zeitspanne beginnt das Harz bereits das Bündel zu tränken, da der Druck des Harzes im umflossenen Bereich kontinuierlich steigt. Ab dem Moment des vollständigen Umfließens beginnt eine zweite Phase, in der der Luftdruck innerhalb des Bündels die Tränkung beeinflusst. Es liegt hier ein Druckgleichgewicht zwischen dem Druck des viskosen Fließens, dem Kapillardruck sowie dem Gasdruck vor. Der Gasdruck der umflossenen Luft verringert aufgrund seiner dem Fließen entgegengesetzten Richtung die Fließgeschwindigkeit. Eine entsprechende Aufteilung in zwei Phasen ist deshalb für die Berechnung sinnvoll.

Die bei der axialen Anströmung vorhandene Gleichmäßigkeit des Radius der Fließfront kann in der ersten Tränkungsphase ohne Gasdruck nicht zur vereinfachten Berechnung genutzt werden. Für jeden Winkel entlang des Umfangs ergibt sich ein individueller Verlauf der Fließfrontradien, die separate Berechnungen des Fließfrontfortschritts erfordern. Dennoch ist anhand einer Einzelbetrachtung eine Prognose für den Fließfrontverlauf möglich. Die Benetzung beginnt für die einzelnen Winkel auf dem Bündelumfang lediglich zeitversetzt. Sobald die globale Fließfront den nächsten Winkel auf dem Bündelumfang erreicht hat, finden dort die gleichen Vorgänge statt. Jeder Winkel auf dem Durchmesser weist in einer vorgegebenen Zeitspanne nach dem Auftreffen der Fließfront auf diesem Winkel den gleichen Fließfrontradius auf, wie der zuerst benetzte Winkel nach ebendieser Zeitspanne. Voraussetzung hierfür ist, dass eine konstante makroskopische Fließgeschwindigkeit vorliegt.

Aufgrund dieser Annahme können für den Zeitraum bis zum vollständigen Umfließen vereinfachte Methoden zur Fließfrontradienberechnung im Bündel angewendet werden. Betrachtet wird hier der repräsentative Winkel des ersten Kontakts zwischen Bündel und globaler Fließfront. Alle weiteren Winkel-Radien-Kombinationen ergeben sich aus einer zeitlichen Versetzung und somit der Historie des zuerst benetzten Punkts. Hierzu muss jedoch das vorliegende kartesische Koordinatensystem zunächst in Polarkoordinaten mit einem Koordinatenursprung in der Bündelmitte überführt werden. Der lokale Radius der Fließfront ergibt sich dabei direkt aus der Fließfrontradienberechnung, während die Winkelkoordinate φ anhand des zeitabhängigen makroskopischen Fließfrontverlaufs berechnet werden muss. Dieser Zusammenhang ist in Abbildung 4-20 aufgezeigt. Die Winkelkoordinate kann nach Gleichung (69) abgeleitet werden. Entsprechend Gleichung (70) wird der zeitliche Fließfrontverlauf des repräsentativen Winkels des ersten Kontakts mit Hilfe der Winkelkoordinate über den Umfang verteilt, sodass für alle Winkel entsprechende Fließfrontradien zur vorgegebenen Zeit erzeugt werden können. Es muss somit keine grundlegend neue Berechnung erfolgen.

$$\varphi_n = \cos^{-1}\left(\frac{r_0 - v_x t_j}{r_0}\right) \tag{69}$$

$$r(\varphi_j, t_i) = r\left(\varphi_0(t_{i-j})\right) \quad [\text{für } j \leq i] \tag{70}$$

φ_n	Winkelkoordinate [°]
φ_0	Koordinate des zuerst benetzten Winkels
i, j	Zählvariablen [i, j ∈ ℕ]

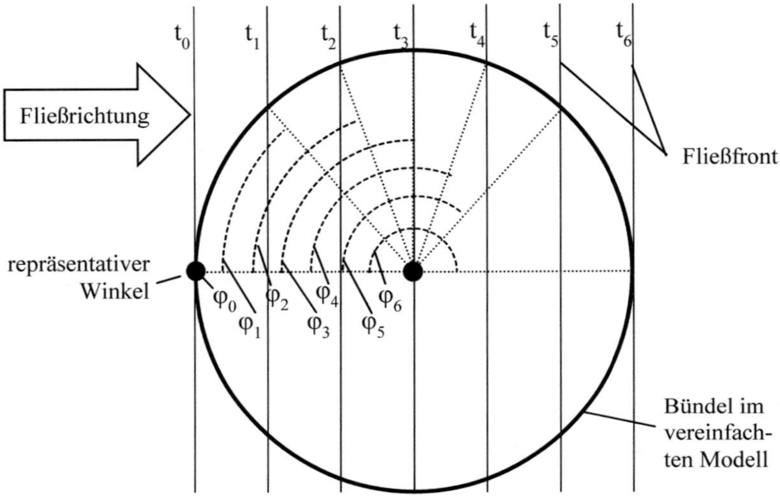

Abbildung 4-20 Prinzipskizze zur Bildung der Winkelkoordinate aus dem Überströmen des Bündels

Für die aus Tabelle 4-1 bekannten Eingangsdaten wurde ebenfalls in Abhängigkeit der vorliegenden Kapillarzahl in Abbildung 4-21 eine Betrachtung der positionsabhängigen Fließfrontradien im Bündel für den jeweiligen Zeitpunkt des vollständigen Umfließens des Bündels erstellt. Dabei treffen die Fließfronten der Fließspalte hinter dem Bündel aufeinander.

Die Fließfrontradien verteilen sich nach zeitlichem Verlauf entlang des Umfangs und es ergibt sich eine stetige Funktion. Die Tränkung findet von links nach rechts statt. Aufgrund der zeitlichen Versetzung beginnt die Tränkung des Bündels auf der hier linken Seite früher, was zu einer tieferen Eindringung führt.

Es ist ersichtlich, dass sich analog zur axialen Tränkung für große Kapillarzahlen der Fließfrontradius bei Umfließen einem festen Verlauf annähert. Dieser Verlauf ergibt sich dann nahezu ausschließlich aus dem Verhältnis zwischen Gesamt- und Bündelpermeabilität. Für kleinere Kapillarzahlen verringert sich der Fließradius zum Zeitpunkt des vollständigen Umfließens und nähert sich der Bündelmitte an. Das führt dazu, dass für eine Kapillarzahl von 0,001 die Bündelmitte erreicht wird, wenn die globale Fließfront 73,8% der betrachteten Strecke zurückgelegt hat. Für den hier dargestellten Verlauf wurde daher der Radius proportional der bis dato durchschnittlich zurückgelegten Strecke fortgesetzt, um die hier gezeigte Betrachtung zu ermöglichen. Die Beispielrechnung zeigt, dass bei radialer Anströmung nur bei sehr langsamen Tränkungsgeschwindigkeiten ein Voreilen der Fließfront im Bündel zu erwarten ist.

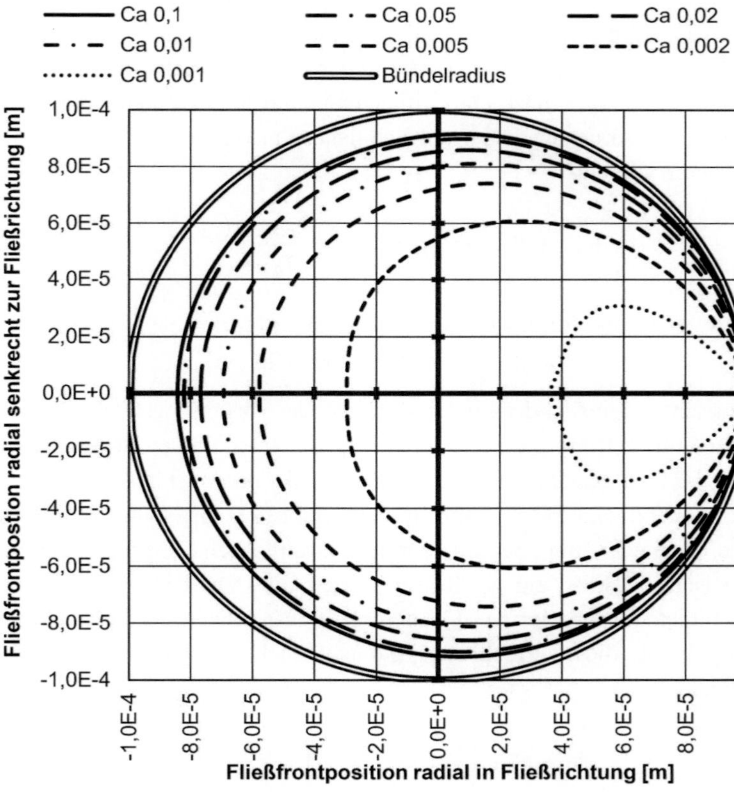

Abbildung 4-21 Fließfrontradius im Bündel zum Zeitpunkt des vollständigen Umfließens nach Kapillarzahl

Ab dem in Abbildung 4-21 dargestellten Zeitpunkt des vollständigen Umfließens beginnt theoretisch die Kompression der im Bündel befindlichen Luft. Dieser Zeitpunkt wird im Folgenden als t_{krit} bezeichnet, da sich ab hier das

Fließverhalten im Bündel ändert. In realen Benetzungen liegt der Zeitpunkt des vollständigen Umfließens später, da das Bündel auf voller Länge umflossen sein muss. Es entsteht ein erhöhter Innendruck, der die Fließgeschwindigkeit in das Bündel hinein verringert. Dieser Innendruck der Luft kann nach dem Gesetz für ideale Gase nach Gleichung (71) berechnet werden [FoG05] [PLS11] [LPS12]. Demnach steigt der Innendruck umgekehrt proportional zum sinkenden Volumen der umflossenen Luft. Hierbei ist aufgrund der großen Austauschflächen mit den Fasern und der Harzoberfläche nicht von adiabatischen Bedingungen auszugehen, sodass keine signifikante Temperaturerhöhung zu erwarten ist. Die Aufheizung kann somit vernachlässigt werden und der Gasdruckanstieg ergibt sich nahezu ausschließlich aus der volumetrischen Änderung.

$$P_v + P_c + P_{atm} = P_g = P_{atm} \left(\frac{r_{bkrit}}{r_b} \right)^2 \tag{71}$$

r_{bkrit} kritischer Radius für den Lufteinschluss [m]
r_b Radius des ungetränkten Bündelbereichs [m]

Der kritische Radius ist der Fließfrontradius, der vorliegt, wenn die Verbindung der Luft im Bündel zur Kavität vollständig verschlossen ist. Wie in Abbildung 4-21 aufgezeigt liegen hier keine exakt runden Fließfrontverläufe vor. Ausgehend vom ersten Auftreffpunkt ergibt sich eine spiralförmige Geometrie. Dennoch kann über eine einfache arithmetische Mittelung der charakteristischen Radien ein genäherter Ersatzradius für die eingeschlossene Luft gebildet werden, der den Flächeninhalt ausreichend genau beschreibt. Der Mittelpunkt dieses errechneten Radius ist nicht kongruent zum Bündelmittelpunkt.

$$r_{bkrit} = \left(\frac{r_0 + r_f(t_{krit})}{2} \right)^2 \tag{72}$$

t_{krit} kritische Benetzungszeit [s]

Mit Erreichen der kritischen Benetzungszeit verändert sich das Fließverhalten. Der zuvor nicht vorhandene Gasinnendruck P_g wird wirksam. Dieser steigt schon bei geringen Radiusänderungen stark an, sodass dieser das Fließverhalten dominiert. Da es sich um einen Gegendruck zur Tränkung handelt, verringert sich die Fließgeschwindigkeit. Die Fließgeschwindigkeit im Bündel sinkt dabei auf nahezu 0 ab. Zu jedem Zeitpunkt gleicht sich die Summe aus Kapillardruck, viskosem Druck und Gasinnendruck aus.

Die iterative Berechnung des Fließfrontfortschritts muss daher umgestellt werden. Analog zu YAMALEEV und FOLEY erfolgt daher die Betrachtung des Gleichgewichts der Drücke am Fließfrontradius [YaM05] [YaM07] [FoG05]. Maßgeblicher Unterschied zu diesen vorangegangenen Betrachtungen ist jedoch, dass als Ausgangsradius des ungetränkten Bereiches nicht der Radius des gesamten Bündels herangezogen wird, sondern der nach dem Fließmodell vorliegende gemittelte Radius r_{krit} zum Zeitpunkt des vollständigen Umfließens. Ebenso wird auf den dynamischen Kapillardruck zurückgegriffen. So wird eine erhöhte Genauigkeit erreicht. Der kritische Radius dient ab diesem Punkt der Berechnung als repräsentative Geometrie für das gesamte Bündel.

Anhand des zeitabhängigen mechanischen Drucks kann der vorliegende Radius des ungetränkten Bündelbereichs r_b in der zweiten Tränkungsphase mit Gleichung (73) berechnet werden. Hierbei erfolgt die Ermittlung des dynamischen Kapillardrucks, der sich anhand der vorliegenden Fließgeschwindigkeit ergibt. Aus diesem Grund erfolgt auch hier weiterhin die iterative Ermittlung des Kontaktwinkels wie in Abbildung 4-14 dargestellt. Die Summe dieser beiden Drücke ergibt den vorliegenden Gasinnendruck, aus dem der Radius des ungetränkten Bereichs hervorgeht.

$$r_b = \sqrt{\frac{P_{atm} \cdot {r_{bkrit}}^2}{P_v + P_c + P_{atm}}} \tag{73}$$

Die zuvor betrachteten repräsentativen Radien am Winkel des ersten Kontakts zwischen Bündel und Fließfront r_f sowie auf der diesem Winkel gegenüberliegenden Seite können anhand von Gleichung (73) weiterhin vereinfacht beschrieben werden. Ebenso ist anhand des am Zeitpunkt t_{krit} vorliegenden Radius sowie des Fließfrontfortschritts im zweiten Tränkungsabschnitt mit Gegendruck jeder weitere Winkel des Polarkoordinatensystems abbildbar.

In Abbildung 4-22 sind der Fließfrontradius sowie der zugehörige Kontaktwinkel während der Bündeltränkung für Ca=0,01 aufgezeigt. Beispielhaft und zur vereinfachten Analyse wird hier der Fließfrontradius am ersten Auftreffpunkt dargestellt. Zu Grunde liegen wiederum die aus Tabelle 4-1 bekannten Modellrechnungswerte.

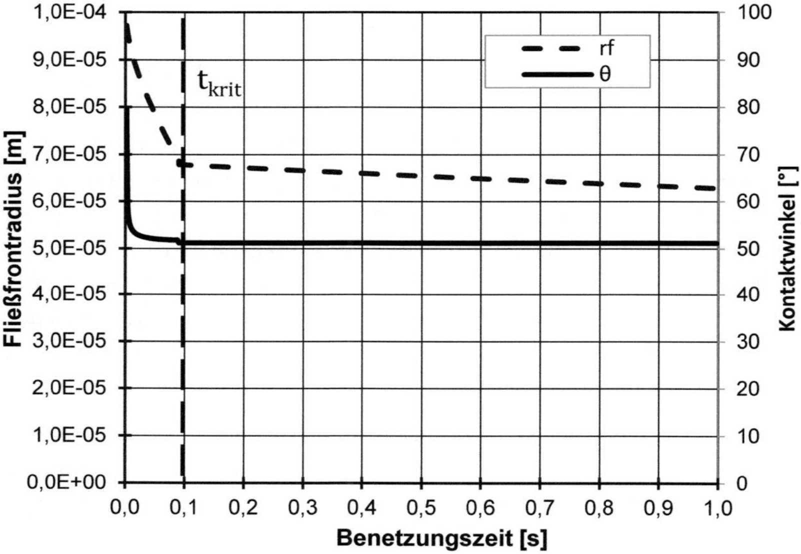

Abbildung 4-22 Fließfrontradius am ersten Auftreffwinkel und Kontaktwinkel am Beispiel einer Benetzung bei Ca=0,01

Nach einer schnellen Verringerung des Fließradius, verursacht durch das Zusammenspiel der vorantreibenden Kräfte, dem Kapillardruck und dem Druck des viskosen Fließens, findet nach der kritischen Benetzungszeit t_{krit} von hier 0,082 s ein starkes Abbremsen der Fließfront statt. Dies äußert sich auch am Kontaktwinkel, der rapide auf ca. 51,2° und somit in die Nähe des statischen Kontaktwinkels fällt.

Nach der kritischen Benetzungszeit wird die Benetzung maßgeblich durch den Innendruck der umflossenen Luft bestimmt. Der Fließfrontfortschritt ergibt sich aus dem Gleichgewicht zwischen dem Druck aus dem makroskopischen Fließen, dem Kapillardruck sowie dem Gasinnendruck. Aufgrund des kontinuierlich ansteigenden makroskopischen Drucks ergibt sich ein nahezu linearer Verlauf des Fließfrontradius. Wie am Kontaktwinkel erkennbar, verändert sich der Kapillardruck während der zweiten Tränkungsphase nur marginal. Wird nach Ende der Injektionsphase der Druck nicht aufrechterhalten, dehnt sich die Luft innerhalb des Bündels theoretisch wieder aus, sodass das Gleichgewicht ausschließlich zwischen Kapillardruck und Gasinnendruck besteht.

Eine genauere Betrachtung der einzelnen Druckkomponenten in Abbildung 4-23 zeigt, dass der Kapillardruck zu Beginn der Benetzung den maßgeblichen Anteil beisteuert, während der Druck des viskosen Fließens linear ansteigt. Mit dem Moment des vollständigen Umfließens steigt der Gasinnendruck binnen Sekundenbruchteilen auf den gemeinsamen Betrag dieser beiden ersten Komponenten an.

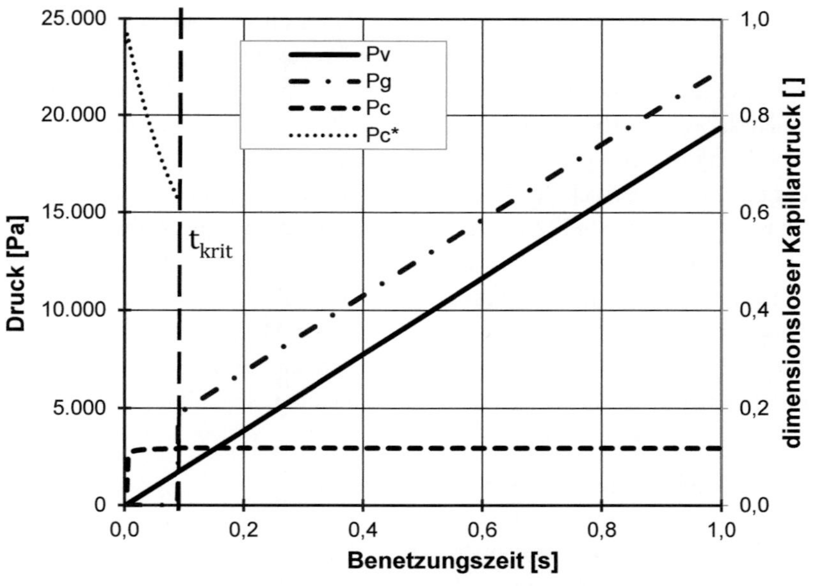

Abbildung 4-23 Druckkomponenten und dimensionsloser Kapillardruck am Beispiel einer Benetzung bei Ca=0,01

Der dimensionslose Kapillardruck sinkt wie erwartet von einem zunächst hohen Wert nahe 1 ab. Ab dem Auftreten des Gasinnendrucks gleichen sich jedoch die Druckkomponenten aus. In der Bilanz verbleibt kein Druck, sodass der dimensionslose Kapillardruck aufgrund eines Nenners von Betrag 0 nicht gebildet werden kann. Es wird jedoch deutlich, dass bis zum Erreichen des vollständigen Umfließens der Kapillardruck die entscheidende Rolle bei der Benetzung spielt.

Die Betrachtung zeigt, dass der Zeitpunkt des Lufteinschlusses, bzw. dessen Relation zur erforderlichen Tränkungsdauer des Bündels, die im Bündel eingeschlossene Luftmenge bestimmt. Ab diesem Zeitpunkt kann so von der Bildung von Poren innerhalb des Bündels gesprochen werden.

Für reale Tränkungsvorgänge ist davon auszugehen, dass zwar ein vollständiges Umfließen des Querschnitts nach der kritischen Benetzungszeit vorliegt, jedoch liegt in der Regel kein vollständiges Umfließen des gesamten Bündels vor. Hierzu tragen unter anderem die Bündel in anderer Orientierung bei, die eine unebene Fließfront erzeugen. Die Luft kann somit nach dem lokalen Umfließen weiterhin entlang der Fasern aus dem umflossenen Bereich entweichen. Das Einsetzen des Gegendrucks erfolgt erst zeitverzögert, was einen starken positiven Einfluss auf den Benetzungsgrad des Bündels hat. Zur Abbildung dieses Verhaltens kann eine weitere Phase eingefügt werden, in der der Gasinnendruck dem Atmosphärendruck entspricht. Die Länge dieser Phase ist experimentell zu bestimmen oder zu definieren. Anhand der hier präsentierten Vorgehensweise mit Hilfe der neuen Modelle ist eine umfassende Analyse des Benetzungsverhaltens unter Berücksichtigung der dynamischen Kapillareffekte möglich. Aufgrund der Möglichkeit zum Einbeziehen der dynamischen Effekte sowie der Kopplung zweier Phasen kann auch die Benetzung bei radialer Anströmung modellhaft abgebildet werden.

4.3 Modelle zur Fehlstellenentstehung

Die beschriebenen Mechanismen bei der Tränkung der Faserbündel zeigen, dass bei genauer Betrachtung auf Mesoskala die Fließfront nicht in Form einer geraden Linie vorliegt. Vielmehr finden sich je nach Fließgeschwindigkeit stets vorauseilende Bereiche vor. Dem gegenüber stehen Bereiche, in denen die verbleibende Luft umflossen wird, was zur Bildung von Fehlstellen in Form von Lufteinschlüssen führen kann.

Die hier ausgearbeiteten Modelle zur Bündeltränkung sollen im Folgenden genutzt werden, um darauf aufbauend Modelle zur Fehlstellenentstehung, bzw. zum daraus resultierenden Fehlstellengehalt zu entwickeln. Die Grundlage dazu liefern die in den Tränkungsmodellen zu ermittelnden Fließfrontdifferenzen und -geometrien. Weiterhin bestimmt der lokal vorliegende Faservolumengehalt das Volumen der eingeschlossenen Luft und somit das spätere Porenvolumen. Ziel der hier durchgeführten Modellentwicklung ist, die Fehlstellenentstehung anhand der gegebenen Materialkenngrößen und der vorliegenden Prozessparameter abschätzen zu können.

Entsprechend der beiden maßgeblichen Fehlstellenarten wird zwischen sphärischen Poren im Fließkanal und zylindrischen Poren im Bündel unterschieden. Bei den zylindrischen Poren im Bündel muss zudem die Anströmungsrichtung beachtet werden, da bei radialem Auftreffen der Fließfront andere Mechanismen vorliegen als bei axialem Anströmen.

Die Betrachtung ermöglicht die verbesserte Simulation der Vorgänge im RTM-Prozess sowie eine Beschleunigung des Prozesses bei niedrigem Fehlstellengehalt. Dieser muss dazu anhand der Modelle bestimmbar sein. Er bezeichnet das nach Aushärtung verbleibende Luftvolumen pro Volumeneinheit. Die Berechnung erfolgt anhand des Anteils des Luftvolumens am Gesamtvolumen im Betrachteten Abschnitt nach Gleichung (74). Sie muss hierbei entsprechend des betrachteten Bereichs erfolgen. Für 2D-Betrachtungen kann hier auch anstatt mit Volumen mit Flächen gearbeitet werden.

$$\varphi_l = \frac{V_l}{V_{ges}} = \frac{V_l}{V_f + V_m + V_l} \tag{74}$$

φ_l Porenvolumengehalt [%]

V_f Faservolumen [m³]

V_m Matrixvolumen [m³]

V_l Luftvolumen [m³]

Die im vorangegangenen Kapitel aufgestellten Modelle zur Bündeltränkung zeigen, dass zur Fehlstellenentstehung entweder ein Vorauseilen im Bündel oder in den Fließkanälen vorliegen muss. Beim Vorauseilen im Bündel wird Luft im Fließkanal umflossen, sodass das Porenvolumen dem Umflossenen Bereich entsprechen kann. Im Bündel ist zusätzlich das Faservolumen in diesem Bereich zu berücksichtigen, das nicht mit Harz gefüllt werden kann. Für die im Folgenden gezeigten Beispielrechnungen werden die bereits verwendeten Parameter für die Bündeltränkung sowie die in Tabelle 4-2 zusammengefassten Parameter eines generischen Gewebes verwendet.

Tabelle 4-2 Eingangsgrößen für die Beispielrechnungen zur Abschätzung des Gehalts von Fehlstellen

	b_b [mm]	h_b [mm]	b_f [mm]	h_f [mm]	φ_b [ ]	A_b [mm^2]	d_f [µm]
Kette	1,5	0,18	0,2	0,1	0,72	0,17	9
Schuss	1,7	0,2	0,2	0,06	0,68	0,18	9

4.3.1 Entstehungsmodell sphärischer Poren

Die Porenentstehung ist je nach Umströmungsmechanismus unterschiedlich geartet. Im Bereich niedriger Kapillarzahlen liegt ein Vorausströmen aufgrund des Kapillareffekts vor. So entsteht ein teilgesättigter Bereich an der globalen Fließfront, in dem Umfließvorgänge ermöglicht werden. Die Bildung einer sphärischen Pore aufgrund von Fließeffekten findet in orthotropen Faserhalbzeugen wie Geweben durch das Einschließen von Luft in einem von Fasern umfassten Bereich statt. Der Umfließmechanismus ist in Abbildung 4-24 am Beispiel einer Strömung in Kettrichtung dargestellt. Auch bei Strömungen in Schussrichtung liegen die gleichen Grundmechanismen vor. Ebenso ist eine Einheitszelle dargestellt, die sich im Gewebe wiederholt und mit deren Hilfe der Porenvolumengehalt berechnet werden kann. Sie erstreckt sich zudem über die Höhe eines Bündels sowie einen Lagenabstand.

Die rundliche, kugelige Form der Poren, die im späteren Laminat zu erkennen ist, entsteht, weil die Harzoberfläche eine energiearme Form einnimmt. Eine kleine Oberfläche bedeutet eine geringere Gesamtoberflächenenergie, sodass sich eine klassische Luftblase bildet. Diese kann aufgrund von Behinderungen durch Fasern von dieser idealen Form abweichen.

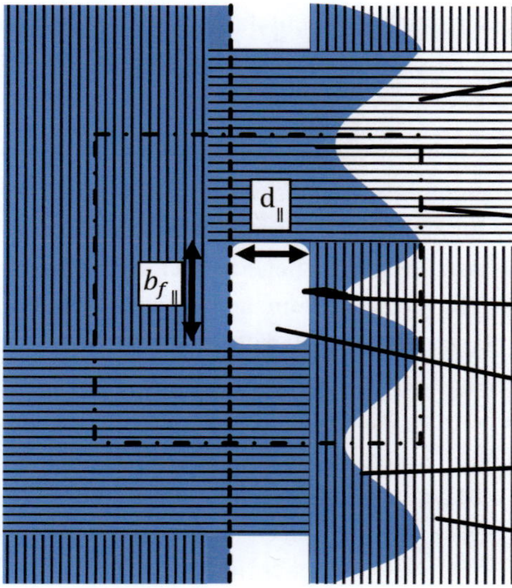

Abbildung 4-24 Bildungsmechanismus sphärischer Fehlstellen bei niedrigen Kapillarzahlen der Strömung in Kettrichtung

Wesentliches Kriterium zum Umfließen ist, dass zwei Fließfronten, die aus unterschiedlichen in Fließrichtung angeordneten Bündeln stammen, sich in einem orthogonal zur Fließrichtung liegenden Bündel berühren. Dies wird in orthotropen Geweben, wie hier gezeigt, durch Schussbündel ermöglicht, in denen sich der vom Kapillardruck begünstigte Fließfrontfortschritt aus den Kettbündeln fortsetzt. Es kommt zum Kontakt zwischen den Fließfronten, der einen Lufteinschluss abschließen kann. Das Harz muss hierzu entlang der Kettbündel voreilen und anschließend auf die Schussbündel übergehen. Aufgrund der stark verringerten Permeabilität und des um die Hälfte geringeren Kapillardrucks in radialer Richtung ist davon auszugehen, dass sich das Harz im Schussbündel zunächst ebenfalls vornehmlich in Faserrichtung bewegt, sodass ein Umfließen begünstigt wird.

Eine Fehlstelle kann nur entstehen, wenn dieses Kriterium erfüllt ist. Jedoch ist mit erheblichen statistischen Einflüssen auf den Vorgang zu rechnen. So lange eine Verbindung der Luft des umflossenen Bereichs mit dem ungetränkten Bereich besteht, kann Luft entweichen. Aufgrund der im Vergleich zum Harz stark verringerten Viskosität der Luft, fließt diese nahezu ungehindert aus dem umflossenen Bereich. Erst ein vollständiger Einschluss erzeugt eine dauerhaft vorhandene Luftblase, die nach der Aushärtung als Fehlstelle im Verbund verbleibt.

Da in der Regel mehrere Gewebelagen übereinander angeordnet sind, muss gleichzeitig zum Umfließen in der betrachteten Faserlage der Bereich ober- bzw. unterhalb des von Fasern umfassten Bereichs benetzt oder verschlossen sein, damit ein Lufteinschluss entsteht. Es muss demnach entweder ein benetztes Bündel, ein bereits mit Harz gefüllter Zwischenbereich oder die Werkzeugoberfläche vorhanden sein. Liegen mehrere Gewebelagen exakt übereinander, können bei einer über die Bauteildicke sehr gleichmäßigen Fließfront auch Fehlstellen über mehr als eine Lage gleichzeitig auftreten. Es ist somit von einem zusätzlichen erheblichen Einfluss der statistischen Verteilung der Bündel auszugehen. Ebenso ist zu erwarten, dass die variierende Verteilung der Fasern innerhalb der Bündel einen signifikanten Einfluss auf die im konkreten Einzelfall betrachtete lokale Fließfrontausprägung hat. Die hier entwickelten Modelle können lediglich den zu erwartenden Mittelwert abbilden. Dennoch kann ein entsprechendes Modell aufzeigen, ab wann mit Fehlstellenentstehung zu rechnen ist. Dieses kann zur Simulation von Fehlstellengehalten für unterschiedliche Prozessbedingungen genutzt werden.

Das Umfließen des Bündelzwischenbereichs findet erst dann statt, wenn der Fließfrontvorsprung in den axial und orthogonal liegenden Bündeln ausreichend groß ist, um Luft zu umschließen. Dieses Kriterium ist erfüllt, wenn der Fließfrontvorsprung im orthogonal liegenden Bündel eine kritische Länge überschreitet, die einen Kontakt der Fließfronten sicherstellt, bevor die globale Fließfront das Bündel erreicht. Entscheidend für die Erfüllung des Kriteriums zur Bildung der sphärischen Pore sind die Vorgänge im orthogonal liegenden Bündel, da die Luft erst bei Aufeinandertreffen der Fließfronten umschlossen wird. Es muss hierzu eine niedrige globale Fließfrontgeschwindigkeit vorliegen, da der entsprechende Fließfrontfortschritt im Bündel vorliegen muss. Die Kapillarzahl, bei der diese Bedingung erfüllt ist, wird im Folgenden als kritische Kapillarzahl Ca_{krit} für die Entstehung sphärischer Poren bezeichnet. Nur bei Kapillarzahlen kleiner als Ca_{krit} findet theoretisch die Bildung sphärischer Poren statt.

Die Größe der Pore hingegen wird von den axial angeordneten Bündeln nach Gleichung (75) bestimmt. Die mögliche umschlossene Luftmenge ergibt sich aus dem zusätzlichen Vorsprung innerhalb des axialen Bündels sowie der Querschnittsfläche des Fließspalts. Dieses Volumen kann vom Harz umflossen werden, sodass Luft darin eingeschlossen wird. Der Vorsprung innerhalb des axialen Bündels ist von der globalen Fließfrontgeschwindigkeit abhängig und wird durch die Kapillarzahl beschrieben. Hieraus kann anhand des Volumens der Einheitszelle der Fehlstellengehalt nach Gleichung (76) ermittelt werden. Statistische Verteilungen der Fasern und Bündel sowie die oben beschriebenen sekundären Effekte, beispielsweise die Bildung von Poren über mehrere Faserlagen, können über einen spezifischen Gewebefaktor abgebildet werden. Dieser Faktor ist experimentell zu bestimmen.

$$V_{ls} = d_{\parallel}(Ca) \cdot b_{f_{\parallel}} \cdot h_{b_{\parallel}} \qquad Ca \leq Ca_{krit} \tag{75}$$

$$\varphi_{ls} = \frac{V_{ls} \cdot a_s}{V_{ges}} = \frac{V_{ls} \cdot a_s}{(b_{b\parallel} + b_{f\parallel})(b_{b\perp} + b_{f\parallel})(h_{b\parallel} + h_{f\parallel})} \tag{76}$$

V_{ls}	Luftvolumen der sphärischen Pore [m³]
$d_{\parallel}$	Fließfrontdifferenz axial [m]
$b_{f_{\parallel}}$	Fließspaltbreite axial [m]
$h_{b_{\parallel}}$	Bündelhöhe axial [m]
a_s	gewebespezifischer Anpassungsfaktor für die Entstehung sphärischer Fehlstellen [ ]
φ_{ls}	Porenvolumengehalt sphärischer Fehlstellen [%]

Der gewebespezifische Anpassungsfaktor ermöglicht es, die Ungenauigkeiten auszugleichen, die zwangsläufig durch die Modellierung entstehen. Ebenso können Effekte wie der Blasentransport und das Lösen der in der Blase enthaltenen Gase im Harz hier mit einfließen. Weiterhin bildet der Faktor Nebeneinflüsse wie die statistische Verteilung der Bündel und die daraus resultierenden Wahrscheinlichkeiten für einen vollständigen Einschluss in die Berechnung ab.

Die axiale Fließfrontdifferenz $d_{\parallel}$ wird vom Kapillardruck im orthogonal zur Fließrichtung liegenden Bündel bestimmt. Hier wird der Kapillardruck erzeugt, der beim Umfließen vorliegt. Dieser muss ausreichen, um mindestens einen Fließfrontvorsprung im orthogonalen Bündel von der halben axialen

Fließspaltbreite zu erzeugen. Je größer der darüber hinaus im axialen Bündel vorliegende Vorsprung ist, desto größer ist das eingeschlossene Luftvolumen. Der Fließfrontvorsprung im axialen Bündel ergibt sich aus dem Kapillardruck nach Gleichung (67) nach Abzug des Druckverlusts innerhalb der zu überbrückenden halben Fließspaltbreite. Für einen verbleibenden Kapillardruck $P_{c\parallel}$ von 0 liegt die kritische Kapillarzahl Ca_{krit} vor. Sie kann durch Umformung von Gleichung (77) für jedes Gewebe ermittelt werden.

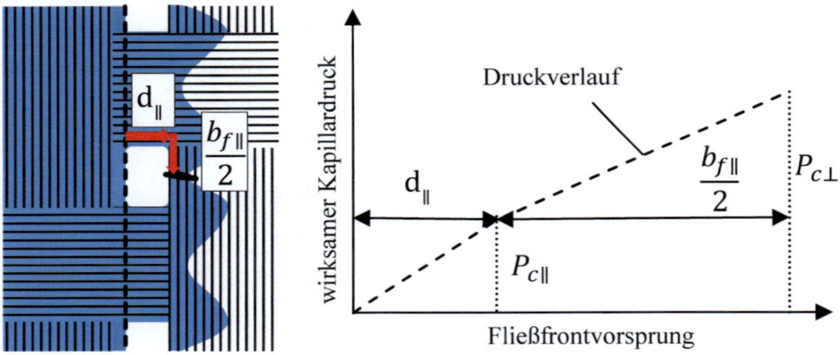

Abbildung 4-25 Vorauseilen der Fließfront und Kapillardruck bei der Entstehung sphärischer Fehlstellen

$$P_{c\parallel} = P_{c\perp}(\theta_a(Ca)) - \frac{b_{f_\parallel}\, v_x\, \eta\, (1-\varphi_{b\perp})}{2\, K_{\parallel\perp}} \quad (77)$$

$$d_\parallel = \frac{P_{c\parallel}\ K_{\parallel\parallel}}{v_x\, \eta\, (1-\varphi_{b\parallel})} \quad (78)$$

$P_{c\parallel}$	verbleibender Kapillardruck im axialen Bündel bei vollständigem Umfließen [Pa]
$P_{c\perp}$	Gesamtkapillardruck bei vollständigem Umfließen im orthogonalen Bündel [Pa]
$K_{\parallel\perp}/K_{\parallel\parallel}$	Permeabilität entlang der Faserrichtung im orthogonalen/axialen Bündel [m²]
$\varphi_{b\perp}/\varphi_{b\parallel}$	Faservolumengehalt entlang der Faserrichtung im orthogonalen/axialen Bündel [%]

Die Indizierung der Faktoren spiegelt die Ausrichtung der jeweiligen Bündel zur Fließrichtung wider. Dies gilt auch für die Permeabilität. Der erste Index spezifiziert die Ausrichtung zur Faserrichtung des betrachteten Bündels, während der zweite Index die Ausrichtung zur Fließfront wiedergibt. So können die Berechnungsformeln für Tränkungsvorgänge in Kett- und Schussrichtung gleichermaßen angewendet werden.

Eine Beispielrechnung für variierende Kapillarzahlen wurde durchgeführt. Dabei wurden die in Tabelle 4-2 beschriebenen Eigenschaften der Bündel eines generischen Gewebes verwendet. Die Permeabilitätsberechnung wurde nach GEBART durchgeführt. Die Ergebnisse sind in Abbildung 4-26 gezeigt. Hierbei wurde noch kein gewebespezifischer Anpassungsfaktor verwendet, da dieser experimentell zu bestimmen ist.

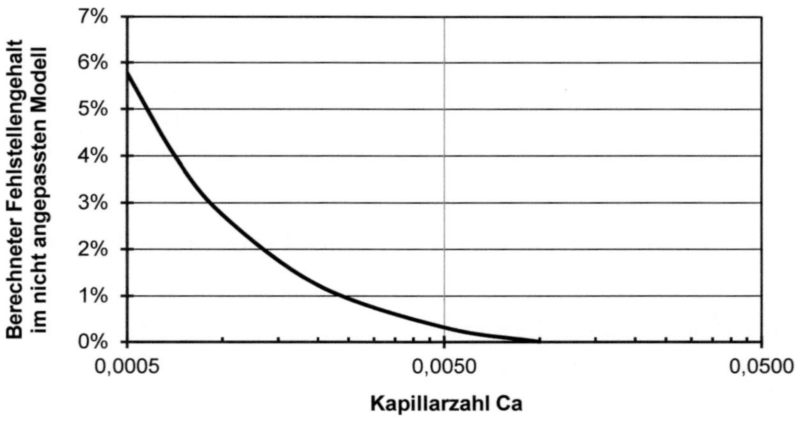

Abbildung 4-26 Berechneter Fehlstellengehalt für ein generisches Gewebe nach dem Modell für sphärische Fehlstellen ohne Anpassung an Messdaten

Die Beispielrechnung zeigt, dass sich ein spezifischer Verlauf des Fehlstellengehalts ermitteln lässt. Es ist eine klare Abhängigkeit von der Kapillarzahl gegeben. Der tränkungsgeschwindigkeitsabhängige Kapillareffekt spielt eine entscheidende Rolle. So ergibt sich ein nichtlinearer Verlauf, der die physikalischen Gegebenheiten abbilden kann. Für Kapillarzahlen gegen 0 steigt der Fehlstellengehalt auf nicht praxisnah hohe Werte an. Diese Werte werden jedoch nicht erreicht, da schon der Kapillardruck für einen stetigen Fließfrontfortschritt sorgt. Für höhere Kapillarzahlen ergibt das Modell einen Nulldurchgang des Fehlstellengehalts sphärischer Fehlstellen, was den praktischen Beobachtungen entspricht. Ein exaktes Abbild der tatsächlichen Vorgänge wird über eine Anpassung mit Hilfe des gewebespezifischen Anpassungsfaktors erzielt.

Der Nulldurchgang des Gehalts sphärischer Fehlstellen ist für jedes Gewebe spezifisch. Im betrachteten Fall liegt dieser bei ca. Ca=0,01. In Abhängigkeit von Oberflächeneigenschaften, Permeabilitäten und Bündelgeometrien ermöglicht die hier vorliegende Kapillarzahl einen Vergleich der Neigung der Gewebe zur Bildung sphärischer Fehlstellen. Weiterhin kann für größere Kapillarzahlen als diese spezifische Kapillarzahl die Entstehung sphärischer Fehlstellen theoretisch ausgeschlossen werden.

Es ist somit gelungen, ein Modell zu entwickeln, das den prinzipiell vorliegenden Verlauf des Fehlstellengehalts sphärischer Poren abbilden kann. Dieses muss jedoch noch anhand von Versuchen angepasst und die entsprechenden Anpassungsfaktoren gebildet werden.

4.3.2 Entstehungsmodell zylindrischer Poren in Fließrichtung

Die zylindrischen Poren in Fließrichtung treten in Folge des Umfließens von Teilbereichen innerhalb des Bündels auf. Ein hoher Faservolumengehalt nahe am maximalen Faservolumengehalt liegt hier häufig vor. Die Fasern sind axial zur makroskopischen Fließrichtung ausgerichtet. Wie in Kapitel 4.2.2 aufgezeigt, findet die Tränkung der Fasern vorwiegend über radiales Fließen statt. Dennoch liegt in der vereinfachten Modellvorstellung kein Zustand vor, in dem vergleichbar mit der Entstehung sphärischer Fehlstellen Luft eingeschlossen wird.

Grund hierfür ist, dass im vereinfachten Modell ein endloser Faserstrang aus parallel angeordneten Fasern vorliegt, der vom Fließkanal aus mit Harz benetzt wird. Ein stationärer Zustand entsteht, bei dem die Fasern vorwiegend radial getränkt werden. Aus der Überlagerung mit der konstanten makroskopischen Fließgeschwindigkeit entsteht ein stets im spitzen Winkel zur Faserrichtung bleibender Verlauf der Fließfront innerhalb des Bündels. Für einen

Einschluss ist es erforderlich, dass das Harz die im Bündel enthaltene Luft umschließt. Dies ist nach der vorliegenden Betrachtung im stationären Zustand nicht möglich.

Der Einschluss der Luft kann also ausschließlich aufgrund übergeordneter geometrischer Strukturen wie der Bündelanordnung in Form verschiedener Webarten und der daraus resultierenden Ondulation oder der statistischen Verteilung der Fasern innerhalb des Bündels ermöglicht werden. Dazu muss die Fließfront einen ungetränkten Teilbereich umfließen. Insbesondere die Ondulation erzeugt Bereiche unterschiedlicher Faservolumengehalte, sodass die prinzipiell innerhalb des Bündels homogene Fließfront in der Realität Inhomogenitäten aufweist.

Die Wirkung dieser Inhomogenitäten kann nicht exakt bestimmt werden. Jedoch ist anzunehmen, dass ein kleinerer Winkel der Fließfront zur Bündelachse zu einer höheren Wahrscheinlichkeit der Porenentstehung führt, da hier schon geringere Abweichungen von einer homogenen Fließfront zum Umfließen führen können. Der Winkel der Fließfront zur Faserachse ist in Abbildung 4-27 skizziert. Der Winkel ergibt sich aus der Differenz der Fließfront Δx innerhalb des Bündels in axialer Richtung sowie dem Bündelradius r_b. Je spitzer die Fließfronten innerhalb des Bündels aufeinandertreffen, desto eher kann Luft zwischen den Fronten umflossen werden.

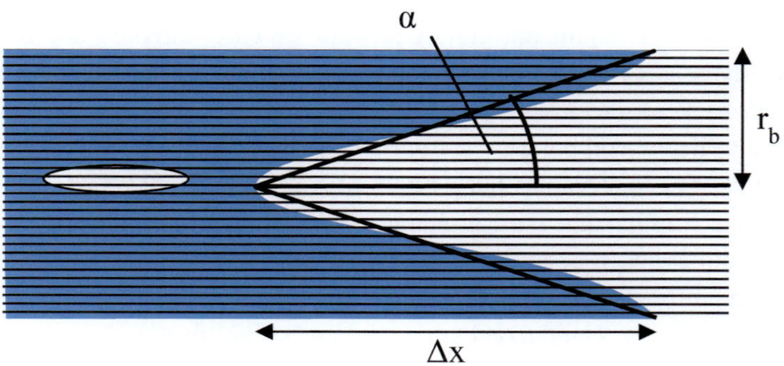

Abbildung 4-27 Winkel zwischen Fließfront im Bündel und Faserrichtung als Maß für die Entstehung zylindrischer Fehlstellen bei axialer Tränkung

Es handelt sich somit zwar um einen Prozess, der ausschließlich aufgrund statistischer Faserverteilungen stattfindet, jedoch steigt die Auftrittswahrscheinlichkeit in Abhängigkeit der Prozessbedingungen. Bei einer höheren Fließgeschwindigkeit tritt ein spitzerer Winkel auf, der wiederum zur Porenentstehung führt. Bei niedrigen globalen Fließfrontgeschwindigkeiten stellt sich ein stumpferer Winkel ein, bei dem die Inhomogenitäten nicht stark ausgeprägt sind, dass keine, oder nur sehr wenige, Fehlstellen erzeugt werden.

Der in Abbildung 4-28 dargestellte Verlauf des Fließfrontwinkels innerhalb des Schussbündels des generischen Gewebes zeigt, dass insbesondere ab einer hohen Kapillarzahl >0,1 ein sehr spitzer Winkel vorliegt, bei dem mit hoher Fehlstellenentstehung innerhalb des axialen Bündels zu rechnen ist. In diesem Bereich wird das Bündelinnere erst mit großer Zeitverzögerung benetzt, sodass mit hoher Wahrscheinlichkeit mit dem Einschluss von Luft zu rechnen ist.

Der Winkel für große Kapillarzahlen ist charakteristisch für jedes Halbzeug, ebenso der Tangens dieses Winkels, der sich aufgrund der Dimensionslosigkeit besser für weitere Berechnungen eignet. Aufgrund des hier bereits stark negativen Einflusses des Kapillareffekts, hängt der Fließwinkel maßgeblich von der Permeabilität orthogonal zur Faserrichtung innerhalb des Bündels sowie dem dynamischen Kontaktwinkel ab. Der Fließfrontwinkel für einen Vergleichswert ist somit ein einfaches Maß zum Beschreiben des Benetzungsverhaltens. Er ist ein von allen relevanten Parametern abhängiger Kennwert, der zum Vergleich von Harz-Preform-Systemen herangezogen werden kann. Der Fließwinkel bei $Ca = 0{,}1$ wird daher hier als eine geeignete Kennzahl für die Fehlstellenentstehung bei axialer Tränkung angenommen. Eine derart hohe Kapillarzahl wird in einem realen Prozess in der Regel nur in kleinen Teilbereichen in der Nähe des Angusses erreicht, sodass dieser Wert als minimal erreichbarer Winkel angenommen werden kann. Bei einer weiteren Erhöhung der Kapillarzahl wäre mit keiner signifikanten Verringerung des Winkels mehr zu rechnen. Die Kennzahl ist somit maßgeblich von den eingesetzten Faserbündeln abhängig.

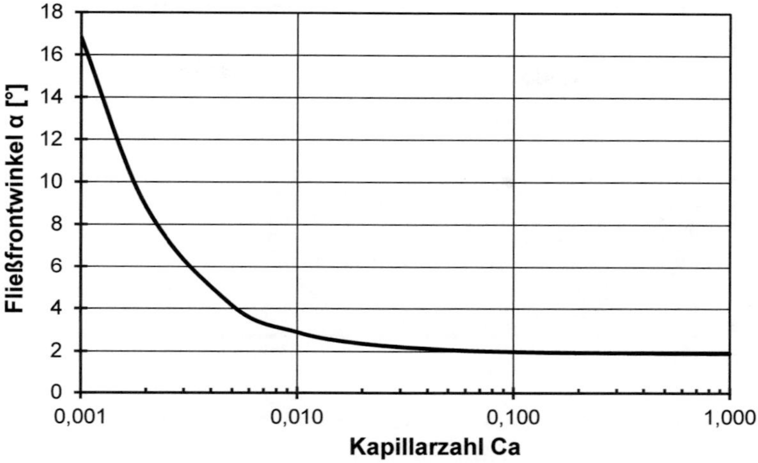

Abbildung 4-28 Fließfrontwinkel innerhalb des Bündels bei axialer Anströmung am Beispiels des Schussbündels des generisches Gewebes

Die Entstehung zylindrischer Fehlstellen nach diesem Modell kann ausschließlich im Harzbereich innerhalb des längs der Fließrichtung angeordneten Bündels stattfinden. Dieser befindet sich zwischen den eng nebeneinanderliegenden Fasern. Bei vollständiger Nicht-Benetzung des Bündels liegt der maximale Fehlstellengehalt zylindrischer Fehlstellen im Bündel vor. Der Fehlstellengehalt entspräche dann dem Anteil der Luft innerhalb des Bündels am Gesamtvolumen. Je nach dem Anteil des Bündels am Gesamtverbund sowie dem Bündelfaservolumengehalt können so unterschiedlich hohe Fehlstellengehalte entstehen. Der maximal mögliche Fehlstellengehalt innerhalb des Bündels ist zudem ein fester Oberwert, der nicht überschritten werden kann. Die Ermittlung dieses maximalen Fehlstellengehalts innerhalb des Bündels erfolgt anhand einer zweidimensionalen Betrachtung in Form eines Schnitts quer durch das Bündel, der in Abbildung 4-29 aufgezeigt wird. Hier wird ausschließlich das betrachtete Bündel dargestellt, daneben liegt noch das damit verwobene Bündel vor, das orthogonal zum betrachteten Bündel ausgerichtet ist. Erfasst werden jedoch ausschließlich die Fehlstellen innerhalb des betrachteten Bündels.

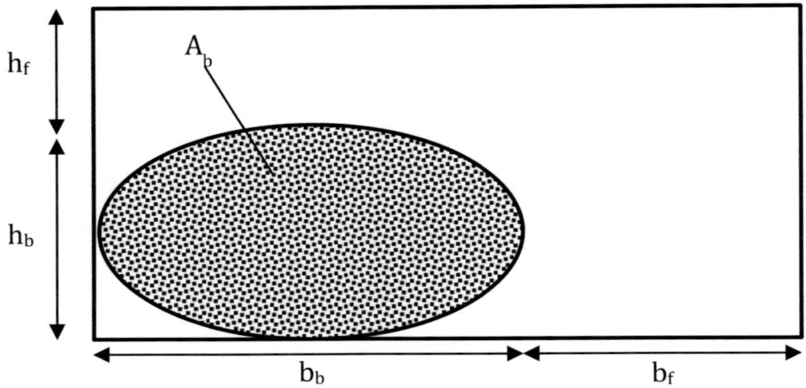

Abbildung 4-29 Bestimmung des maximalen Fehlstellengehalts mit Hilfe eines 2D-Schnitts

Es wird von einem endlos langen Bündel ausgegangen. Die zur Berechnung herangezogenen geometrischen Größen wurden in Kapitel 4.1.3 vorgestellt. Die Berechnung des maximalen Gehalts zylindrischer Poren in Fließrichtung erfolgt nach Gleichung (79). In den beiden Fadenrichtungen jedes Gewebes ergibt sich ein spezifisches Maximum. Für das hier betrachtete generische Gewebe in Schussrichtung wird ein Wert von 11,7% errechnet.

$$\varphi_{l_{z\|max}} = \frac{A_b(1-\varphi_{b\|})}{(b_b+b_f)(h_b+h_f)} \tag{79}$$

$\varphi_{lz\|max}$ maximaler Gehalt zylindrischer Poren in Fließrichtung [%]

Wie beschrieben werden die Poren nicht nach einem geometrischen Muster erzeugt. Deshalb kann keine direkte Berechnungsmethodik für den Porenvolumengehalt abgeleitet werden. Es ist jedoch möglich, eine Vergleichsgröße für die Gewebe zu bilden. Hierzu wird das Produkt aus dem Tangens des Fließwinkels sowie dem maximalen Fehlstellengehalt nach Gleichung (80) gebildet. Dieses Produkt ist charakteristisch und beinhaltet die Erkenntnisse aus der Bündeltränkung unter Nutzung dynamischer Oberflächeneffekte. Für das generische Gewebe in Schussrichtung ergeben sich beispielsweise 0,41%. Es handelt sich hierbei nicht um ein Modell, sondern zunächst um eine Kennzahl, die die wesentlichen Einflussfaktoren auf die Entstehung zylindrischer Poren in Fließrichtung abbildet.

Das Modell der Fehlstellenentstehung kann anhand der Validierungsversuche vervollständigt werden, indem entsprechende Anpassungsfaktoren angewendet werden. Die Berechnung des erwarteten Porenvolumengehalts im Bündel erfolgt daher direkt anhand der Einflussfaktoren aus Prozess und Geometrie.

$$P = \tan\alpha \cdot \varphi_{lz\parallel_{max}} \tag{80}$$

$$\varphi_{l_{z\parallel}} = f(\,Ca, P, \ldots) \tag{81}$$

P	Produkt aus Fließwinkel $\tan\alpha(\mathrm{Ca}=0{,}1)$ und maximalem Fehlstellengehalt [%]
$\varphi_{lz\parallel}$	Porenvolumengehalt der zylindrischen Poren axial zur Fließrichtung [%]

Die Prozessbedingungen und Nebeneinflüsse wie die Ondulation sowie der hier bereits besprochene Winkel der Fließfront werden anhand von Prozessversuchen bestimmt und ergeben das vollständige Modell. Dieses soll für künftige Betrachtungen eine Abschätzung des Fehlstellengehalts ohne weitere Prozessversuche, sondern ausschließlich anhand von Material- und Prozessparametern ermöglichen.

4.3.3 Entstehungsmodell zylindrischer Poren orthogonal zur Fließrichtung

Die Porenentstehung orthogonal zur Fließrichtung kann anhand des während des Umfließvorgangs umschlossenen Luftvolumens erfolgen. Die große Differenz zwischen Bündel- und Gesamtpermeabilität in radialer Richtung erwirkt auch für kleine Kapillarzahlen eine verlangsamte Tränkung des Bündels. Der Kapillareffekt, der in radialer Richtung verglichen mit der axialen Richtung nur die halbe Stärke aufweist, kann diese Differenz in der Regel nur unzureichend ausgleichen. So wird das Bündel in Abhängigkeit von Geometrie, Prozessparameter und Werkstoffen theoretisch zunächst nur teilgesättigt.

In Kapitel 4.2.4 wurde gezeigt, dass das umflossene Luftvolumen anhand des beim Einschluss vorliegenden mittleren Radius bestimmt werden kann. Dieses Luftvolumen liegt nach der Aushärtung als Pore vor. Auch hier sind statistische Effekte zu berücksichtigen. Ein vollständiger Einschluss liegt erst vor, wenn keine Verbindung des Bündelinneren zum noch ungesättigten Bereich der Kavität mehr vorhanden ist. Hierzu muss das Bündel auf ganzer Länge umflossen sein oder entlang des Bündels ein abgeschlossener vollständig getränkter Querschnitt vorliegen, der die Luft ebenso räumlich eingrenzt. Daher wird hier vereinfacht die vierfache Umfließzeit als Grundlage der Berechnung gewählt. In dieser Zeit ist die makroskopische Fließfront bereits über die benachbarten Bündel geflossen, sodass ein Lufteinschluss mit hoher Wahrscheinlichkeit stattgefunden hat und die Luft nicht mehr aus dem Bündel entweicht. Die tatsächliche Umfließzeit kann nicht direkt bestimmt werden. Im Rahmen der Validierung findet jedoch eine Anpassung auf die tatsächlich vorliegenden Verhältnisse statt. Eine Änderung des kapillarzahlabhängigen Verhaltens für das validierte Modell wird hier nicht erwartet. Der definierte Schätzwert soll zunächst nachvollziehbare Ergebnisse liefern, die im Bereich der erwarteten Fehlstellengehalte liegen.

Der maximale Luftgehalt und somit der maximal mögliche Gehalt an zylindrischen Poren orthogonal zur Fließrichtung wird erreicht, wenn das gesamte Bündel nicht getränkt ist. Auch hier liegt ein maximaler Porenvolumengehalt vor, der sich anhand des Anteils des freien Volumens innerhalb des Bündels am Gesamtvolumen einer Einheitszelle nach Gleichung (82) errechnet. Für das generische Gewebe bei Benetzung in Schussrichtung sind hier die Bündel in Kettrichtung relevant. Es ergibt sich ein maximaler Porengehalt von 10%.

$$\varphi_{l_{z\perp max}} = \frac{A_b(1-\varphi_{b\perp})}{\left(b_{b_\perp} + b_{f_\perp}\right)\left(h_{b_\perp} + h_{f_\perp}\right)} \tag{82}$$

$\varphi_{lz\perp max}$ maximaler Gehalt zylindrischer Poren orthogonal zur Fließrichtung [%]

Ebenso wie bei sphärischen Poren kann anhand des Tränkungsmodells eine Grundgeometrie der Pore bestimmt werden, die in direkter Abhängigkeit der bekannten Faktoren entsteht. Diese Grundgeometrie ist der kritische Radius bei vollständigem Umfließen der Luft im Bündel. Aufgrund der als vereinfacht als zylindrisch betrachteten Geometrie des Bündels wird der Porenvolumenanteil ebenfalls anhand einer Flächenbetrachtung des Schnitts bestimmt. Ausgehend von dieser Geometrie treten statistisch bedingte Abweichungen auf, die in der Regel zu einer Verringerung des Porenvolumens führen. Diese Abweichungen fließen in die Berechnung des gewebespezifischen Anpassungsfaktors ein. Auch geometrische Einflussfaktoren können so abgebildet werden.

$$\varphi_{l_{z\perp}} = \frac{r_{krit}^2}{r_b^2} \varphi_{l_{z\perp max}} \cdot a_\perp \tag{83}$$

$\varphi_{lz\perp}$ Porenvolumengehalt der zylindrischen Poren orthogonal zur Fließrichtung [%]

$a_\perp$ gewebespezifischer Anpassungsfaktor zylindrischer Poren orthogonal zur Fließrichtung [ ]

Eine Bestimmung der quantitativen Einflüsse der Faktoren wird mit Hilfe von Prozessversuchen realisiert. Ebenso werden auch die gewebespezifischen Anpassungsfaktoren bestimmt, sodass auch hier eine allgemeine Betrachtung ermöglicht wird.

Die Berechnung des Porenvolumenanteils nach Gleichung (83) ist in Abbildung 4-30 für die Benetzung in Schussrichtung durchgeführt worden. Hierbei wurde noch kein gewebespezifischer Anpassungsfaktor zu Grunde gelegt. Hier ist ersichtlich, dass ein starker Anstieg des Porenvolumengehalts zwischen Ca = 0,001 und Ca = 0,1 stattfindet. Bei größeren Kapillarzahlen steigt der Fehlstellengehalt nur noch vermindert an. Es wird somit eine leicht S-förmige Kurve gebildet, die sich dem maximalen Fehlstellengehalt asymptotisch nähert.

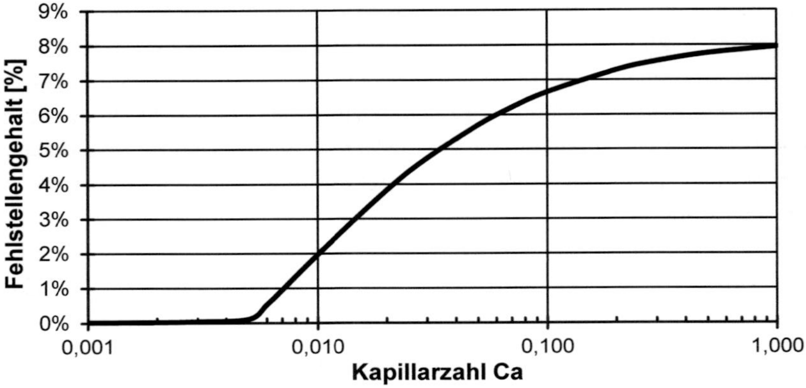

Abbildung 4-30 Gehalt zylindrischer Fehlstellen orthogonal zur Fließrichtung für die Schussrichtung des generischen Gewebes

Der Verlauf wird durch die Nutzung des gewebespezifischen Anpassungsfaktors entlang der Fehlstellengehaltachse gestreckt, sodass sich die charakteristischen Punkte sowie der Verlauf aus dem Modell ergeben. Lediglich die absolute Höhe des Fehlstellengehalts, die von weiteren Einflüssen wie unvollständige Umschließungen oder das im Harz in Lösung gehen der Luft beeinflusst wird, wird angepasst.

5 Experimentelles Vorgehen zur Validierung der Modelle

In den präsentierten Modellvorstellungen wurden stets vereinfachende Annahmen getroffen, die eine analytische Berechnung sowie einen Vergleich anhand von Kennzahlen erlauben. Die in Kapitel 4 aufgestellten Modelle zur Bündeltränkung und Fehlstellenentstehung sollen daher anhand von Experimenten in einem dem Anwendungsfall nahen System validiert werden. Die Untersuchungen sollen zeigen, ob die Modellvorstellungen in der Lage sind, reale Injektionsvorgänge effektiv zu beschreiben. Hierzu wird zunächst ein geeignetes Untersuchungssystem definiert und es finden umfangreiche Untersuchungen der eingesetzten Werkstoffe und Halbzeuge statt. Anhand der Ergebnisse werden Anpassungsfaktoren gebildet, mit deren Hilfe die Modelle auf die vorliegenden und künftigen Eingangsparameter angepasst werden können. So entstehen übertragbare Modelle, die zur Optimierung des RTM-Prozesses eingesetzt werden können.

5.1 Definition des Untersuchungssystems und Analyse der eingesetzten Werkstoffe

5.1.1 Fließfronterfassung im Glaswerkzeug

Die praktischen Untersuchungen erfordern zunächst die Auswahl eines Verarbeitungssystems, mit dem in einer produktionsnahen Umgebung der RTM-Prozess ablaufen kann. So werden eine hohe Reproduzierbarkeit sowie die Anwendbarkeit der Erkenntnisse sichergestellt. Gleichzeitig muss die Messbarkeit wichtiger Prozesskenngrößen wie der Fließfrontgeschwindigkeit bedacht werden. Als Untersuchungssystem wurde eine quadratische Geometrie ausgewählt, die, wie in Abbildung 5-1 skizziert, über einen mittig platzierten Anguss gefüllt wird. Die mittige Anordnung stellt eine freie Fließfrontausprägung ohne Einflüsse des Formrands sicher. In zwei gegenüberliegenden Ecken der Kavität sind Steiger vorgesehen, aus denen die verdrängte Luft entweichen kann.

Die Dicke des Bauteils ist variabel, sodass bei unterschiedlichen Preformkonfigurationen bei gleicher Schließkraft ähnliche Faservolumengehalte erzeugt werden können. Es wurde daher ein Tauchkantenwerkzeug verwendet, das über einen umlaufenden O-Ring abgedichtet wird. Die Erfassung der Fließfrontgeschwindigkeit wird über einen 19 mm dicken Glaseinsatz ermöglicht. Durch diesen Einsatz kann der makroskopische Fließfrontverlauf mit Hilfe einer HD-Kamera mit einer Auflösung von 1080p aufgezeichnet werden. Als Referenz wurde ein Maßstab auf die Glasplatte aufgebracht, der eine Verfolgung des Fließfrontfortschritts ermöglicht. So soll die Messabweichung auf unter 0,5 mm begrenzt werden.

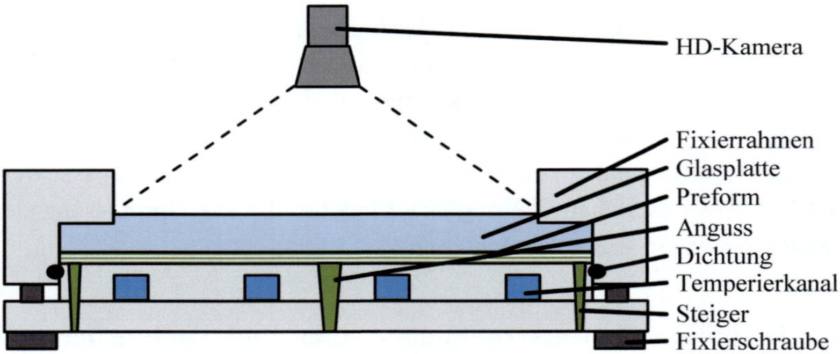

Abbildung 5-1 Versuchsaufbau zur Ermittlung der Fließeigenschaften verschiedener Preformkonfigurationen

Auf eine zusätzliche Stützung der Glasplatte wurde aufgrund zu erwartender Einschränkungen bei der Erfassung der Fließfront verzichtet. Eine FEM-basierte Berechnung zeigt bei einem homogenen Forminnendruck von 6 bar eine Aufbiegung von 0,23 mm. Dieser Wert wird während der im Fokus stehenden Injektionsphase nicht erreicht, sodass von einer homogenen Höhenverteilung ausgegangen werden kann. Die Zuhaltekraft wird über einen mittels Schrauben befestigten Rahmen aufgebracht, der die Glasplatte umschließt. Das Versuchswerkzeug kann so außerhalb einer Presse eingesetzt werden, was auch die Erfassung mittels Kamera ermöglicht.

Als Harzsystem wird das aus Kapitel 4.1.1 bekannte RIM135 mit dem Härter RIMH134 ausgewählt. Die Temperierung des Werkzeugs geschieht über einen mäandrierenden Kanal, der auf der Angussseite aufgebracht ist. Die Temperatur wird über ein mit Wasser betriebenes Temperiergerät geregelt. Die Temperatur wurde in Hinblick auf eine möglichst geringe Viskositätsabweichung während der Injektionsphase auf 40°C festgelegt. So können stärkere Einflüsse der Exothermie während der Reaktion auf die Viskosität ausgeschlossen werden. Die Nutzung einer Wassertemperierung in Verbindung mit einem Aluminiumgrundkörper stellt eine gleichmäßige Temperaturverteilung und somit die isotherme Prozessführung über die gesamte Bauteilfläche sicher. Das Werkzeug wird vor den Versuchen vorgeheizt, bis Vor- und Rücklauftemperaturen sich angeglichen haben. Aufgrund der geringen Harzmasse und der langsamen Injektion wird in Folge der Harzinjektion mit Temperaturabweichungen unter 1 K gerechnet. Die Temperatur kann somit als isotherm angenommen werden.

Die Abschätzung der Viskosität ist für die Auswertung der Injektionsversuche erforderlich, um den aktuell vorliegenden Prozesszustand an der Fließfront zu beschreiben. Im für die Messungen relevanten Anfangsbereich der Injektionskurve liegt mit einer Viskosität von ca. 150 mPas ein typischer Fließwiderstand vor. Die Injektionsphase soll den Bereich von 10 Minuten nicht überschreiten, sodass von nahezu konstanten Bedingungen ausgegangen werden kann. Die bei der Approximation ermittelten Modellparameter für 40°C sind in Tabelle 5-1 zusammengefasst.

Tabelle 5-1 Berechnungsparameter für die zeitabhängige Viskosität nach dem Weibull-Modell

Modellparameter Weibull-Modell bei 40°C			
η_0	η_∞	λ	k
0,148 Pas	900 kPas	$5{,}97 \cdot 10^{-4} s^{-1}$	3,20

Die Injektion wird über eine druckgesteuerte Injektionsanlage mit Kolbenpumpen realisiert. Der Injektionsdruck kann variabel in einem Bereich zwischen 0 und 10 bar eingestellt werden. Im Rahmen der Versuche wird der Bereich 0,5 bis 4 bar genutzt. Die Mischung der Komponenten findet in einem statischen Mischer statt. Über einen gewebeverstärkten Schlauch gelangt das Harz-Härter-Gemisch in die Kavität, wo es die Fasern benetzt. Es findet eine druckkonstante Injektion statt, die zu einer nach außen hin kontinuierlich abnehmenden Fließfrontgeschwindigkeit führt. Somit wird ermöglicht, den Transport von Luftblasen in Fließrichtung auszuschließen, was zu einer Verfälschung des Ergebnisses führen könnte [FLJ07] [ShL02] [KaK04]. Ebenso wird auf einen Nachdruck verzichtet, der neben dem Blasentransport eine Kompression [YaM07] zur Folge hätte, was ebenso auf das Ergebnis einwirken würde. Diese Maßnahmen ermöglichen eine gezielte Untersuchung der Fehlstellenentstehung.

Ziel der Versuche ist die anwendungsnahe Darstellung verschiedener Prozesszustände. Das gilt insbesondere für die Fließfrontgeschwindigkeit, die sich während der druckgesteuerten Injektion um mehrere Größenordnungen ändern kann. Deshalb wurde ein zweidimensionaler Fließfrontverlauf gewählt, der einen großen Fließgeschwindigkeitsbereich während der Injektion umfasst. Weiterhin können so Differenzen zwischen den Hauptrichtungen der anisotropen Faserverstärkungen detektiert werden.

5.1.2 Auswahl der Faserhalbzeuge

Die in den Untersuchungen verwendeten Faserhalbzeuge werden so ausgewählt, dass der Vergleich einzelner Einflussfaktoren möglich ist. Hierzu müssen die Parameter, die verglichen werden, unabhängig voneinander variierbar sein. Da die Konfiguration der Halbzeuge vom Hersteller vorgenommen wird und für die Versuche nicht variiert werden kann, muss eine gezielte Auswahl der Halbzeuge erfolgen. Nur durch eine voneinander unabhängige Variation der Halbzeugparameter können allgemeingültige Aussagen erarbeitet werden. Ziel der Variation ist es, unterschiedliche geometrische Verhältnisse auf mesoskopischer Ebene untersuchen zu können.

Die verwendeten Halbzeuge sollen aufgrund der vereinfachten optischen Analysemöglichkeiten grundlegend Glasfasergewebe sein, die aus dem gleichen Fasertyp bestehen. Dazu wurden Fasern aus E-Glas mit 9 μm Durchmesser ausgewählt. Die Gewebe sollen zudem keine dominierende Vorzugsrichtung der Verstärkungswirkung aufweisen. Eine gleich hohe Anzahl von Fasern in Kett- und Schussrichtung wird angestrebt. Die Probeplattendicke soll für alle Flächengewichte zwischen 1,5 und 2 mm betragen.

Die für die Fehlstellenentstehung maßgebliche Bündeltränkung soll im Fokus der Untersuchungen stehen. Die Auswahl der Faktoren erfolgt daher anhand der zu erwartenden Einflüsse auf die dabei wirksamen Tränkungsvorgänge. Weiterhin ist angestrebt, eine Beschränkung auf konventionell verfügbare Faktorkombinationen vorzunehmen. Das bedeutet, dass verschiedene Faserhalbzeuge mit gleichem Fasertyp, jedoch unterschiedlichen Konfigurationen verfügbar sein müssen. Als variable Faktoren wurden die Webart, das Flächengewicht sowie die Beschichtung der Fasern ausgewählt. Die unabhängige Variation dieser Faktoren war mit Geweben des Herstellers PD-Interglas möglich.

Die Webart beeinflusst maßgeblich die Ondulation der Faserbündel. Weiterhin wird aufgrund der unterschiedlichen Kreuzungspunktdichte, der Flottierung, eine variierende Interaktion zwischen den Bündeln unterschiedlicher Richtung erwartet. Das kann beispielsweise zu erhöhten Faservolumengehalten in den Bündeln führen oder die Geometrie der Bündel beeinflussen. Die am häufigsten eingesetzten Webarten sind die Leinwand- und die Köperbindung, die daher auch hier untersucht werden.

Die Bündelgröße hängt vom vorliegenden Flächengewicht des Halbzeugs ab. Bei größerem Flächengewicht liegen in der Regel größere Bündel vor. Bei gleichbleibender Kett- und Schusszahl wirkt sich eine Erhöhung des Flächengewichts direkt auf die Dicke des Bündels aus. Die ausgewählten Flächengewichtsstufen sind 163 g/m², 280 g/m² sowie 390 g/m². Die entsprechenden Lagenanzahlen für den angestrebten Faservolumengehalt von ca. 45% und einer Plattenstärke von ca. 1,75 mm ergeben sich nach Gleichung (84) und anschließender Rundung auf ganze Zahlen. Die entsprechenden Lagenanzahlen für die drei Flächengewichte betragen demnach 13, 7 und 5.

$$n = \frac{\rho_f \, \varphi_f \, t}{m_{fg}} \tag{84}$$

n	Lagenanzahl [ ]
t	Plattenstärke [m]
m_{fg}	Flächengewicht der Halbzeuge [kg/m²]

Die Fasern werden im Anschluss an die Verarbeitung zu Halbzeugen häufig mit einem Finish benetzt, das eine verbesserte Haftfestigkeit erzeugen soll

[AVK13]. Hierzu werden verschiedene funktionelle Gruppen aufgebracht, die chemisch oder physikalisch mit den Harzen in Interaktion treten. So wird neben der Adhäsion auch die Benetzbarkeit gesteuert. Die genaue Zusammensetzung der Finishs wird von den Herstellern unter Verschluss gehalten. Die Finishs beinhalten verschiedene Silane wie Aminosilane und Epoxysilane, aber auch Chromkomplexe [SDG67]. Dieser Umstand soll gezielt untersucht werden, sodass die Auswirkungen auf die Fehlstellenentstehung genauer beschrieben werden können. Aus diesem Grund werden Fasern mit zwei verschiedenen Finishs ausgewählt, die in der Industrie zum Einsatz kommen. Zum einen handelt es sich um Fasern, die mit einem chromhaltigen Finish (FK144) beschichtet sind. Der zweite Finishtyp kommt ohne Chrom aus und besteht vorwiegend aus Aminosilanen (FK800) [PDI14].

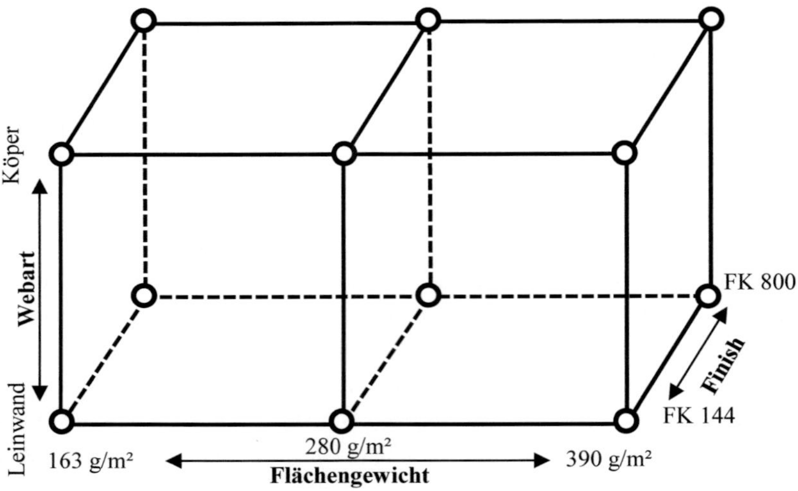

Abbildung 5-2 Auswahl der Faserhalbzeuge der Untersuchungen

Die Gesamtheit der Faktoren ergibt einen Versuchsraum, dessen Eckpunkte voneinander gänzlich unabhängige Faktorstufen darstellen. Ergebnisunterschiede können so eindeutig der Variation eines einzelnen Faktors zugeschrieben werden. Zudem ist es möglich, Aussagen über die dazwischenliegenden Bereiche zu treffen und so allgemeingültige Aussagen zu ermöglichen. Der so aufgespannte Versuchsraum ist in Abbildung 5-2 dargestellt. Es ist ersichtlich, dass so 12 verschiedene Kombinationen der Halbzeugeigenschaften geprüft werden können.

Der aufgespannte Versuchsraum steht repräsentativ für die in der Industrie verwendeten Gewebetypen. So können die hier ermittelten Sachverhalte direkt übertragen werden. Ziel der Versuche mit den hier vorliegenden Gewebetypen ist es, die zu entwickelnden Modelle für die Fehlstellenentstehung zu validieren und gegebenenfalls anzupassen. Die Einflüsse der Faktoren Webart, Flächengewicht und Finish sollen aufgezeigt werden. So können die Effekte der in bisherigen Untersuchungen nicht im Fokus stehenden geometrischen Verhältnisse auf mesoskopischer Ebene sowie der Oberflächeneigenschaften aufgezeigt werden. Die Geometrie auf mesoskopischer Ebene wird von den hier variierten Faktoren vorgegeben. Daher erfolgt zunächst eine vertiefte Betrachtung der textilen Eigenschaften auf mesoskopischer Ebene, die mit der Variation dieser Parameter geändert werden. Für die Simulation der Injektionsphase ist zudem die makroskopische Permeabilität eine entscheidende Kenngröße, die experimentell bestimmt werden muss. Permeabilitätsdifferenzen sind maßgeblich in der mesoskopischen Konfiguration wie unterschiedlichen Abständen zwischen den Faserbündeln begründet.

5.1.3 Analyse der eingesetzten Halbzeuge

5.1.3.1 Gewebekonfiguration

In einem ersten Schritt werden die sekundären Parameter der Gewebe betrachtet. Diese beschreiben die Eingangsgrößen für die Webprozesse, aus denen die späteren Kenngrößen wie das Flächengewicht hervorgehen. Sie sind daher für Anordnung der Bündel auf mesoskopischer Ebene von großer Bedeutung. Die im Versuchsumfang auftretende Feinheit der Bündel und die Fadendichte der Gewebe sind in Abbildung 5-3 zusammengestellt. Die im Gewebe miteinander verwebten Bündel werden dabei getrennt betrachtet. Der Kettfaden bezeichnet den Faden, der während des Webvorgangs auf- und ab bewegt wird, während der Schussfaden zwischen die sich ergebenden Spalte geschossen wird. Die sich hierbei ergebenden Kreuzungspunkte erzeugen den Halt zwischen den Bündeln.

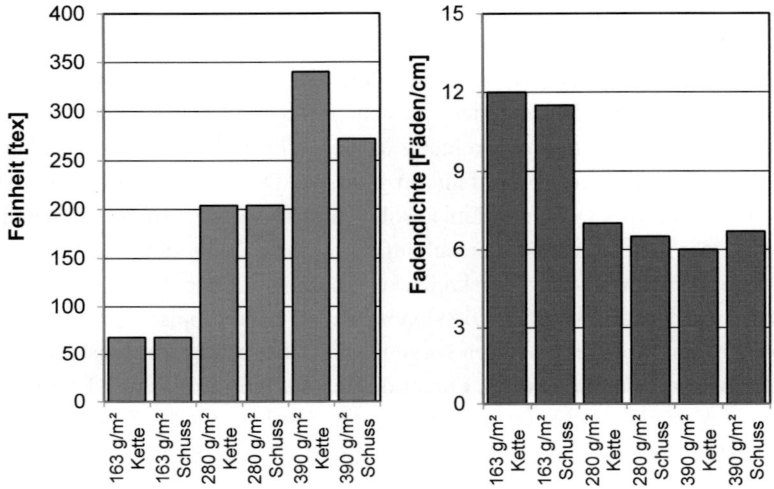

Abbildung 5-3 Feinheit der in den Geweben verwendeten Fäden (links) und Fadendichten (rechts) jeweils in Kett- und Schussrichtung für die untersuchten Gewebe verschiedener Flächengewichte

Die Herstellerangaben zur Gewebekonfiguration zeigen, dass die Feinheit der verwendeten Bündel bei steigendem Flächengewicht ansteigt. Dies gilt für beide Webarten gleichermaßen. Die Feinheit der Bündel wird in tex angegeben, was Gramm pro Kilometer entspricht. Bei den Geweben mit 163 g/m² liegen somit in beiden Richtungen 68 g/km je Faden vor. Die Gewebe mit 280 g/m² weisen eine Differenz zwischen Kett- und Schussfaden auf, da hier zwar mit jeweils 204 tex gleiche Feinheiten vorliegen, sich dieses beim Schuss aber aus 3 gemeinsam verarbeiteten Fäden mit je 68 tex zusammensetzt. Hieraus können sich unterschiedliche Bündelgeometrien ergeben. Das 390 g/m²-Gewebe weist eine Differenz von 68 tex zwischen Kett- und Schussrichtung auf, wobei hier die Schussrichtung kleiner ausgeführt ist. Der Kettfaden besteht aus 5 Einzelfäden mit ebenfalls 68 tex. Die Feinheit bestimmt die Bündelfläche, bzw. die Abmaße der Bündel.

Gleichzeitig sinkt die Fadendichte bei steigendem Flächengewicht für beide Webarten. Die Fadendichte sinkt jedoch nicht in gleichem Maß wie die Feinheit, sodass sich das höhere Flächengewicht ergibt. Die Fadendichte ist für Kette und Schuss nicht gleich. Bei 163 g/m² und 280 g/m² ist diese in Kettrichtung um jeweils 0,5 Fäden/cm höher. Für 390 g/m² ist hingegen die Schussrichtung um 0,7 Fäden/cm dichter angeordnet. Der Vergleich der in Abbildung 5-4 dargestellten Filamentdichte ergibt ein genaueres Bild.

Zwischen Kette und Schuss liegen für alle Gewebe leicht unterschiedliche Filamentdichten vor. Die Gewebe sind demnach nicht symmetrisch, was sich auf die mechanische Festigkeit und für die Verarbeitung auf die Permeabilitätsverhältnisse zwischen Kett- und Schussrichtung auswirkt. Eine verringerte Permeabilität in Schussrichtung ist aufgrund der höheren Filamentdichte quer zu dieser Fließrichtung zu erwarten.

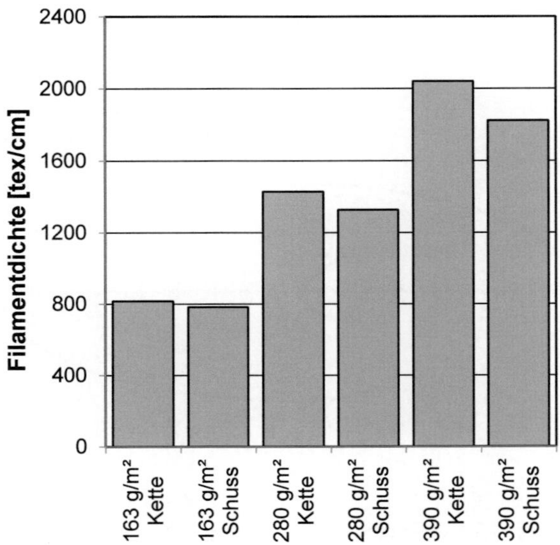

Abbildung 5-4 Filamentdichte der untersuchten Gewebe nach Kette und Schuss

5.1.3.2 Permeabilitätsmessung

Die Bestimmung der Permeabilität findet anhand von Injektionsversuchen bei konstantem Injektionsdruck statt, bei denen der Fließfrontfortschritt mittels HD-Kamera aufgezeichnet wird. Als Druckstufen werden 0,5 bar, 1 bar, 2 bar, 3 bar und 4 bar gewählt. So können für die Hauptachsen Weg-Zeit-Diagramme bestimmt werden. Die Zeitdokumentation erfolgt immer, wenn die Fließfront eine der Fließmarkierungen berührt. Wie in Abbildung 5-5 gezeigt, erfolgt die Messung je Hauptachse sowohl in positiver als auch in negativer Richtung. So können leichte Differenzen aufgrund unzureichender Parallelität und statistischer Faserverteilung ausgeglichen und die Datengrundlage verbreitert werden. Die Permeabilitätsermittlung erfolgt bei ungesättigtem Fließen. Die zu erwartende Differenz zwischen einer Messung bei vollständiger Benetzung und bei erstmaliger Benetzung liegt bei unter 3%, was in Anbetracht der Tatsache, dass sich die Permeabilität im Bereich mehrerer Größenordnungen bewegt, als ausreichend erachtet werden kann [LKK97].

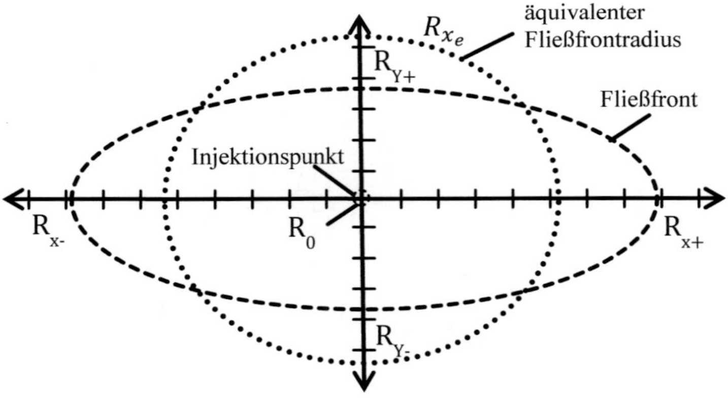

Abbildung 5-5 Bestimmung der Halbachsen R_x und R_y aus der Fließfrontmessung im Glaswerkzeug sowie Bildung des äquivalenten Fließfrontradius

Eine zwingende Voraussetzung für die Nutzung der hier angewendeten Messmethode ist die Übereinstimmung des Permeabilitätstensors mit dem gewählten Koordinatensystem [ChH91]. Die Hauptausdehnungsrichtungen der Fließellipsen müssen kongruent mit dem Koordinatensystem sein. Die Kettrichtung des Gewebes wird für alle Lagen stets in x-Richtung eingelegt. Weiterhin muss die zur Bestimmung genutzte Flüssigkeit newtonsches Verhalten aufweisen. Aufgrund der während der Injektionsphase noch geringen Kettenlänge des Harzes und in Übereinstimmung mit anderen Autoren, wird hier von einem newtonschen Verhalten ausgegangen [Geb92].

Die Messwerte der Halbachsen in positiver und negativer Richtung werden zunächst gemittelt und das Fließgeschwindigkeitsverhältnis der beiden Hauptfließrichtungen ermittelt. Dazu erfolgt die Auftragung der R_y-Werte über R_x zu jedem ermittelten Zeitpunkt in einem Graphen. Die Steigung der Ausgleichsgeraden, die durch den Ursprung führt, gibt das gemittelte Verhältnis der Fließfortschritte an, anhand dessen das Permeabilitätsverhältnis berechnet werden kann (85). Ebenso kann so ein äquivalenter Fließfrontradius (86) gebildet werden, der eine isotrope Permeabilität ausdrückt und mit dessen Hilfe die weiteren Berechnungen erfolgen können [ChH91]. Nach gleichem Prinzip wird auch der Angussdurchmesser R_0 konvertiert.

$$\frac{R_y}{R_x} = q_1 = \sqrt{\frac{K_y}{K_x}} \tag{85}$$

$$R_{x_e} = \left(\frac{K_y}{K_x}\right)^{\frac{1}{4}} R_x = \sqrt{q_1}\, R_x \tag{86}$$

$$F(t) = \left(\frac{R_{x_e}}{R_{x_{0,e}}}\right)^2 \left(2\ln\left(\frac{R_{x_e}}{R_{x_{0,e}}}\right) - 1\right) = \frac{4\, K_e \Delta P t}{(1-\varphi_f)\eta R_{x_{0,e}}^2} \tag{87}$$

R_x, R_y	Halbmesser der Fließellipse [m]
q_1	Halbmesserverhältnis der Fließellipse [ ]
R_{x_e}	äquivalenter Fließfrontradius [m]
$F(t)$	Stammfunktion des Fließfrontradius [ ]
$R_{x_{0,e}}$	äquivalenter Angussdurchmesser [m]
K_e	äquivalente Permeabilität [m²]

Der äquivalente Fließfrontradius wird zur Bestimmung der äquivalenten Permeabilität anhand von Gleichung (87) genutzt [ARR88]. Der mittlere Term der Gleichung liefert das F-t-Diagramm, aus dem die Steigung m_2 anhand einer Ursprungsgerade bestimmt wird [HLB04].

Mit Hilfe des rechten Terms von Gleichung (87) kann mittels der bekannten Faktoren die äquivalente Permeabilität bestimmt werden. Zur Berechnung wird die Viskosität nach dem Weibull-Modell genutzt, um den Injektionszeiten Viskositäten zuzuordnen. Die Hauptachsenpermeabilitäten können im Anschluss mit Hilfe des ermittelten Permeabilitätsverhältnisses bestimmt werden:

$$K_x = \frac{K_e}{q_1} \qquad K_y = K_e q_1 \tag{88}$$

Die beschriebene Vorgehensweise wird exemplarisch in Abbildung 5-6 für ein Leinwandgewebe mit einem Flächengewicht von 390 g/m² gezeigt. Es ergibt sich ein Halbmesserverhältnis der Fließellipse q_1 von 0,8112. Der Anstieg der Fließfrontstammfunktion q_2 beträgt 669,76. Die daraus ermittelten Permeabilitäten in Kett- und Schussrichtung betragen $7{,}6 \cdot 10^{-10}$ m² und $5{,}0 \cdot 10^{-10}$ m². Das Permeabilitätsverhältnis liegt bei ca. 1,52.

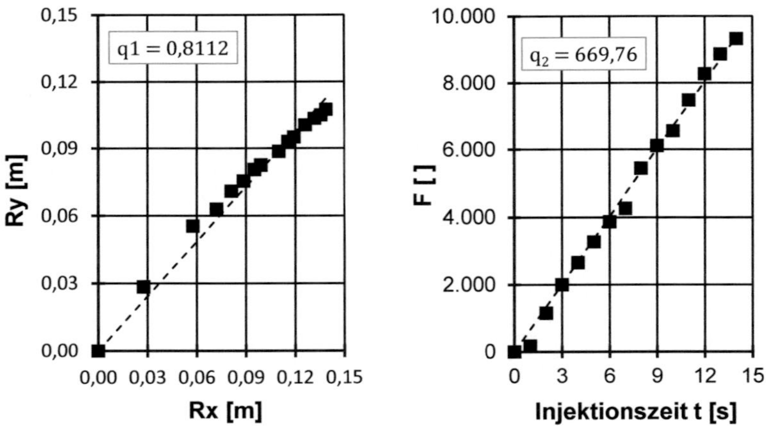

Abbildung 5-6 Bestimmung des Fließfrontfortschrittsverhältnisses und der Hauptachsenpermeabilität mithilfe der Steigungsmethode

Das Prozedere wird für alle Faktorstufenkombinationen aus Webart, Flächengewicht und Finish für Injektionsversuche bei konstanten Injektionsdrücken von 0,5 bar, 1 bar, 2 bar, 3 bar und 4 bar durchgeführt. Zur verbesserten Vergleichbarkeit werden die Permeabilitäten mit Hilfe der Konzeny-Carman-Gleichung (14) auf einen mittleren Faservolumengehalt von 47,5% normiert. Die Differenzen ergeben sich so ausschließlich aufgrund der Konfiguration der Halbzeuge. In allen untersuchten Fällen stimmten die Permeabilitätshauptachsen mit den Faserrichtungen überein, sodass die aufgezeigte Methodik angewendet werden kann. Die Injektionsdauer zur Füllung des Glaswerkzeugs ist stets unter 15 Minuten, sodass keine wesentliche Aushärtung und ein damit verbundener relevanter Viskositätsanstieg des Harzes innerhalb der Messdauer zu erwarten ist.

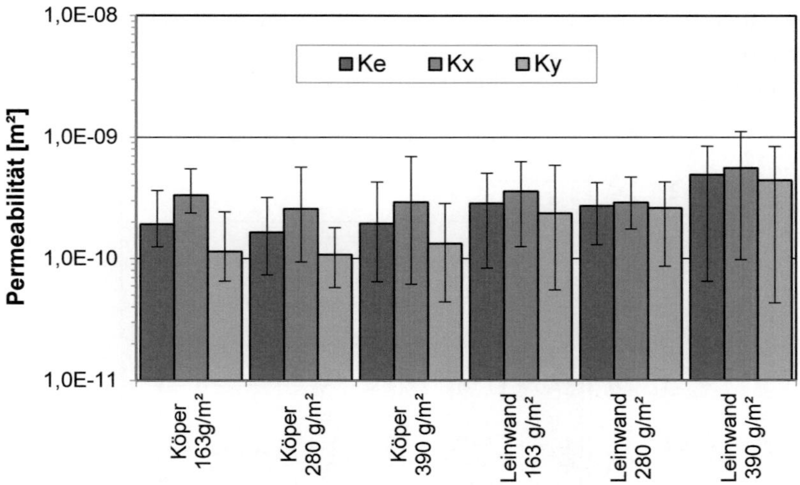

Abbildung 5-7 Übersicht der Permeabilität der verwendeten Faserhalbzeuge

Die Auswertung zeigt, dass die Permeabilität der Halbzeuge meist im Bereich von 10^{-10} m² bis 10^{-9} m² liegt. Die hier ermittelten Abweichungen vom Mittelwert sind bei Permeabilitätsmessungen üblich und konnten mehrfach nachgewiesen werden [MAA19] [Rie11] [Sta06] [MWH14]. Das Finish zeigt im Allgemeinen keine signifikanten Auswirkungen auf die makroskopischen Fließeigenschaften. Die Abweichungen zwischen den Messungen gleicher

Gewebe ergeben sich aus Ungenauigkeiten bei Zeitnahme, Weg-, Faservolumengehalt- und Viskositätsmessung aber auch aus den Einflüssen des jeweiligen Laminataufbaus [HLB04]. So können beispielsweise die Bündel zweier Gewebelagen direkt übereinander als auch versetzt angeordnet sein, was den Fließkanalquerschnitt stark verändert und nicht über die Berechnungsformeln für die Permeabilität abbildbar ist [Rie11].

Allgemein gesehen liegt die Permeabilität der Leinwandgewebe um ca. 43% höher. Die Permeabilität in Kettrichtung ist in der Regel höher als in Schussrichtung. Ein Permeabilitätsverhältnis >1 zeigt hierbei die Anisotropie an. Dieses Verhalten war aufgrund der Konfiguration der Gewebe erwartet worden. Insbesondere für Köpergewebe ergeben sich mit einem Permeabilitätsverhältnis von bis zu 3,3 stark anisotrope Permeabilitäten, während bei Leinwandgeweben mit maximal 1,68 ein nahezu isotropes Verhalten vorliegt. In Abbildung 5-8 ist das Permeabilitätsverhältnis dargestellt.

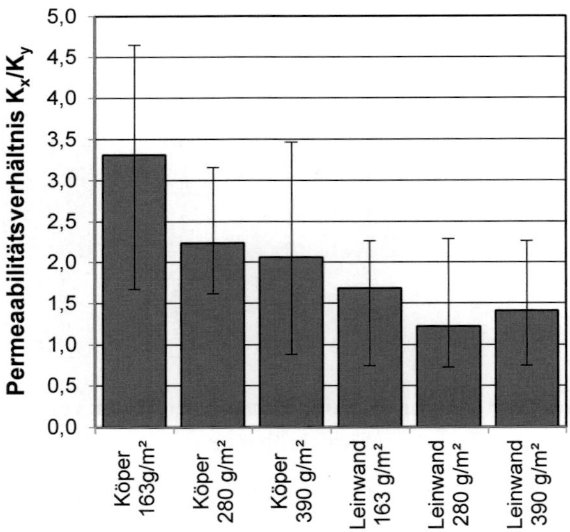

Abbildung 5-8 Permeabilitäsverhältnis K_x/K_y der geprüften Gewebe

Die Differenzen zwischen den Richtungen ergeben sich aus der Vorspannung der Fasern sowie der Zusammensetzung der Fäden, die zum Gewebe verwoben werden. Insbesondere die Vorspannung variiert je nach Webart. Bei einem Leinwandgewebe ergeben sich doppelt so viele Kreuzungspunkte zwischen den Fasern, die eine zusätzliche Straffung bewirken können. Hieraus sind auch Auswirkungen auf die Fließeigenschaften an der Fließfront zu erwarten. Es wird deutlich, dass geringe Variationen zu großen Permeabilitätsdifferenzen und zu starker Anisotropie der Permeabilität führen.

Die hier ermittelten Werte der Permeabilität können nun zur Berechnung der Fließvorgänge herangezogen werden. Es wird erwartet, dass die aus den sekundären Gewebeparametern hervorgehenden unterschiedlichen Bündelgeometrien einen signifikanten Einfluss auf die Fließverhältnisse bei der Bündeltränkung haben und somit die Fehlstellenentstehung beeinflussen können. Die hier aufgezeigten Parameter zeigen große Differenzen zwischen den Bündelarten der einzelnen Gewebetypen. Hieraus ergeben sich auch gewebespezifische geometrische Randbedingungen für die Fehlstellenentstehung. Die Betrachtung der Porenbildungsmechanismen erfolgt daher für alle Fließrichtungen und Querschnitte separat. Hieraus ergibt sich eine Vielzahl möglicher mesoskopischer Anordnungen, die für die Validierung der Modelle herangezogen werden können.

5.1.3.3 Geometrische Charakterisierung der Bündel

Die Ermittlung der jeweiligen Volumina erfordert zunächst die Bestimmung der geometrischen Verhältnisse auf mesoskopischer Ebene. Hieraus gehen die Geometrien der Bündel sowie der Fließkanäle hervor, deren Abmaße die Grundlage für die Volumenbestimmung liefern. Die Maße können anhand von Schliffproben bereits ausgehärteter Laminate ermittelt werden. Die Proben werden gesägt, in eine Form gegeben und mit Harz umgossen. Im Anschluss kann der Schliff auf einem Metallographie-Schleiftisch mit gewünschter Körnung erfolgen. Die Vermessung findet in einem digitalen Auflichtmikroskop statt. Aufgrund der statistischen Verteilung der Bündel sollten je Gewebetyp und je Faserrichtung mindestens 20 Aufnahmen ausgewertet werden.

Anhand der Schliffprobe ist neben der Bestimmung der Fließkanal- und Bündelbreite auch die Fläche A_b der Bündel ermittelbar. Hierzu wird das Bündel mit einem Polygonzug umfasst, der den Bündelrand möglichst genau umschließt. Die Fläche wird anhand der Auflösung sowie der Lage des Polygonzugs mittels Software berechnet.

Die geometrischen Verhältnisse der Bündel und Fließkanäle werden nach Kett- und Schussfäden unterteilt. In Abbildung 5-9 sind die definierten Abstände und Maße dargestellt. Wie zu erwarten ist, steigen die Bündelbreite b_b sowie die Bündelhöhe h_b bei steigendem Flächengewicht ebenfalls an. Die Bündelhöhe der Köpergewebe mit 390 g/m² ist jedoch nur geringfügig höher, als die der leichteren Gewebe.

Die gemessenen Kennwerte zeigen unterschiedliche Schwankungsbreiten. Während die Bündelabmaße b_b und h_b nur geringfügig schwanken, variieren die Fließspaltbreite b_f und der Lagenabstand h_f stärker. Dies ist neben der durch die Verarbeitung verursachten Verschiebungen der Bündel hauptsächlich auf die Position des jeweiligen Schliffbilds zurückzuführen. Die ondulierten Bündel liegen je nach Position relativ zum Kreuzungspunkt von Kett- und Schussfaden näher oder weiter voneinander entfernt. Die Mittelwerte zeigen jedoch, dass klare Unterschiede zwischen den Geweben auch in diesen Kennwerten erkennbar werden.

Die Geometrien der Kett- und Schussbündel unterscheiden sich für alle betrachteten Gewebe. Die Bündelbreite b_b der Kettfäden ist stets geringer als die der Schussfäden. Dies kann auf den Webprozess zurückgeführt werden, in dem die gespannten Kettfäden von den Schussfäden onduliert und somit gestaucht werden. Es ist hierbei zu beachten, dass neben der Breite sich auch die Form der Bündel geringfügig ändern kann, sodass keine elliptische, sondern eine eher rautenförmige Form vorliegt, die sowohl zu einer größeren Breite als auch zu einer größeren Höhe führt.

Die Fließspaltbreite b_f ist bei Leinwandgeweben höher als für Köpergewebe, was sich auf die unterschiedlich starke Ondulation zurückführen lässt. Beachtenswert ist zudem die Differenz zwischen Kett- und Schussfaden. Der Fließspalt zwischen den Kettfäden ist mit Ausnahme des Leinwandgewebes mit 390 g/m² größer. Bei den Köpergeweben mit 163 g/m² und 390 g/m² findet sich eine Differenz der Mittelwerte von über 50%.

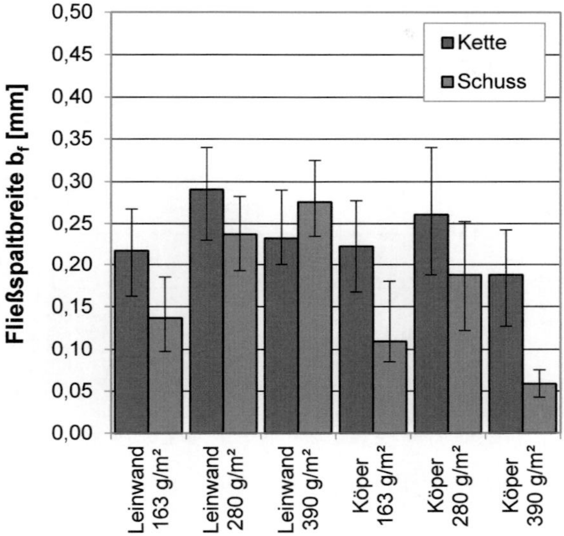
Fließspaltbreite b_f [mm]
0,50
0,45
0,40
0,35
0,30
0,25
0,20
0,15
0,10
0,05
0,00
Kette
Schuss
Leinwand 163 g/m²
Leinwand 280 g/m²
Leinwand 390 g/m²
Köper 163 g/m²
Köper 280 g/m²
Köper 390 g/m²

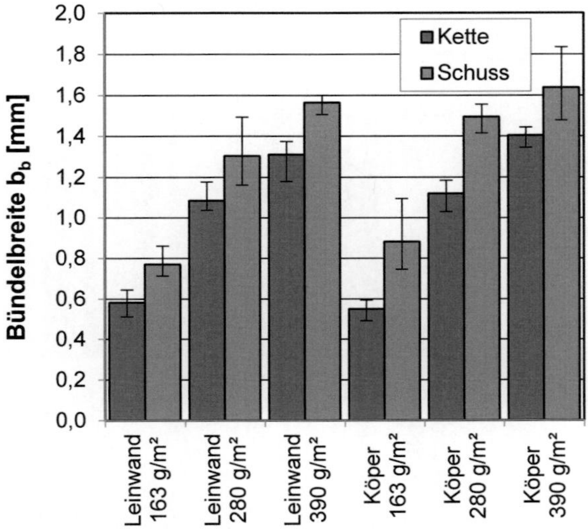
Bündelbreite b_b [mm]
2,0
1,8
1,6
1,4
1,2
1,0
0,8
0,6
0,4
0,2
0,0
Kette
Schuss
Leinwand 163 g/m²
Leinwand 280 g/m²
Leinwand 390 g/m²
Köper 163 g/m²
Köper 280 g/m²
Köper 390 g/m²

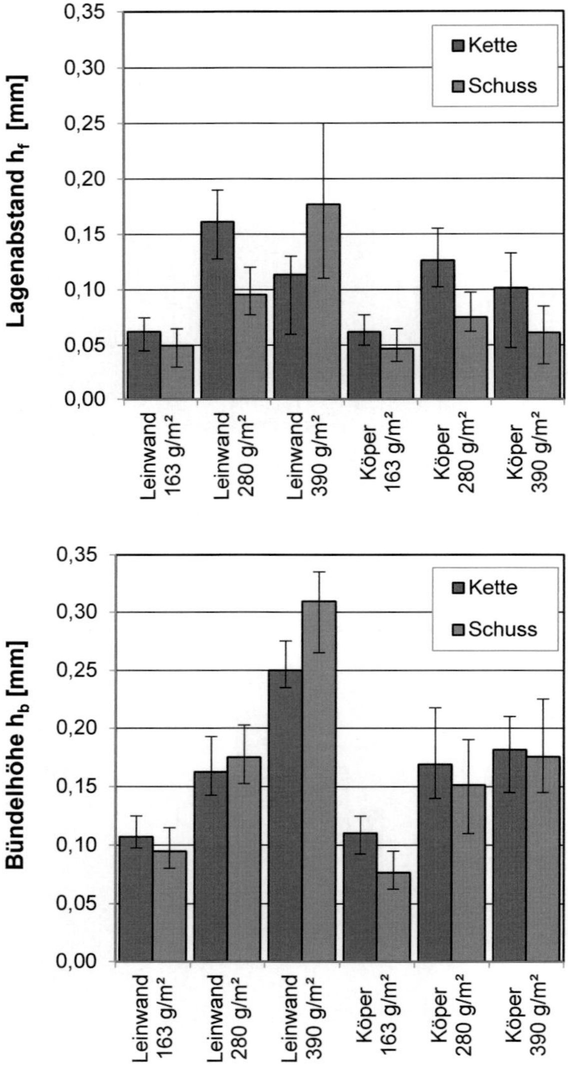

Abbildung 5-9 Geometrische Abmaße der Bündel nach Kett- und Schussrichtung der untersuchten Gewebe

Die Bündelhöhe h_b zeigt keine klare Tendenz zwischen Kett- und Schussfäden. Während die Leinwandgewebe mit 280 g/m² und 390 g/m² höhere Schussbündel aufweisen, sind diese für alle anderen Gewebe flacher als die Kettbündel. Zusätzlich ist zu erwähnen, dass die Bündelhöhe auch aufgrund der größeren Ondulation ansteigen kann. Die Schliffbilder werden stets senkrecht zur Plattenebene aufgenommen. In stärker ondulierten Bereichen ist die Bündelhöhe daher größer als in weniger ondulierten Bereichen. Dies zeigt sich unter anderem in der höheren Bündelhöhe der Leinwandgewebe, die die doppelte Anzahl an Ondulationen verglichen mit den Köpergeweben aufweisen.

Die Fläche der Bündel gibt Rückschluss auf den Faservolumengehalt darin. Hierzu werden die vom Hersteller gegebenen Angaben der Filamentanzahl sowie der Filamentdurchmesser genutzt, um eine Querschnittsfläche der Fasern zu bestimmen. Da alle Fasern innerhalb des Bündels unidirektional angeordnet sind, ist das Flächenverhältnis der Filamentquerschnitte zur Gesamtquerschnittsfläche identisch mit dem Faservolumengehalt des Bündels. Unter Nutzung der Feinheit der Bündel und der Werkstoffdichte kann nach Gleichung (89) anhand des Bündelquerschnitts direkt auf den Faservolumengehalt im Bündel rückgeschlossen werden.

$$\varphi_b = \frac{T_t}{\rho_g \cdot A_B} \tag{89}$$

T_t Feinheit der Bündel [tex]

ρ_g Dichte der Glasfasern [kg/m³]

Im Untersuchungsraum der Gewebe liegen demnach variierende Bündelfaservolumengehalte vor. Aus Abbildung 5-10, die die Bündelfaservolumengehalte der Verstärkungsfaserhalbzeuge des Untersuchungsraum zeigt, geht hervor, dass trotz der nahezu identischen Gesamtfaservolumengehalte große Differenzen zwischen den Konfigurationen bestehen. Die durchschnittliche Differenz zwischen Kett und Schuss beträgt 5,6%, wobei die Schussfäden stets geringere Faservolumengehalte aufweisen. Als Grund hierfür ist zu sehen, dass die Kettfäden während des Webens unter Spannung stehen. Die Schussfäden müssen zwischen die nach oben und unten gezogenen Kettfäden geschossen werden. Für den nächsten Schuss werden die Kettfäden in die entgegengesetzte Richtung bewegt. So werden sie onduliert, was zusätzliche Spannung erzeugt.

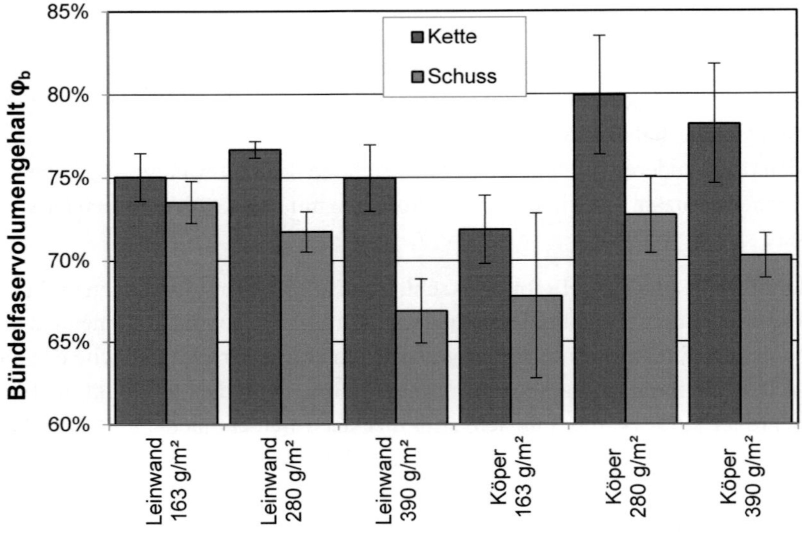

Abbildung 5-10 Faservolumengehalte in den Bündeln der Gewebe innerhalb des Untersuchungsraums nach Kett- und Schussrichtung

Die Leinwandgewebe weisen grundlegend höhere Faservolumengehalte im Bündel auf. Da ähnliche Gesamtfaservolumengehalte vorliegen, ist gleichzeitig von größeren Fließkanälen auszugehen. Als mögliche Ursache ist die Verdichtung im Bündel zu nennen, die sich aufgrund der starken Ondulation ergeben kann. Eine Tendenz zu einem geringeren Faservolumengehalt im Bündel ist für steigende Bündelgrößen zu erkennen, wobei sich das Köpergewebe mit 163 g/m² hier mit dem niedrigsten Wert nicht in diese Reihe fügt.

5.1.3.4 Ermittlung des maximalen Fehlstellengehalts

In den Modellen zur Entstehung zylindrischer Fehlstellen wird anhand der Bündelabmaße ein maximaler Fehlstellengehalt berechnet. Der maximale Gehalt zylindrischer Fehlstellen in axialer Richtung für die hier untersuchten Halbzeuge ist in Abbildung 5-11 nach Gleichung (79) berechnet.

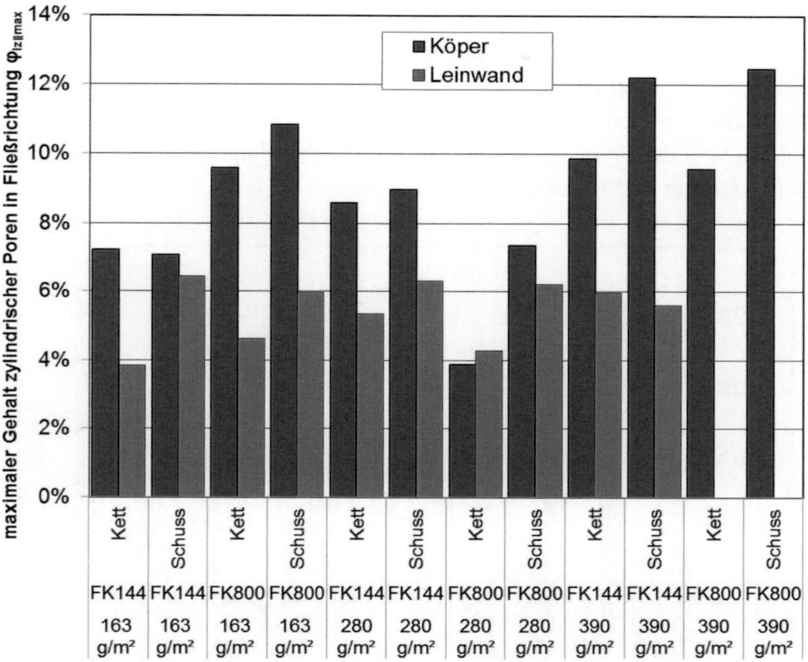

Abbildung 5-11 Maximaler Gehalt zylindrischer Poren in Fließrichtung der untersuchten Gewebe

Es liegen klar erkennbare Unterschiede zwischen den Halbzeugen vor, die zu divergierenden Fehlstellengehalten führen. Besonders auffällig ist, dass für die Benetzung in Schussrichtung für nahezu jedes der untersuchten Halbzeuge ein höherer maximaler Fehlstellengehalt vorliegt. Grund hierfür ist der in der Regel geringere Bündelfaservolumengehalt. Es zeigen sich somit Effekte der Ondulation der Faserbündel. Weiterhin liegt für alle Leinwandgewebe ein geringerer maximaler Fehlstellengehalt als für Köpergewebe vor.

Die Ergebnisse der Berechnungen des maximalen Gehalts zylindrischer Poren orthogonal zur Fließrichtung für die hier untersuchten Halbzeuge sind in Abbildung 5-12 dargestellt. Es handelt sich dabei um die gleichen Zahlenwerte wie bei der axialen Betrachtung, da sich hier lediglich die Benetzungsrichtung ändert. Die zuvor einer Benetzung in Kettrichtung zugeordneten

Bündel sind hier der Benetzung in Schussrichtung zugeordnet. Sie werden von der sich in Schussrichtung fließenden globalen Fließfront orthogonal umflossen. Dementsprechend liegen höhere maximale Fehlstellengehalte für die Benetzung in Kettrichtung vor. Bei dieser Benetzungsrichtung erfolgt die Fehlstellenentstehung entsprechend im Schussbündel. Die Unterschiede zwischen Körper und Leinwand bleiben bestehen.

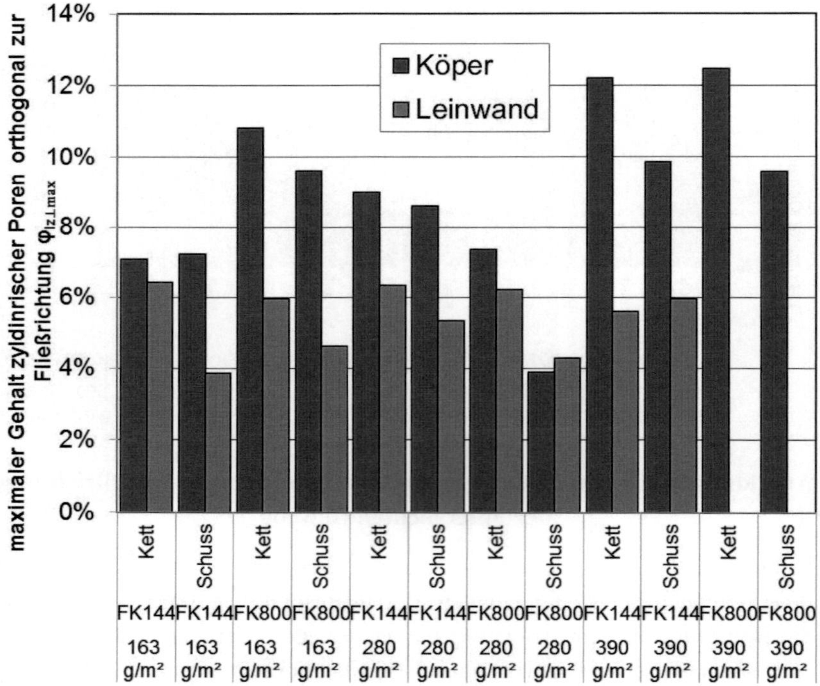

Abbildung 5-12 Maximaler Gehalt zylindrischer Poren orthogonal zur Fließrichtung der untersuchten Gewebe

5.1.4 Ermittlung dynamischer Oberflächenkennwerte

Die Ermittlung des wirksamen Kapillardrucks erfordert zunächst die Bestimmung der für den Kapillareffekt verantwortlichen Faktoren der Oberflächenspannung des Harzes sowie des mit den Fasern gebildeten Kontaktwinkels. Die Oberflächenspannung des Harz-Härter-Gemisches ist eine von der chemischen Zusammensetzung abhängige Eigenschaft. Der Kontaktwinkel ergibt sich aus der Interaktion zwischen der Oberflächenenergie der Fasern und der Harzoberflächenspannung. Daher werden unterschiedliche Werte für die beiden geprüften Finishs erwartet. Diese weisen verschiedene funktionelle Gruppen auf, die die Benetzung beeinflussen können.

Die Messung der Oberflächenspannung des Harzes erfolgt nach der Wilhelmy-Methode in einem Tensiometer [KoE07]. Hierbei wird eine Platte mit bekannter Oberflächenenergie in eine Probe des Harzes getaucht. Die dabei auf die Platte wirksame Kraft wird mit Hilfe einer Feinwaage erfasst. Die Platinplatte zeichnet sich durch eine sehr gute Benetzbarkeit aus, sodass für alle organischen Flüssigkeiten ein Kontaktwinkel von 0° vorliegt. So kann mit Hilfe der Länge der Kontaktlinie zwischen Flüssigkeit und Platte die Oberflächenspannung des Harzes nach Gleichung (90) errechnet werden. Die Gewichtskraft der Platte wird zuvor tariert. Ebenso erfolgt die Erfassung und Subtraktion der verdrängten Masse der Flüssigkeit, die sich in Form eines Auftriebs äußert. Die minimal messbare Kraft des Tensiometers beträgt 10 nN mit einer Auflösung von 1 nN. Das Messverfahren ist in Abbildung 5-13 gezeigt.

$$\sigma = \frac{F_N}{L \cdot \cos\theta} \tag{90}$$

F_N gemessene Kraft [ ]

L Länge der Kontaktlinie des Probekörpers mit der Flüssigkeit im Wilhelmy-Experiment [ ]

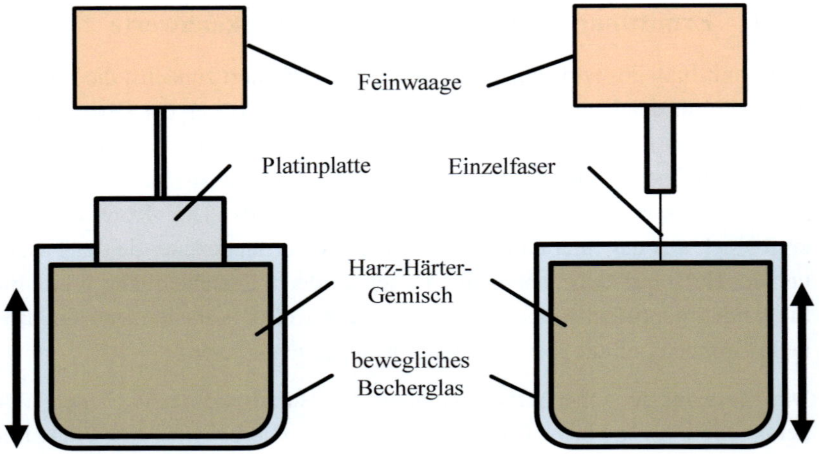

Abbildung 5-13 Messung der Harzoberflächenspannung nach der Wilhelmy-Methode und deren Anpassung für die Einzelfasermessung

Die Messung wird an einer nach zeitlichem Ablauf definiert gemischten Harzprobe von ca. 100 ml bei einer Messtemperatur von 23°C durchgeführt. Eine zuvor durchgeführte Vergleichsmessung zeigt keine signifikante Differenz der Oberflächenspannung bei 40°C. Nach mehreren Messzyklen mit gleichem Harzgemisch kann jedoch eine verringerte Oberflächenspannung gemessen werden. Grund hierfür ist nicht die erhöhte Temperatur, sondern der in Folge der exothermen Reaktion auftretenden freien Konvektion im Becherglas. Das Harz in der Mitte des Glases erhitzt sich durch die Reaktionsenthalpie und steigt auf. Infolge des Umströmens der Platinplatte verringert sich die gemessene Kraft.

Die Messwerterfassung findet daher bei 23°C sowie maximal 10 Minuten nach Mischung der Komponenten statt. Es werden insgesamt 75 Messungen durchgeführt. Die Bewegung der Platte erfolgt hier nach kinematischer Umkehr durch das Anheben des Becherglases mit Hilfe einer Linearverfahreinheit. Die Benetzungsgeschwindigkeit beträgt dabei 0,1 mm/s. Die Berechnung erfolgt durch die in der Auswertesoftware hinterlegte Grenzflächenspannung der Platinplatte sowie den zughörigen Abmaßen. Es ergibt sich eine Oberflächenspannung von 33,34 mN/m.

Die Kontaktwinkelmessung zwischen Fasern und Harzsystem erfolgt in einer modifizierten Wilhemy-Methode. Hierbei wird im Gegensatz zur Oberflächenspannungsmessung keine Platte, sondern eine einzelne Faser als Prüfkörper eingesetzt. Die Faser wird mit Hilfe eines Kontaktklebers an der Waage befestigt. Die Messung muss mit einer Einzelfaser erfolgen, da bei der Verwendung eines Bündels die Menisken der Filamente sich gegenseitig beeinflussen können. Dies hätte eine verringerte gemessene Kraft zur Folge. Bei der Probenpräparation muss darauf geachtet werden, dass nur eine einzelne Faser möglichst senkrecht zur Flüssigkeitsoberfläche aufgebracht wird.

Da aus dem vorangegangenen Experiment die Oberflächenspannung des Harzes sowie dem Datenblatt der Faserdurchmesser bekannt sind, können diese Informationen weiter genutzt werden. Anhand von Gleichung (90) und der gemessenen Kraft kann der Kontaktwinkel errechnet werden. Die Fasergeometrie ist für beide untersuchten Finishs gleich. Der Durchmesser beträgt 9 µm. Die Messung erfolgt durch Eintauchen und Herausziehen der Fasern in das Harz-Härter-Gemisch. Gemessen werden daher Werte für den voranschreitenden als auch für den zurückziehenden Kontaktwinkel. Die Versuchsdurchführung findet ebenfalls bei 23°C statt.

Es werden verschiedene Eintauchgeschwindigkeiten vorgegeben, um dynamische Effekte der Benetzung auf den Kontaktwinkel erfassen zu können. Es ist zu erwarten, dass bei erhöhter Benetzungsgeschwindigkeit ein höherer voranschreitender Kontaktwinkel gemessen wird. Der Kontaktwinkel während des Zurückziehens wird geringer erwartet. Der Geschwindigkeitsbereich reicht von 0,0125 mm/s bis 3,2 mm/s. Die Betrachtung umfasst daher mehr als zwei Größenordnungen. Die gemessenen Kräfte liegen bei mindestens 30 nN, was dem 300fachen der Messauflösung entspricht. Dennoch können schon minimale Störungen wie Vibrationen im Gebäude zu Messfehlern führen. Deshalb findet die Messung für jede Eintauchgeschwindigkeit mindestens 10 Mal statt.

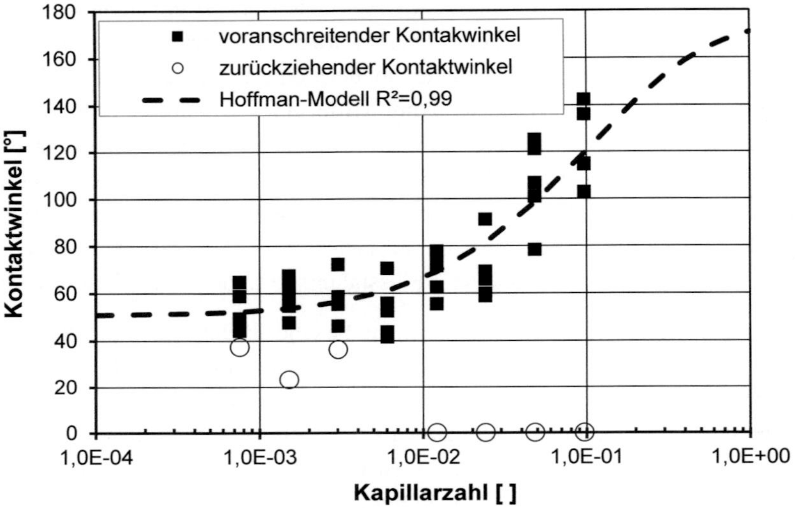

Abbildung 5-14 Dynamischer Kontaktwinkel zwischen Harz-Härter-Gemisch und Glasfasern mit Finish FK144 in Abhängigkeit der Kapillarzahl

Die Auftragung des Kontaktwinkels erfolgt in Abhängigkeit der Kapillarzahl. In Abbildung 5-14, die den Zusammenhang für Fasern mit dem Finish FK144 zeigt, ist zu erkennen, dass eine hohe Schwankungsbreite des Kontaktwinkels vorliegt. Gründe hierfür sind neben den besprochenen Fehlereinflussmöglichkeiten wie Temperatur, Reaktionsgrad und Faserausrichtung insbesondere die äußerst geringen Kräfte, die auf die Faser wirken. Umwelteinflüsse wie Erschütterungen können hier zu großen Messwertdifferenzen führen. Das in Kapitel 2.5 vorgestellte Modell (Gleichung (22)) des voranschreitenden dynamischen Kontaktwinkels wird auf die Messwerte angewendet. Dazu erfolgt ein Angleichen der Funktionen anhand der variablen Kennwerte mit Hilfe der Methode der Summe kleinster Fehlerquadrate.

Es stellt sich der aus den Modellen erwartete Verlauf des Kontaktwinkels in Abhängigkeit der Kapillarzahl ein. Die gemessenen voranschreitenden Kontaktwinkel steigen ab einer Kapillarzahl von ca. 0,003 merklich an. Die Anwendung der Modellfunktionen ist somit möglich. Die prinzipielle Anwendbarkeit des Modells auf den Zusammenhang zwischen Kapillarzahl und Kontaktwinkel wurde bereits erbracht [Kis93]. Die Kurven werden dabei ausgehend von einer Masterkurve auf den jeweilig vorliegenden Fall verschoben. Deshalb liegt hier keine unzulässige Extrapolation vor.

Die von HOFFMAN entwickelte Masterkurve wird anhand der Messwerte mit Hilfe der Methode der Summe der kleinsten Fehlerquadrate an die Messwerte angeglichen. Das Grundprinzip beruht darauf, dass die Kurve für vollständig benetzende Flüssigkeiten parallel zur Kapillarzahlachse verschoben wird, bis sich ein minimaler Fehler ergibt. Dazu wird der Wert der Umkehrfunktion des statischen Kontaktwinkels herangezogen. Dies ist die Kapillarzahl einer vollständig benetzenden Flüssigkeit, die vorliegt, wenn sich ein dynamischer Kontaktwinkel in Höhe des statischen Kontaktwinkels der untersuchten Flüssigkeit bildet. Um diesen Kapillarzahlwert wird die Masterkurve in Richtung des Nullpunktes verschoben. Der Wert wird hier iterativ ermittelt, sodass sich ein Wert von $9{,}10 \cdot 10^{-3}$ ergibt. Der entsprechend mit dieser Vorgehensweise ermittelte statische Kontaktwinkel beträgt ca. 50,90°.

Die entsprechende Eintauchgeschwindigkeit beträgt in diesem Fall 3,3 mm/s. Diese Fließfrontgeschwindigkeit wird auch während der Benetzung in technischen RTM-Prozessen erreicht. Der Kontaktwinkel beträgt hier 120°. Das Bestimmtheitsmaß R^2 des Hoffman-Modells ist mit 0,99 nahe am Optimum, was einer sehr hohen Abbildungsgenauigkeit der tatsächlichen physikalischen Vorgänge entspricht. Das Modell nach Hoffman wird daher zur Nutzung in weiteren Betrachtungen als zielführend erachtet.

Der zurückziehende Kontaktwinkel erweist sich mit dieser Messmethode und dieser Materialpaarung als nur schwer messbar. Die gemessenen Werte liegen unabhängig von der Rückzugsgeschwindigkeit der Faser häufig bei 0°. Die hier dargestellten Werte sind daher die messbaren von 0° verschiedenen Werte. Diese treten ausschließlich bei kleinen Kapillarzahlen auf, was von anderen Autoren bestätigt wird [Kis93]. Bei Kapillarzahlen größer 0,01 waren keine Kontaktwinkel > 0° messbar.

Die Fasern mit dem Finish FK800 wurden dem gleichen Messprozedere unterzogen. Es ergeben sich die in Abbildung 5-15 dargestellten Zusammenhänge. Der grundlegende Verlauf ist hier nahezu identisch. Für den nach Hoffman-Modell ermittelten statischen Kontaktwinkel ergeben sich 38,69°.

Das Bestimmtheitsmaß R^2 liegt ebenfalls bei 0,99. Der zurückziehende Kontaktwinkel verhält sich analog zum Finish FK144.

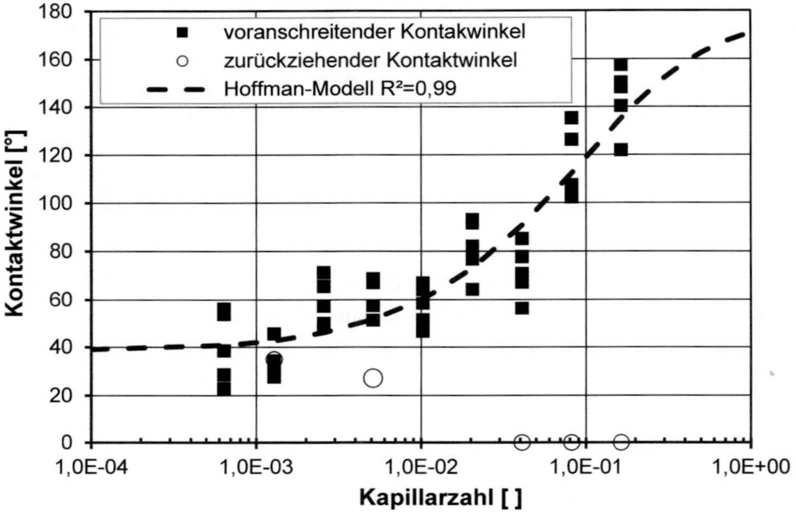

Abbildung 5-15 Dynamischer Kontaktwinkel zwischen Harz-Härter-Gemisch und Glasfasern mit Finish FK800 in Abhängigkeit der Kapillarzahl

Es konnte somit gezeigt werden, dass die beiden untersuchten Finishs zu unterschiedlichen Kontaktwinkeln bei identischen Kapillarzahlen führen. So liegt bei FK800 ein ca. 12° geringerer statischer Kontaktwinkel vor als bei FK144. Das Hoffman-Modell zeigt, dass sich diese Differenz insbesondere anhand einer Verschiebung der Masterkurve ergibt. Die Differenz der Verschiebung der Kapillarzahl ist daher aussagekräftiger. Sie beträgt $4{,}77 \cdot 10^{-3}$. Es wird deutlich, dass diese Differenz nur im Bereich kleiner Kapillarzahlen zu messbaren Differenzen des Kontaktwinkels führt. Es handelt sich dabei um einen Basiseffekt, bei dem sich Änderungen bei zunehmendem Grundwert geringer auswirken. Bei einer Kapillarzahl von 0,1 beträgt die resultierende Differenz des Kontaktwinkels daher lediglich 1,55°. Unterschiedliche Benetzungseigenschaften, die sich ausschließlich aufgrund der Oberflächeneffekte ergeben, sind daher insbesondere für niedrige Fließfrontgeschwindigkeiten und im Bereich der sphärischen Fehlstellenentstehung zu erwarten. Für den dynamischen Bereich ergeben sich hingegen nur geringe Auswirkungen der Finishs auf den Kapillareffekt.

5.2 Versuche zur Porenentstehung

Innerhalb des in Kapitel 5.1.2 vorgestellten Versuchsraums werden die übergeordneten Einflussfaktoren Flächengewicht, Bindungsart und Finish der Fasern variiert. Die gezielte Auswahl der verwendeten Halbzeuge der Preform ermöglicht dabei eine weitgehende Trennung der Effekte dieser Einflussfaktoren nach den Methoden der statistischen Versuchsplanung. Dies soll im Folgenden zur Quantifizierung und unabhängigen Betrachtung der Effekte auf die vorgestellten Fehlstellenentstehungsmechanismen genutzt werden.

Die Halbzeuge werden unter gezielt variierten Prozessbedingungen zu Probekörpern aus einem Glasfaser-Epoxidharz-Verbund verarbeitet. Dabei wird auf eine druckgesteuerte Injektion mit zentral angeordnetem Anguss zurückgegriffen. Diese ermöglicht die Abdeckung eines großen Kapillarzahlbereichs, da insbesondere bei der hier verwendeten Konfiguration mit einem mittigen Anguss eine starke Verringerung der Fließfrontgeschwindigkeit über die Prozessdauer zu erwarten ist. Es werden Versuche mit den Druckstufen 0,5 bar, 1 bar, 2 bar, 3 bar und 4 bar durchgeführt. Auf einen Nachdruck wird bewusst verzichtet, da dieser die Größe der Poren beeinflusst und zu Blasentransport führen kann [Leb12]. Über die Druckeinstellung kann die Fließfrontgeschwindigkeit und damit verknüpft auch die Kapillarzahl ausreichend variiert werden. Hinzu kommen die bereits erfassten natürlichen Schwankungen der Permeabilität.

Die Fließfrontgeschwindigkeit wird mit Hilfe des Kamerasystems optisch erfasst, sodass die tatsächlich vorliegenden Prozessbedingungen an jedem Punkt des Probekörpers bekannt sind. Anhand der Zeiterfassung sowie dem vorgestellten Weibull-Modell können zudem die zugehörigen Viskositäten berechnet werden. Dies ermöglicht auch die genaue Berechnung der lokal vorliegenden Kapillarzahlen.

Die vollständig ausgehärteten Probeplatten werden nach dem in Abbildung 5-16 dargestellten Sägeplan zu Probekörpern aufbereitet. Die Position der Probenentnahme stellt sicher, dass die Hauptfließrichtungen des Laminats abgebildet werden können. Die Abstände zum Injektionspunkt ermöglichen das Erfassen eines breiten Fließgeschwindigkeitsbereichs. Das Trennen erfolgt mit Hilfe einer wassergekühlten Steinsäge mit Diamantblatt, sodass die Schnittkanten ohne Ausfransen und Faserausreißen hergestellt werden können. Die Probekörper weisen eine quadratische Fläche mit einer Kantenlänge von 20 mm auf. So wird eine ausreichende Masse zur gravimetrischen Bestimmung des Fehlstellengehalts sichergestellt. Eine größere Probekörperfläche würde zu einer Messwertverfälschung führen, da sich die Fließfrontgeschwindigkeit auch während des Überfließens der Probekörper ändert. Die Zuordnung einer exakten Fließgeschwindigkeit würde so erschwert werden.

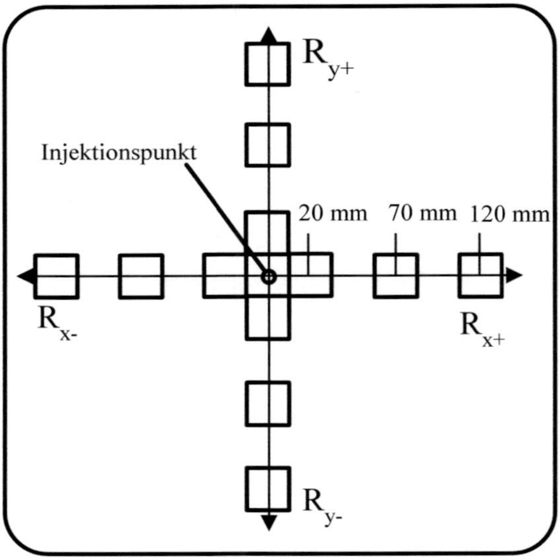

Abbildung 5-16 Sägeplan zur Herstellung von Proben aus den Probenplatten

Insgesamt werden über 700 Einzelproben hergestellt und analysiert, was aufgrund der hohen zu erwartenden Streuung erforderlich ist, um die Ergebnisse statistisch absichern zu können. Die Probekörper werden zunächst getrocknet und unter dem Mikroskop hinsichtlich der enthaltenen Fehlstellen charakterisiert. So kann der vorherrschende Fehlstellentyp wie in Abbildung 5-17 gezeigt erfasst werden. Die Einordnung erfolgt in die bekannten Kategorien zylindrisch und sphärisch. Liegt keine eindeutige Präferenz der Porenarten vor, werden die jeweiligen Anteile ermittelt. In der Regel treten keine sphärischen Poren gemeinsam mit zylindrischen Poren auf. Ein gleichzeitiges Auftreten über die gesamte Probenplatte ist ein Hinweis auf Unregelmäßigkeiten im Prozess oder bei der Harzlagerung. Derartige Proben, die zudem nicht reproduzierbar sind, werden aussortiert und die Versuche wiederholt.

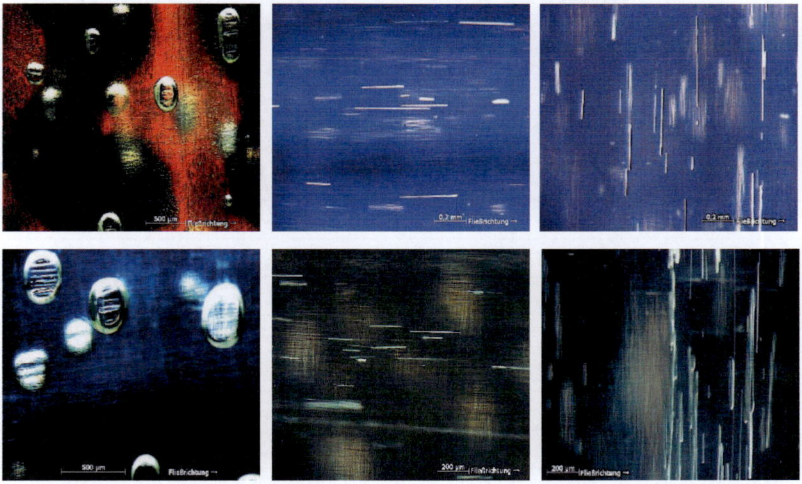

Abbildung 5-17 Mikroskopaufnahmen der Porenarten sphärisch (links), zylindrisch in Fließrichtung (Mitte) und zylindrisch orthogonal zur Fließrichtung (rechts)

Die zylindrischen Poren weisen stets ähnliche äußere Abmaße unabhängig vom umgebenden Bündel auf. Deshalb kann hier durch Zählen der Einzelporen ein gutes Abbild der Verhältnisse der zylindrischen Poren in und quer zur Fließrichtung ermittelt werden. Diese Methode dient somit insbesondere der Unterscheidung von Poren im Kett- und im Schussbündel und erfordert einen hohen Aufwand. Das Ergebnis der Zählung ist ein Wert für den Anteil der jeweiligen Fehlstellenart an der Gesamtzahl der Poren. Der Fehlstellengehalt bezogen auf den Verbund muss in einer separaten Messung ermittelt werden. Dieser kann anschließend anhand der Verhältnisse in die beiden Kategorien aufgeteilt werden. Die jeweiligen Porenarten treten nur selten innerhalb einer Faserlage gemeinsam auf.

Tabelle 5-2 Prozentuale Anteile der beiden zylindrischen Porenarten für alle betrachteten Gewebe

Flächen-gewicht	**Webart**	**Fließ-rich-tung**	**Fehlstellen-gehalt in Fließrichtung**	**Fehlstellengeh-alt quer zur Fließrichtung**
163 g/m²	Leinwand	Kett	19,6%	80,4%
163 g/m²	Leinwand	Schuss	80,3%	19,7%
163 g/m²	Köper	Kett	11,3%	88,7%
163 g/m²	Köper	Schuss	76,5%	23,5%
280 g/m²	Leinwand	Kett	13,0%	87,0%
280 g/m²	Leinwand	Schuss	80,0%	20,0%
280 g/m²	Köper	Kett	15,3%	84,7%
280 g/m²	Köper	Schuss	79,2%	20,8%
390 g/m²	Leinwand	Kett	13,6%	86,4%
390 g/m²	Leinwand	Schuss	77,8%	22,2%
390 g/m²	Köper	Kett	16,4%	83,6%
390 g/m²	Köper	Schuss	87,0%	13,0%

In Tabelle 5-2 sind die prozentualen Anteile der beiden zylindrischen Porenarten zusammengefasst. Hieraus geht hervor, dass es häufig eine klare Präferenz für die Porenentstehung in einem Gewebe gibt. Es handelt sich hier vornehmlich um die Schussfäden, die sowohl beim Fließen in Schussrichtung als auch beim Fließen in Kettrichtung für den größeren Anteil der Poren verantwortlich sind. Die Abhängigkeit scheint somit nicht nur in Bezug zur Fließrichtung zu stehen, sondern auch auf die Bündelgeometrie, bzw. die Webart. Insbesondere die Ondulation, die beim Weben entsteht, scheint die Benetzungseigenschaften zu beeinflussen. Diese ist in der Regel für Schussfäden stärker als bei Kettfäden. Zum Weben werden die Kettfäden unter Spannung nach oben und unten bewegt. Die Schussfäden werden zwischen die Kettfäden eingeschossen und sind dabei nur unter geringer Spannung. Durch die folgende Bewegung der Kettfäden werden die spannungsfrei liegenden Schussfäden umgeformt und somit onduliert. Die Ondulation kann unter anderem einen ungleichmäßigen Faserabstand innerhalb des Bündels erzeugen. Dieser führt zum Umfließen einzelner Teilbereiche innerhalb des Bündels und somit zur Entstehung zylindrischer Fehlstellen.

Im Anschluss an die optische Analyse wird jede Probe mit Hilfe des archimedischen Prinzips in einer Dichtewaage vermessen. Hierbei werden sowohl die Masse der Probe als auch deren Dichte bestimmt. Danach erfolgt die Veraschung der Probe in einem Muffelofen bei 550°C. Diese Temperatur liegt oberhalb des Flammpunkts von Epoxidharzen. Die Matrix verbrennt und es verbleiben die Glasfasern, die auch bei diesen hohen Temperaturen keine Oxidation zeigen. Die Fasermasse wird im Anschluss bestimmt, sodass damit der Fasermasseanteil berechnet werden kann. Die Dichten von Fasern und Harz werden von den Herstellern bereitgestellt. So kann nach Gleichung (91) aus der DIN EN 2564 der Porenvolumengehalt quantitativ bestimmt werden [DIN98]. In Kombination mit dem Verhältnis der Porenarten zueinander ist das Ergebnis der jeweilige Gehalt.

$$\varphi_l = 1 - \left(W_f \frac{\rho_c}{\rho_f} + \left(1 - W_f\right) \frac{\rho_c}{\rho_h} \right) \tag{91}$$

W_f	Fasermasseanteil im Verbund [kg]
ρ_c	Dichte des Verbunds [kg/m³]
ρ_f	Dichte der Fasern [kg/m³]
ρ_h	Dichte des ausgehärteten Harzes [kg/m³]

Diese Vorgehensweise wird für alle hergestellten Probeplatten durchgeführt. Da schon kleine Fehler im Ablauf der Vorbereitung zu Fehlstellen führen können, die nicht ausschließlich auf den Prozesszustand im Werkzeug zurückzuführen sind, wird jeder Versuch mit einem unerwartet hohen Porengehalt wiederholt.

In Kapitel 4.3.1 konnte anhand des Berechnungsmodells gezeigt werden, bis zu welcher kritischen Kapillarzahl die Bildung sphärischer Fehlstellen stattfindet. Ab diesem Punkt entstehen ausschließlich zylindrische Fehlstellen im zuvor gemessenen Verhältnis. Die Fehlstellenarten innerhalb des Kapillarzahlspektrums können somit klar voneinander abgegrenzt werden. Die hergestellten Proben zeigen hier ebenfalls keine sphärischen Fehlstellen mehr, sodass dieser Wert als sinnvolle Kenngröße angesehen werden kann.

Die kritische Kapillarzahl Ca_{krit} für die Entstehung sphärischer Fehlstellen kann anhand von Gleichung (77) ermittelt werden. Für einen verbleibenden Kapillardruck im axialen Bündel von 0 ergibt sich die kritische Kapillarzahl. Die Ermittlung erfolgt hier über eine einfache Newtoniteration mit dem Zielwert der Fließfrontdifferenz von 0. Die nach dieser Methode ermittelten maximalen Kapillarzahlen für die Entstehung sphärischer Fehlstellen ist in Abbildung 5-18 für die untersuchten Gewebe dargestellt.

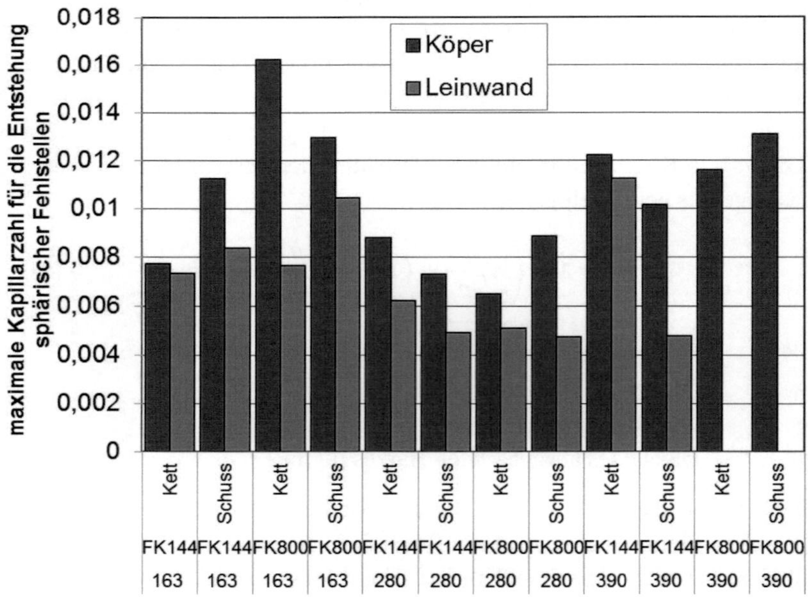

Abbildung 5-18 Maximale Kapillarzahl für die Entstehung sphärischer Fehlstellen berechnet für alle untersuchten Gewebe

Mit dieser Vorgehensweise ist es möglich, für jedes Gewebe den Punkt zu ermitteln, bei dem theoretisch keine sphärischen Fehlstellen mehr auftreten. Da hierbei sowohl die Oberflächenspannung und die dynamischen Kontaktwinkel als auch geometrische Verhältnisse einbezogen werden, erfolgt die

Ermittlung auf breiter physikalischer Grundlage. Die Bildung der modifizierten Kapillarzahl mit Hilfe des statischen Kontaktwinkels zur Unterscheidung der Kapillarzahlbereiche für die Entstehung der unterschiedlichen Fehlstellenarten wird damit für Gewebe überflüssig und durch eine spezifischere Methode ersetzt [RPL96].

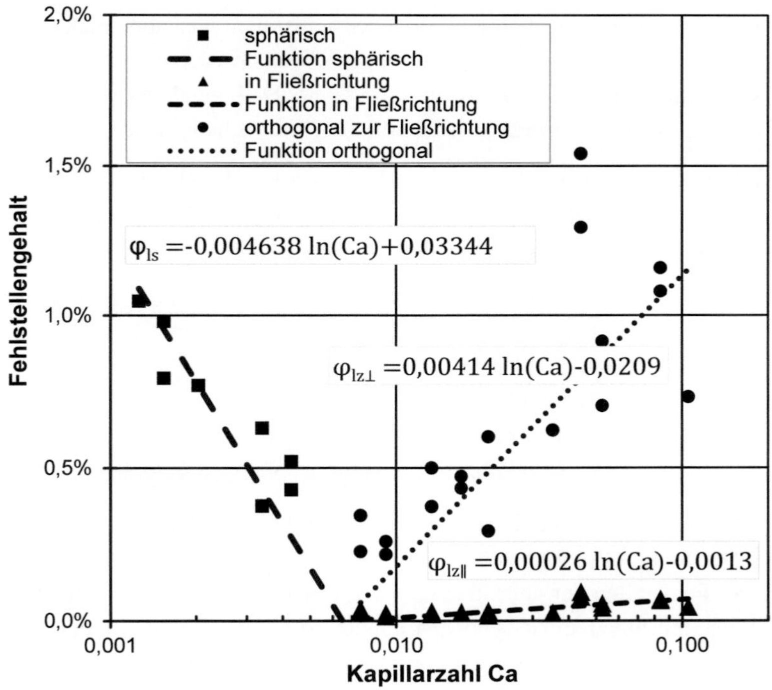

Abbildung 5-19 Fehlstellengehalte nach Kategorien für Köpergewebe mit Flächengewicht 280 g/m² und Finish FK800 beim Fließen in Kettrichtung

Die experimentell bestimmten Fehlstellengehalte aus den Versuchen werden über der Kapillarzahl aufgetragen. So entsteht das in Abbildung 5-19 exemplarisch gezeigte Diagramm für ein Köpergewebe mit Flächengewicht 280 g/m² mit dem Finish FK800. Es ist zu erkennen, dass sich der erwartete

Verlauf des Fehlstellengehalts einstellt. Die Fehlstellengehalte der Einzelmessungen sind einer starken Streuung von bis zu 1% unterworfen, die aufgrund statistischer Effekte entsteht. Ein Minimum wird bei einer Kapillarzahl Ca von 0,0065 erreicht. Dies ist die besprochene kritische Kapillarzahl für die Entstehung sphärischer Fehlstellen. Von diesem Punkt an ergibt sich der Anstieg des Gehalts zylindrischer Poren für höhere Kapillarzahlen. Es ist ersichtlich, dass sich der Gehalt zylindrischer Fehlstellen hier noch nicht bei 0 befindet. Es besteht somit eine geringfügige Überschneidung der beiden Bereiche. Dennoch liegt hier ein Minimum des Fehlstellengehalts vor und für größere Kapillarzahlen treten ausschließlich zylindrische Fehlstellen auf.

Zur verbesserten Beschreibung des Verlaufs werden Ausgleichsgeraden gebildet. Die für die Ausgleichsgeraden zu Grunde liegende Funktion weist für alle drei Fälle die folgende Form auf:

$$\varphi_l = m \ln Ca - b_0 \qquad (92)$$

$$\text{mit} \quad b_0 = m \ln(Ca_{krit}) \qquad (93)$$

m	Steigungsparameter [ ]
b_0	Ordinatenabschnitt [%]
Ca_{krit}	kritische Kapillarzahl für Entstehung sphärischer Fehlstellen [ ]

Die Steigungen der Ausgleichsgeraden sind hierbei spezifisch für jedes Gewebe. Der Steigungsparameter m ist der maßgebliche Wert, der die Entstehung der Fehlstellen der geprüften Gewebe beschreibt. Da der Ordinatenabschnitt b_0 sich aus dem Steigungsparameter sowie der bereits berechneten kritischen Kapillarzahl für die Entstehung sphärischer Fehlstellen ergibt, können so mit Hilfe weniger Kennwerte die Steigungen beschrieben werden. Fehlstellenentstehung aller drei Fehlstellenarten kann mit nur 4 Parametern (Ca_{krit} und den 3 Steigungsparametern m) vollständig beschrieben werden. Die spezifische Steigung ist somit eine wichtige Kenngröße des Gewebes. Diese beschreiben die Fehlstellenentstehungsraten für alle möglichen Kapillarzahlen. Die Ermittlung der Steigung erfolgt hier ebenfalls mit Hilfe der Methode der kleinsten Fehlerquadrate. Die großen Datenmengen aus den Prozessversuchen können so effizient erfasst werden. Die Kombination dieser beiden Kennwerte wird daher hier herangezogen, um die Fehlstellenentstehung für jeden Porentyp zu charakterisieren. Die Ausgleichsgeraden bieten sich insbesondere zum Abgleich mit den Modellfunktionen an. Im Rahmen dieses Abgleichs ergeben sich die zuvor beschriebenen Anpassungsparameter, die die Modelle an die empirischen Kennwerte anpassen.

Somit wurde eine breite experimentelle Grundlage zur Validierung der Modelle geschaffen. Mit Hilfe der optischen Auswertung der Fehlstellenarten der zylindrischen Poren sowie der Nutzung der kritischen Kapillarzahl, die sich anhand des Modells der Entstehung sphärischer Fehlstellen ergibt, ist es möglich, eine effiziente Auswertung der Prozessversuche vorzunehmen.

5.3 Validierung der Modelle

Die Ergebnisse aller Versuche werden abschließend analysiert und es wird gezielt nach Auffälligkeiten zwischen den in Kapitel 5.1.2 definierten Halbzeugen sowie deren Aufbau gesucht. Ziel ist es, die jeweiligen Anpassungsfaktoren zu finden, mit deren Hilfe die theoretisch ermittelten Fehlstellenwerte auf die in den Experimenten ermittelten Werte angepasst werden können. Dies soll ermöglichen, eine hohe Prognosegüte des Fehlstellengehalts zu erzielen.

Da sich sowohl die Modelle als auch die wichtigsten Einflussfaktoren unterscheiden, erfolgt die Ermittlung der Anpassungsfaktoren nach spezifischen Strategien. Die Anpassungsfaktoren strecken oder stauchen die aus dem Grundmodell hervorgehende Funktion des Fehlstellengehalts in Abhängigkeit der Kapillarzahl und sind vom vorliegenden Modell sowie weiteren Parametern abhängig. Präsentiert werden hier die jeweils am stärksten korrelierenden Faktoren für die Erstellung des Anpassungsfaktors. Diese ermöglichen die Beschreibung des Sachverhalts, liefern jedoch nicht notwendiger Weise eine physikalische Begründung des beobachteten Verhaltens.

5.3.1 Validiertes Modell zur Entstehung sphärischer Poren

Die Variation des Injektionsdrucks sowie die Nutzung eines einzelnen Punktangusses erzeugen eine hohe Bandbreite der Kapillarzahl während jeder durchgeführten Probekörperherstellung. Die optische Analyse mit Hilfe eines

Mikroskops zeigt in Verbindung mit der Messung der Kapillarzahl, dass im Kapillarzahlbereich kleiner als die kritische Kapillarzahl, wie erwartet, sphärische Fehlstellen auftreten. Die Betrachtung zur Entstehung sphärischer Fehlstellen kann daher im Bereich der kleinen Kapillarzahlen erfolgen.

Mit Hilfe einer Steigungsgeraden im Diagramm des Fehlstellengehalts über der logarithmischen Kapillarzahl ist es möglich, die Fehlstellenentstehung auf einfachem Weg zu beschreiben. Die Abhängigkeit des erwarteten Fehlstellengehalts von der Kapillarzahl wird mit Hilfe der einfachen Funktion klar abgebildet. Deren Steigung wiederum ist, wie in Kapitel 4.3.1 beschrieben, maßgeblich von der Geometrie von Bündel und Bündelzwischenräumen sowie den Oberflächeneigenschaften abhängig. Die mit Hilfe des aufgestellten Modells des Porenvolumengehalts ermittelte Steigung für alle untersuchten Verstärkungshalbzeuge ist in Abbildung 5-20 gezeigt. Es ist erkennbar, dass die Steigung für jeden Typ der Faserhalbzeuge spezifisch ist. Besonders herausstechend ist das Leinwandgewebe mit 390 g/m² Flächengewicht. Hier werden die höchsten Steigungswerte gemessen. Ebenso erwähnenswert ist das Köpergewebe mit 280 g/m² Flächengewicht. Hier liegt eine sehr niedrige Steigung vor, die einer geringen Neigung zur Bildung von Fehlstellen gleichkommt. Bei allen Flächengewichten treten in der Regel große Unterschiede zwischen den Bindungsarten auf. Ebenso liegen unterschiedliche Steigungen für die jeweiligen Richtungen des Gewebes vor. Es zeigt sich, dass die alleinige Beschreibung der Fehlstellenentstehung mit den variierten Prozessparametern nicht erfolgen kann. Die Betrachtung erfordert die Nutzung der aufgestellten Modelle.

Die erwartete Abhängigkeit der Fehlstellenentstehung von den geometrischen Verhältnissen der Bündel kann somit bestätigt werden, jedoch muss eine genauere Betrachtung vorgenommen werden. Die Nutzung der Steigung m sowie der aus einem einfachen Kontaktwinkelexperiment und Schliffproben zu ermittelnden kritischen Kapillarzahl kann für eine einfache Berechnung des für eine Fließgeschwindigkeit zu erwartenden Fehlstellengehalts genutzt werden. So können aufwendige Prozessversuche eingespart werden. Dies ist zunächst jedoch lediglich für die hier verglichenen Gewebetypen möglich.

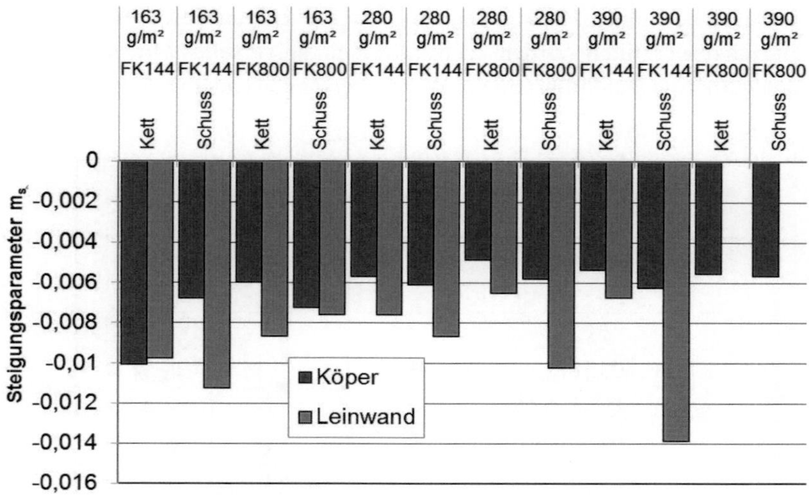

Abbildung 5-20 Steigungsparameter m_s für sphärische Fehlstellen

Eine allgemeine Aussage zur Fehlstellenentstehung kann erst durch die Betrachtung der Abhängigkeit der Steigung von den geometrischen Verhältnissen im Gewebe erfolgen. Hierzu wird das in Kapitel 4.3.1 aufgestellte Rohmodell zunächst ohne den gewebespezifischen Anpassungsfaktor a_s angewendet. Auch hier wird die Steigung der Funktion bestimmt. Dazu wird der Bereich zwischen 0,0005 und 0,007 in Verbindung mit der berechneten kritischen Kapillarzahl genutzt. Die Steigung wird mit Hilfe einer Geraden durch die kritische Kapillarzahl auf der x-Achse bestimmt. Anhand der gemessenen Steigung sowie der Steigung des Rohmodells ergibt sich ein Quotient, mit dem die theoretische Steigung in die gemessene Steigung überführt werden kann. Dieser Quotient ist der gesuchte Anpassungsfaktor a_s. Wird der anhand der Kapillarzahl mit Hilfe des Rohmodells bestimmte Fehlstellengehalt mit dem Anpassungsfaktor multipliziert, ergibt sich der erwartete Fehlstellengehalt.

Die Angleichung der berechneten Steigung an die gemessene Steigung über geometrische Faktoren stellt eine universelle Anwendbarkeit des Modells sicher. Ziel ist es daher, den Anpassungsfaktor anhand der vorliegenden Geometrie zu bestimmen. So kann anhand eines beliebigen Gewebes ein Anpassungsfaktor ermittelt werden. Es resultiert ein universelles Modell, das ohne eine vorherige Durchführung von Versuchen angewendet werden kann.

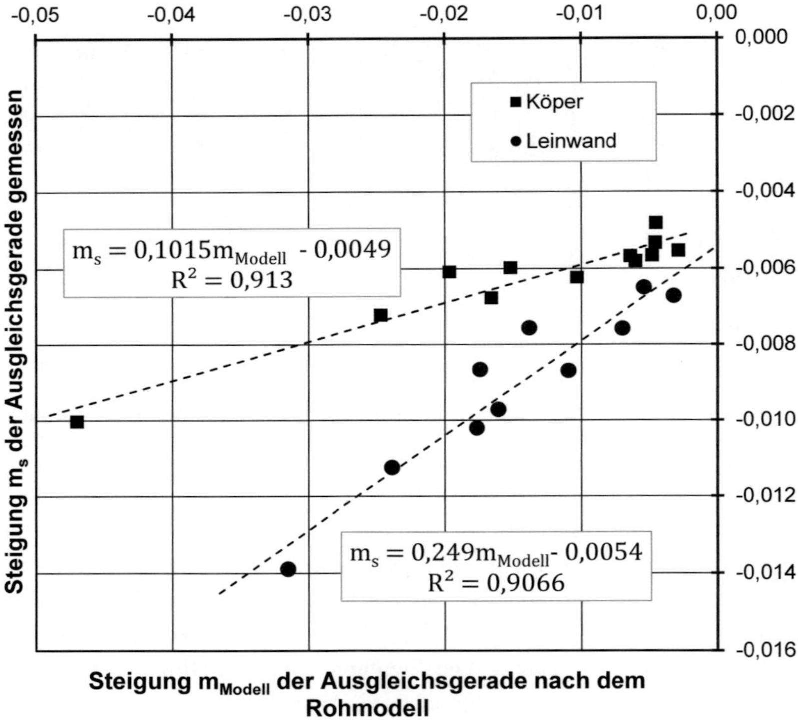

Abbildung 5-21 Vergleich der nach dem Rohmodell berechneten und der gemessenen Steigung m_s der Ausgleichsgeraden für sphärische Fehlstellen

Die Auftragung der gemessenen Steigung des sphärischen Fehlstellengehalts m_s auf der Steigung m_{Modell} des Rohmodells in Abbildung 5-21 zeigt, dass sich hier zwei Gruppen bilden. Wie ersichtlich, stellt sich ein spezifischer Verlauf für Köper- und Leinwandgewebe ein. Die Unterschiede können mit der stärkeren Verwebung der Fäden zusammenhängen. Hieraus ergibt sich eine größere Ondulation der Fasern und eine engere Packung der Bündel.

Allgemein erzeugt das Modell häufig eine zu hohe Steigung, was darauf zurückzuführen ist, dass dieses von idealen Bedingungen zur Porenentstehung ausgeht. Schon geringe geometrische Abweichungen können dazu führen, dass weniger Poren entstehen oder diese schon direkt bei der Entstehung beginnen, sich mit der Fließfront zu bewegen. In einigen Fällen beträgt die gemessene Steigung jedoch auch geringfügig mehr als die berechnete. Mit Hilfe des Anpassungsfaktors können alle Werte des Rohmodells auf die tatsächlichen Kenngrößen angepasst werden.

Die Korrektur der Steigung des Modells auf die tatsächlich gemessene Steigung erfolgt anhand eines einfachen linearen Modells der Ausgleichsgeraden aus Abbildung 5-21, das sich anhand zweier Faktoren ergibt. Diese werden bei der Steigungsermittlung nach Gleichung (94) berechnet. Hieraus wird nach Gleichung (96) der Anpassungsfaktor für sphärische Fehlstellen berechnet. Dieser kann verwendet werden, um sowohl die Steigung des Modells aber auch einzelne Werte, die mit dem Modell berechnet wurden, an reale Bedingungen anzupassen.

$$m_s = c_1 m_{Modell} - c_2 \tag{94}$$

$$m_s = a_s \cdot m_{Modell} \tag{95}$$

$$a_s = c_1 - \frac{c_2}{m_{Modell}} \tag{96}$$

m_s Anstieg des sphärischen Fehlstellengehalts [ ]
m_{Modell} Anstieg des sphärischen Fehlstellengehalts nach Rohmodell [ ]
c_1/c_2 Webartspezifische Anpassungsfaktoren [ ]
a_s gewebespezifischer Anpassungsfaktor für die Entstehung sphärischer Fehlstellen [ ]

Die Faktoren der linearen Anpassung des Rohmodells sind in Tabelle 5-3 aufgeführt. Unter Nutzung der Faktoren kann aus dem ausschließlich anhand geometrischer Faktoren und Materialeigenschaften basierten Rohmodell ein auf den hier vorgestellten Experimenten basiertes Modell erstellt werden, was zu einer starken Verbesserung der Genauigkeit führt.

Tabelle 5-3 Webartspezifische Faktoren zur Steigungsbestimmung der Ausgleichsgerade des sphärischen Fehlstellengehalts

Webart	c_1	c_2
Köper	0,1015	0,0049
Leinwand	0,249	0,0054

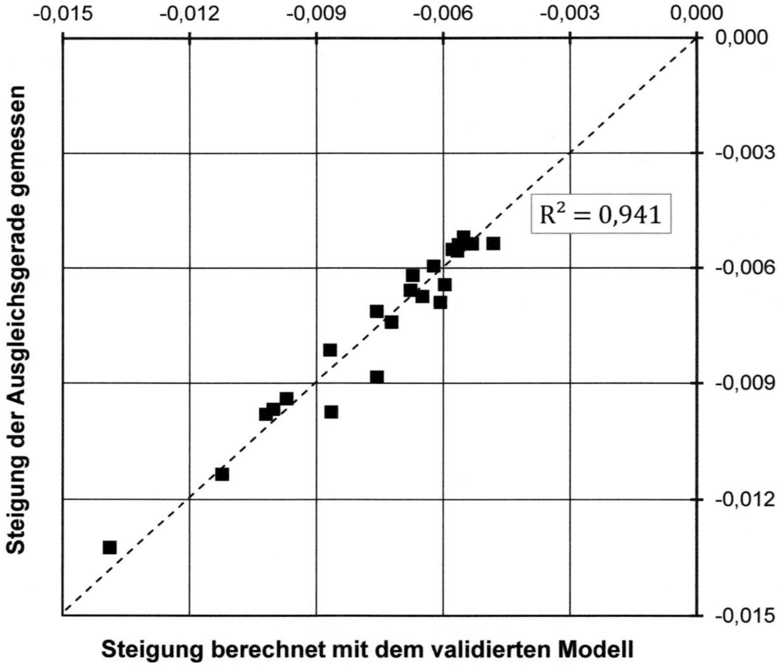

Abbildung 5-22 Beurteilung der Modellgüte anhand des Vergleichs zwischen mit Hilfe des Modells berechneten und gemessenen Werten

Die Abbildungsgenauigkeit des so korrigierten Modells wird in Abbildung 5-22 demonstriert. Darin werden die Steigungen der Ausgleichsgeraden berechnet und gemessen verglichen. Es ist zu erkennen, dass nur geringe Differenzen zwischen dem validierten Modell und den gemessenen Werten bestehen. Die Anpassung mit Hilfe des Anpassungsfaktors, dem ein einfaches lineares Modell zugrunde liegt, ermöglicht somit eine exakte Abbildung des realen Verhaltens. In der Darstellung liegen alle Punkte auf der Ursprungsgeraden. Das hohe Bestimmtheitsmaß R^2 von 0,941 bescheinigt eine gute Abbildbarkeit der Erwartungswerte der Steigung der Fehlstellengehalte. Die Abweichungen sind nahezu ausschließlich statistischer Natur.

Mit der beschriebenen Vorgehensweise ist die Erstellung eines die Realität abbildenden Modells möglich. Das kapillarzahlabhängige Verhalten der Fehlstellenentstehung kann so für jedes beliebige Gewebe dargestellt werden und wird mit Hilfe des Anpassungsfaktors an die realen Bedingungen angepasst. Das Modell ist im gesamten Bereich der untersuchten Kennwerte universell anwendbar und ermöglicht die Berechnung des Fehlstellengehalts anhand einfacher geometrischer Größen. Die Gültigkeit ist jedoch zunächst auf den untersuchten Bereich der Preformparameter Flächengewicht, Webart und Finish beschränkt. Die Berechnung eines Fehlstellengehalts für ein beliebiges Gewebe innerhalb dieses Bereichs bei gegebener Kapillarzahl erfolgt über die Berechnung des Anpassungsfaktors nach Gleichung (96) sowie der Anpassung des Fehlstellenentstehungsmodells aus Kapitel 4.3.1.

5.3.2 Validiertes Modell zur Entstehung zylindrischer Poren in Fließrichtung

In Fließrichtung wird das Bündel in einem nahezu stationären Zustand umströmt und dabei aufgrund des Kapillareffekts in Kombination mit dem steigenden Druck des Harzes im Fließkanal benetzt. In Kapitel 4.3.2 wird dargelegt, dass sich auch ein stationärer Fließfrontverlauf einstellt, der im Bündel nahezu linear verläuft. Unter Vereinfachung der Fließfrontgeometrie kann von einem regelmäßigen Winkel ausgegangen werden, mit dem sich der Fließfrontverlauf charakterisieren lässt. Dieser Winkel stellt ein einfaches Maß für die Benetzungsbedingungen im Bündel dar. Als Vergleichswert dient hier der Tangens des Fließwinkels bei einer Kapillarzahl Ca = 0,1. In diesem Bereich liegt der Prozess klar im Bereich einer erzwungenen Tränkung, da der Kontaktwinkel zwischen Harz und Faser über 90° liegt. Zudem wird dieser Bereich für jedes Gewebe erreicht, sodass ein Vergleich zwischen gemessenen und berechneten Kennwerten hier am zielführendsten ist.

Anhand der gemessenen Steigungen der Fehlstellengehalte, die nach Gleichung (92) nach einer Logarithmusfunktion bestimmt werden, können die

Einflussfaktoren validiert werden. Die Steigungsparameter für die zylindrischen Fehlstellen sind in Abbildung 5-23 gezeigt. Es wird deutlich, dass eine große Bandbreite der Steigungen vorliegt. Insbesondere in Schussbündeln werden hohe Fehlstellengehalte gemessen. Aus den Steigungen kann ein allgemeines Modell zur Entstehung zylindrischer Poren in Fließrichtung erarbeitet werden. Grundgedanke ist hierbei, dass Fehlstellen zwar zufallsbedingt erzeugt werden, die Wahrscheinlichkeit jedoch mit einem spitzeren Fließfrontwinkel und somit einer höheren Kapillarzahl steigt. Dies ist bis zum maximalen Fehlstellengehalt möglich. Der Fehlstellengehalt ergibt sich somit aus dem Produkt aus dem Tangens des Fließwinkels α bei Ca=0,1 und dem maximalem Fehlstellengehalt nach einer zu bestimmenden Funktion. Dies wird anhand der Korrelation zwischen simulierten und gemessenen Werten durchgeführt.

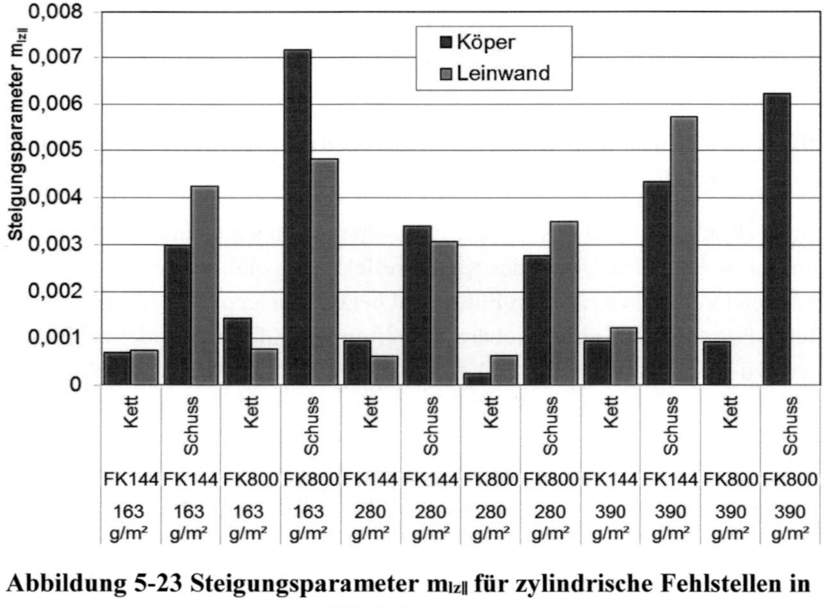

Abbildung 5-23 Steigungsparameter $m_{lz\parallel}$ für zylindrische Fehlstellen in Fließrichtung

Der Vergleich des Anstiegs des gemessenen Fehlstellengehalts ermittelt aus der Ausgleichsgeraden für Ca=0,1 im Vergleich zum Produkt aus dem Tangens des Fließwinkels α für den selben Wert und maximalem Fehlstellengehalt in Abbildung 5-24 zeigt, dass eine klare Unterscheidung zwischen Köper- und Leinwandgeweben besteht. Für beide Webarten lassen sich eigene Korrelationen feststellen. Leinwandgewebe weisen schon bei einem geringen Wert des Produkts einen starken Anstieg des Porenvolumengehalts auf. Erwähnenswert ist weiterhin, dass keine klare Differenzierung zwischen Kett- und Schussbündeln möglich ist.

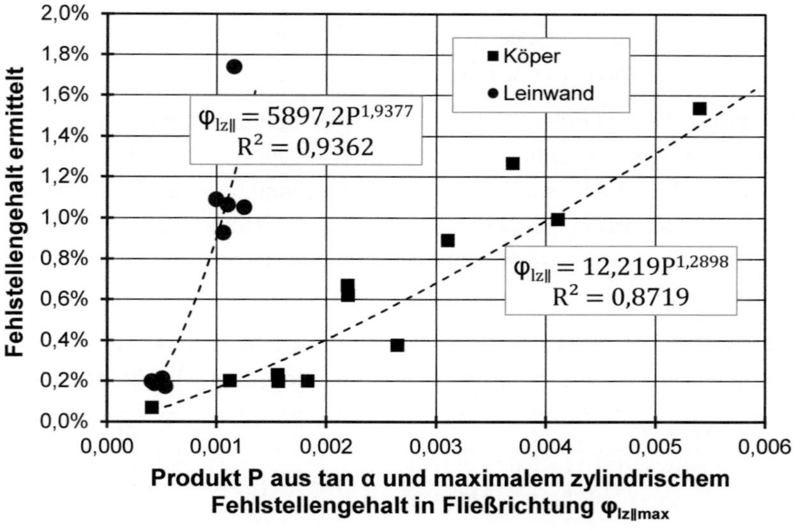

Abbildung 5-24 Vergleich zwischen ermittelten Gehalt der zylindrischen Fehlstellen in Fließrichtung und dem Produkt aus Fließwinkel α und maximalem Fehlstellengehalt

Die Webarten unterscheiden sich insbesondere anhand der unterschiedlichen Anzahl der Umschlingungen zwischen Kett- und Schussbündel. So liegt in Leinwandgeweben eine weitaus größere Ondulation vor. Die aufgezeigten Messwerte zeigen klar, dass dieser Unterschied Auswirkungen auf die Wahrscheinlichkeit der Fehlstellenentstehung hat. Die webartabhängige Ondulation ist somit eine geeignete Erklärung für den stärkeren Anstieg des Fehlstellengehalts bei steigender Kapillarzahl für Leinwandgewebe.

Die beiden nach Webarten unterschiedenen Gruppen der Steigungen beschreiben jeweils eine Potenzfunktion, die ohne zusätzliche Vorfaktoren auskommt. Es werden hohe Konfidenzniveaus im Bereich von 0,9 erreicht. Somit kann ein einfaches, empirisches Modell zur Fehlstellenentstehung gebildet werden.

$$\varphi_{lz\parallel} = d_1 P^{d_2} \tag{97}$$

$$m_{lz\parallel} = \frac{\varphi_{lz\parallel}(Ca = 0{,}1)}{\ln(0{,}1) - \ln(Ca_{krit})} \tag{98}$$

d_1/d_2 Webartspezifische Anpassungsfaktoren [ ]
$m_{lz\parallel}$ Steigung der Fehlstellenfunktion [ ]

Der entsprechende Ordinatenabschnitt b ergibt sich nach Gleichung (93) anhand der kritischen Kapillarzahl zur Entstehung sphärischer Fehlstellen. Somit ist auch hier die Ermittlung einer einfachen Funktion des Gehalts zylindrischer Poren anhand einfacher geometrischer Kenngrößen möglich. Die webartspezifischen Faktoren können der folgenden Tabelle 5-4 entnommen werden:

Tabelle 5-4 Webartspezifische Faktoren zur Steigungsbestimmung Ausgleichsgerade des zylindrischen Fehlstellengehalts in Fließrichtung

Webart	d_1	d_2
Leinwand	5897,2	1,9377
Köper	12,219	1,2898

Die Ermittlung der Funktion des Fehlstellengehalts in Abhängigkeit der Prozessbedingungen erfordert somit nur einen geringen Aufwand. Anhand der geometrischen Verhältnisse kann mit Hilfe des Tränkungsmodells der Fließwinkel α am Punkt Ca=0,1 bestimmt werden. Ebenso wird der maximale Fehlstellengehalt bestimmt. Die Webart gibt die spezifischen Faktoren d_1 und d_2 vor, sodass der Anstieg des Fehlstellengehalts nach Gleichung (98) für jede vorliegende Kapillarzahl bestimmt werden kann.

Ein Vergleich der gemessenen und der nach dem Modell berechneten Steigung der Ausgleichsgeraden für zylindrische Fehlstellen in Fließrichtung in

Abbildung 5-25 zeigt, dass eine hohe Abbildungsgenauigkeit der realen Verhältnisse vorliegt. Ein Bestimmtheitsmaß von über 0,86 zeigt eine gute Modellgüte an. Im Einzelfall können hier Abweichungen auftreten. Dennoch kann das Modell herangezogen werden, um eine gute Abschätzung des Fehlstellengehalts ausschließlich anhand geometrischer Kenngrößen zu erstellen.

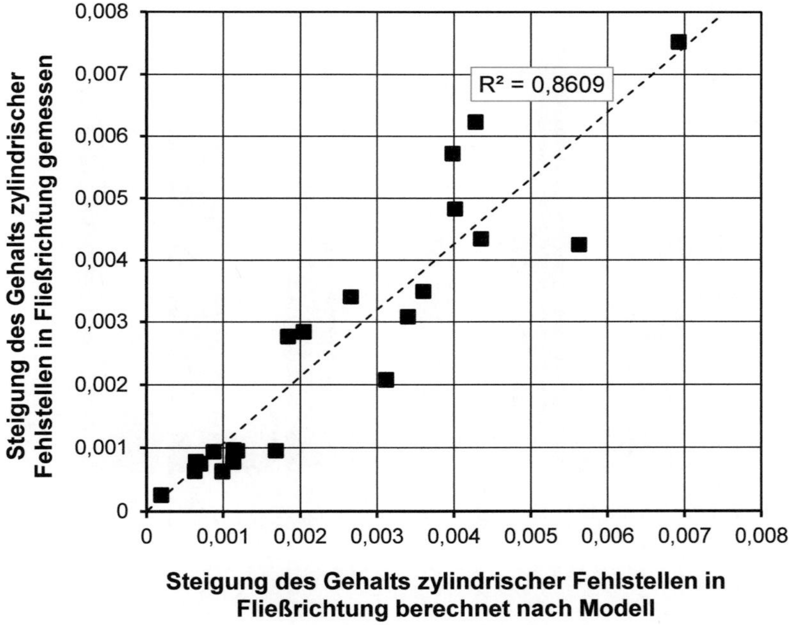

Abbildung 5-25 Vergleich gemessene Steigung der Ausgleichsgeraden mit der Steigung nach dem Berechnungsmodell für zylindrische Poren in Fließrichtung

5.3.3 Validiertes Modell zur Entstehung von Poren orthogonal zur Fließrichtung

Die Fehlstellen orthogonal zur Fließrichtung werden durch Umfließen des Bündels und den daraus folgenden Einschluss der Luft gebildet. Bei hohen Fließgeschwindigkeiten wird das Bündel nahezu vollständig umflossen, bevor eine nennenswerte Tränkung der Fasern stattfindet. Wesentlicher Treiber dessen sind die hohen Unterschiede zwischen der Gesamtpermeabilität, der Permeabilität quer zur Faserrichtung im Bündel sowie der Tränkung entgegenwirkende Kapillardrücke aufgrund von Kontaktwinkeln jenseits von 90°. Aus Abbildung 5-26 gehen klare Unterschiede zwischen Kette und Schuss hervor.

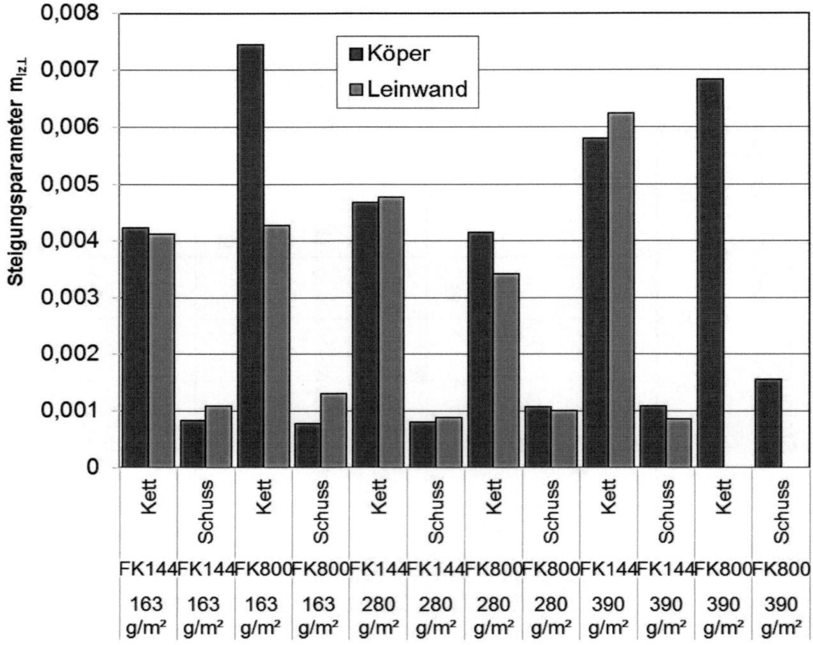

Abbildung 5-26 Steigungsparameter $m_{lz\perp}$ für zylindrische Poren orthogonal zur Fließrichtung

Der aus dem Modell errechnete kapillarzahlabhängige Fehlstellengehalt in Kapitel 4.3.3 zeigt einen S-förmigen Verlauf, der in einer analytischen Funktion nur schwer beschreibbar ist. Aus diesem Grund wird hier ebenfalls ein Vergleich der Fehlstellengehalte bei Ca=0,1 vorgenommen. In diesem Bereich liegt bereits ein negativer Kapillardruck vor, was die Tränkung der Fasern erschwert und zu einer erhöhten Fehlstellenentstehung führt. Der tatsächlich gemessene Fehlstellengehalt liegt in diesem Bereich in der Regel unterhalb des im Modell ermittelten Gehalts, da nach dem Umfließen des

Bündels stets noch ein Teil der eingeschlossenen Luft entweichen kann. Aus diesem Grund wird auch hier ein einfacher Anpassungsfaktor ermittelt, der den Bezug zwischen nach Modell berechnetem und tatsächlich gemessenem Fehlstellengehalt herstellt. Der Anpassungsfaktor ergibt sich in Abhängigkeit des berechneten Fehlstellengehalts, sodass eine Ermittlung der gesamten erforderlichen Faktoren ausschließlich anhand geometrischer Kenngrößen erfolgen kann.

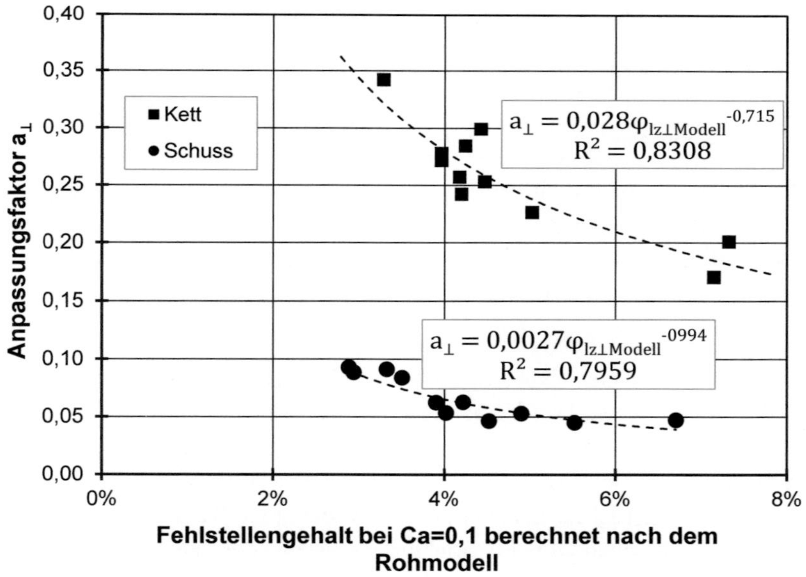

Abbildung 5-27 Ermittlung des Anpassungsfaktors für die Berechnung des Gehalts zylindrischer Fehlstellen orthogonal zur Fließrichtung

Auch hier liegen zwei Gruppen vor, die sich klar voneinander abgrenzen. Das Verhalten bei einer Tränkung in Kett-Richtung unterscheidet sich vom Verhalten in Schuss-Richtung. Hierbei treten die höheren Anpassungsfaktoren in Kettrichtung auf, was auf einen geringeren Anpassungsbedarf des Modells schließen lässt. Die Anpassungsfaktoren können mit Hilfe einer Potenzfunktion beschrieben werden. Der Anpassungsfaktor des Modells für zylindrische Fehlstellen orthogonal zur Fließrichtung ergibt sich nach Gleichung (99). Die Faktoren der Potenzfunktion können Tabelle 5-5 entnommen werden.

$$a_{\perp} = e_1 \varphi_{lz\perp Modell}(Ca = 0{,}1)^{e_2} \tag{99}$$

$a_{\perp}$ Anpassungsfaktor des angepassten Modells für zylindrische Poren orthogonal zur Fließrichtung [ ]

e_1/e_2 Webartspezifische Anpassungsfaktoren [ ]

Tabelle 5-5 Benetzungsrichtungsspezifische Faktoren zur Steigungsbestimmung der Ausgleichsgerade des zylindrischen Fehlstellengehalts orthogonal zur Fließrichtung

Tränkungsrichtung	e_1	e_2
Kett	0,0280	-0,715
Schuss	0,00265	-0,914

Der Anpassungsfaktor wird zur Nutzung am Berechnungsmodell herangezogen, sodass eine Anpassung an den tatsächlichen Verlauf der Fehlstellenentstehungsfunktion möglich wird. Hierzu kann jeder ermittelte Fehlstellengehalt des Rohmodells mit dem Anpassungsfaktor multipliziert werden.

Das nach Kett- und Schussrichtung verschiedene Verhalten bei der Fehlstellenentstehung ist hier als wichtiger Unterschied zu den zuvor vorgestellten Modellen zu nennen. Das Verhalten zeigt, dass vermehrt Fehlstellen in den Schussbündeln auftreten. Eine mögliche Erklärung für den Unterschied zwischen Kett- und Schussrichtung liefert auch hier die Ondulation der Faserbündel. Zunächst ist festzuhalten, dass sich bei einer Tränkung in Kettrichtung die orthogonal zur Fließrichtung entstehenden Fehlstellen in den Schussfäden befinden. Insbesondere die Schussfäden sind stärker onduliert, da beim Webvorgang hauptsächlich die Schussbündel verformt werden. Diese werden zwischen den gespannten Kettfäden onduliert. Aus den stärker ondulierten Bündeln kann die Luft weniger leicht wieder entweichen, da hier die Fasern aufgrund der Verformung gestreckt wurden und so regelmäßiger und dichter angeordnet sind. Ein vollständiger Lufteinschluss ist nur möglich, wenn das gesamte Bündel umflossen wird. Die Luft kann somit offensichtlich weniger schnell aus den Schussbündeln entweichen.

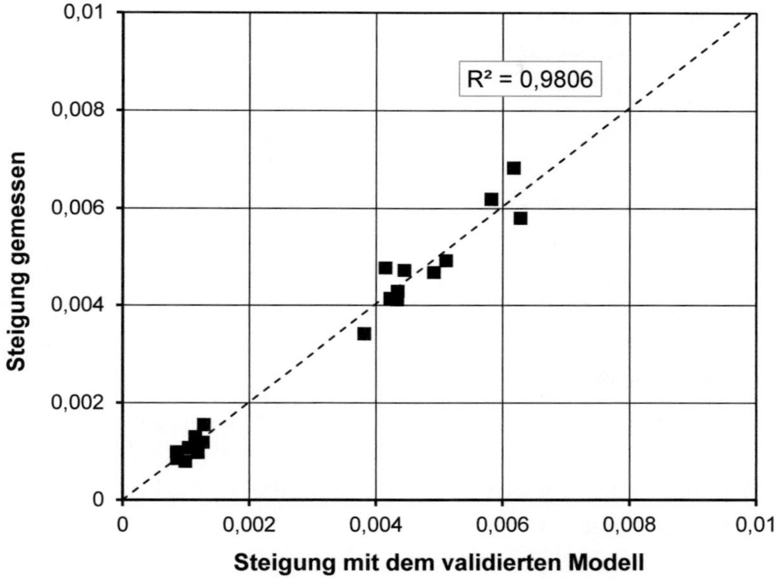

Abbildung 5-28 Vergleich der nach dem angepassten Modell berechneten und in Versuchen Ermittelten Steigung des Gehalts zylindrischer Fehlstellen orthogonal zur Fließrichtung

Der Vergleich zwischen den nach dem validierten Prozessmodell berechneten und den in den Versuchen ermittelten Fehlstellengehalten in Abbildung 5-28 zeigt, dass eine gute Übereinstimmung der Fehlstellengehalte erzielt werden konnte. Dafür spricht auch hier ein Bestimmtheitsmaß von über 0,98. Das Modell beschreibt somit die tatsächlichen Vorgänge im Werkzeug gut und kann zur Vorausberechnung des Fehlstellengehalts verwendet werden.

5.4 Zusammenfassung der Modelle zur Fehlstellenentstehung

In den vorherigen Kapiteln wurden für die wichtigsten Fehlstellenentstehungsmechanismen Modelle aufgestellt und anhand von Versuchsdaten validiert. Dabei wurden experimentelle Ergebnisse der Benetzungsversuche von 11 Geweben verwendet. Da jedes Gewebe in zwei Hauptrichtungen der Fasern benetzt werden kann und sich hierbei unterschiedliche geometrische Bedingungen ergeben, wurden insgesamt 22 unterschiedliche Konfigurationen untersucht.

Anhand der Rohmodelle, die sich ausschließlich anhand der Materialeigenschaften und der vorliegenden Geometrien einer Einheitszelle des Gewebes aufstellen lassen, konnte die Fehlstellenentstehung nachgestellt werden. Es besteht stets eine direkte Abhängigkeit der Fehlstellenentstehungsrate von den Prozessbedingungen, die über Harzviskosität und Fließfrontgeschwindigkeit in Form der Kapillarzahl vollständig erfasst werden können. So ist es möglich, für jeden Prozesszustand eine Aussage über den zu erwartenden Fehlstellengehalt zu generieren.

Die Rohmodelle wurden anschließend anhand der 22 unterschiedlichen Konfigurationen mit den realen Bedingungen verglichen und so validiert. Es mussten spezifische Anpassungsfaktoren für die drei Fehlstellenentstehungsmechanismen gebildet werden. Die vorherige Auswahl der Gewebetypen nach den Grundsätzen der statistischen Versuchsplanung ermöglicht hier konkret die Trennung der Einflüsse der Hauptparameter der Halbzeuge. So konnte gezeigt werden, dass die Webart aber auch die Benetzungsrichtungen einen starken Einfluss auf die zu erwartenden Fehlstellengehalte aufweisen. Dies wurde in den jeweiligen Anpassungsfaktoren abgebildet, die wiederum direkt in das Rohmodell integriert werden können. In der Regel liegt ein geringerer Fehlstellengehalt vor, als aus dem Rohmodell hervorgeht. Die Anpassungsfaktoren bilden somit Mechanismen wie den Blasentransport, das Lösen der Luft im noch flüssigen Harz, insbesondere aber geometrische Abweichungen ab, die zwangsläufig durch die Vereinfachung der Bündelgeometrie entstehen. Es kann hier aufgrund der modellhaften Darstellung jedoch kein physikalischer Zusammenhang beschrieben, sondern lediglich die Korrelation mit den Preformparametern festgestellt werden. Die unterschiedliche Ondulation liefert eine schlüssige Erklärung für diese Korrelation.

Exemplarisch für die behandelten Gewebe ist in Abbildung 5-29 der Vergleich des zuvor gezeigten FK800 Köpergewebes mit 280 g/m² bei Tränkung in Kettrichtung mit den gemessenen Fehlstellengehalten bei unterschiedlichen Prozessbedingungen gezeigt. Insbesondere im für technische Prozesse angewendeten Bereich zwischen einer Kapillarzahl von 0,005 und 0,1 sind die Modelle in der Lage, die Fehlstellenentstehung zu beschreiben. Es ist zu erkennen, dass die kritische Kapillarzahl den Bereich der geringsten Fehlstellenentstehung markiert. Für das vorliegende Gewebe wurde 0,0065 ermittelt.

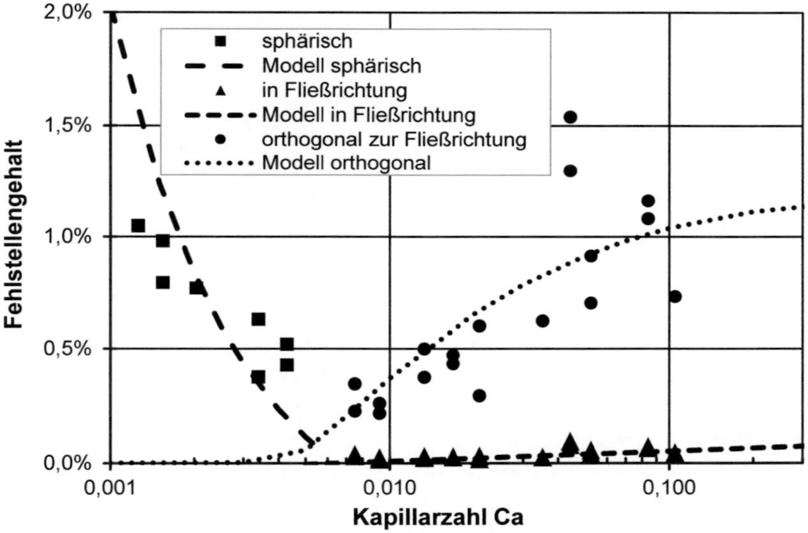

Abbildung 5-29 Validierte Fehlstellenentstehungsmodelle am Beispiel des Köpergewebes mit einem Flächengewicht von 280 g/m², dem Finish FK800 bei Tränkung in Kettrichtung

Es ist somit gelungen, die Fehlstellenentstehung mit Hilfe neuer Modelle allgemein beschreiben zu können, was in Zukunft eine Vielzahl von Prozessversuchen ersparen kann. Da die Modelle ausschließlich auf Prozess-, Materialparametern und geometrischen Faktoren basieren, kann bei der Nutzung eines neuen Gewebetyps auf die hier aufgezeigten Modelle zurückgegriffen werden und die Fehlstellenentstehung prognostiziert werden. So werden eine effektive Simulation des Fehlstellengehalts sowie die damit verbundene Optimierung im RTM-Prozess ermöglicht.

Ebenso können die Modelle zur Auswahl oder zur Entwicklung von Geweben mit besonders niedriger Neigung zur Fehlstellenentstehung herangezogen werden. Hierzu ist es möglich, die Gewebeparameter gezielt so zu variieren, dass ein möglichst geringer Fehlstellengehalt zu erwarten ist.

Tabelle 5-6 Zusammenfassung der Gesamtmodelle zur Porenentstehung

	sphärisch		**zylindrisch parallel**		**zylindrisch orthogonal**	
Prozessparameterabhängige Größe	$\varphi_{ls} = \frac{V_{ls}(Ca) \cdot a_s}{V_{ges}}$		$\varphi_{lz\parallel} = d_1 P(Ca)^{d_2}$		$\varphi_{l_{z\perp}} = \frac{r_{krit}^2(Ca)}{r_b^2} \varphi_{l_{z\perp max}} \cdot a_\perp$	
Berechnung nach	Gleichung (76)		Gleichung (97)		Gleichung (83)	
Anpassungsfaktor	$a_s = c_1 - \frac{c_2}{m_{Modell}}$		entfällt		$a_\perp = e_1 \varphi_{lz\perp Modell}(Ca = 0{,}1)^{e_2}$	
Einflussfaktor	Bindungsart		Bindungsart		Tränkungsrichtung	
	Köper	Leinwand	Köper	Leinwand	Kette	Schuss
Parameter Anpassungsfaktor	c_1= 0,1015	c_1= 0,249	d_1= 5897,2	d_1= 12,219	e_1= 0,0280	e_1= 0,00265
	c_2= 0,0049	c_2= 0,0054	d_2= 1,9377	d_2= 1,2898	e_2= -0,715	e_2= -0,914

Zusammenfassend sind hier nochmals die Gesamtmodelle zur Berechnung des Fehlstellengehalts aufgeführt. Es wird deutlich, dass stark unterschiedliche Strategien verfolgt werden mussten, um eine Korrelation der Modelle mit gemessenen Kennzahlen über Anpassungsfaktoren zu erzeugen. Dennoch ermöglichen die hier vorgestellten Gesamtmodelle die angestrebte Abschätzung des Fehlstellengehalts für beliebige Gewebetypen und können die Grundlage für Prozessoptimierungen bilden. Allen Modellen gemein ist die entscheidende Möglichkeit, anhand der Prozessparameter, die über die Kapillarzahl in die Modelle eingehen, den Fehlstellengehalt zu bestimmen.

6 Umsetzung der Modellvorstellungen zu großserientauglichen RTM-Verfahren

Die zuvor aufgezeigten und validierten Modelle ermöglichen es, basierend auf dem Tränkungsverhalten der Faserbündel, die Fehlstellenentstehung in Geweben zu beschreiben und optimieren. Hierfür kann auf aufwendige experimentelle Untersuchungen mit Hilfe eines Glaswerkzeugs verzichtet werden, bei denen unter definiert variierten Prozessbedingungen Proben hergestellt werden, deren Fehlstellengehalt im Anschluss bestimmt wird. Im Folgenden wird die hierfür erforderliche Vorgehensweise entwickelt werden.

6.1 Generieren der Eingangsdaten für die Optimierung

Ein wesentlicher Vorteil der Nutzung der erarbeiteten Modelle liegt in der Möglichkeit, die Prozesse ausschließlich anhand der Eingangsgrößen für die Berechnung abbilden zu können. Die Vorgehensweise zum Erstellen einer Prozesssimulation wird in Abbildung 6-1 beschrieben. Dabei ist zu beachten, dass die gestrichelt umrahmten Messungen durch Literatur- oder Simulationswerte ersetzt werden können, was den Aufwand maßgeblich verringert. Die erforderlichen Versuche können mit stark reduzierter und kostengünstiger Ausrüstung durchgeführt werden, sodass auch im wirtschaftlichen Betrieb eine umfassende Betrachtung möglich ist. Entscheidend dafür ist, dass die erstellen Modelle aufgrund der Betrachtung der vorliegenden Bündel- und Fließkanalgeometrie universell anwendbar sind. Die vergleichsweise wenig aufwendige Schliffprobe ist daher hier als zentrales Experiment zu sehen.

Im ersten Schritt können anhand des vom Hersteller beigestellten Datenblatts die Feinheit der Bündel sowie der Faserdurchmesser ermittelt werden. Gleiches gilt in der Regel für die Viskosität des Harzes. Hier werden häufig Viskositätsverläufe vom Hersteller bereitgestellt, die mit Hilfe eines einfachen Modells wie dem Weibull-Modell abgebildet werden können. Wenn keine Viskositätsverläufe zur Verfügung stehen, muss ein Rheometerexperiment durchgeführt werden.

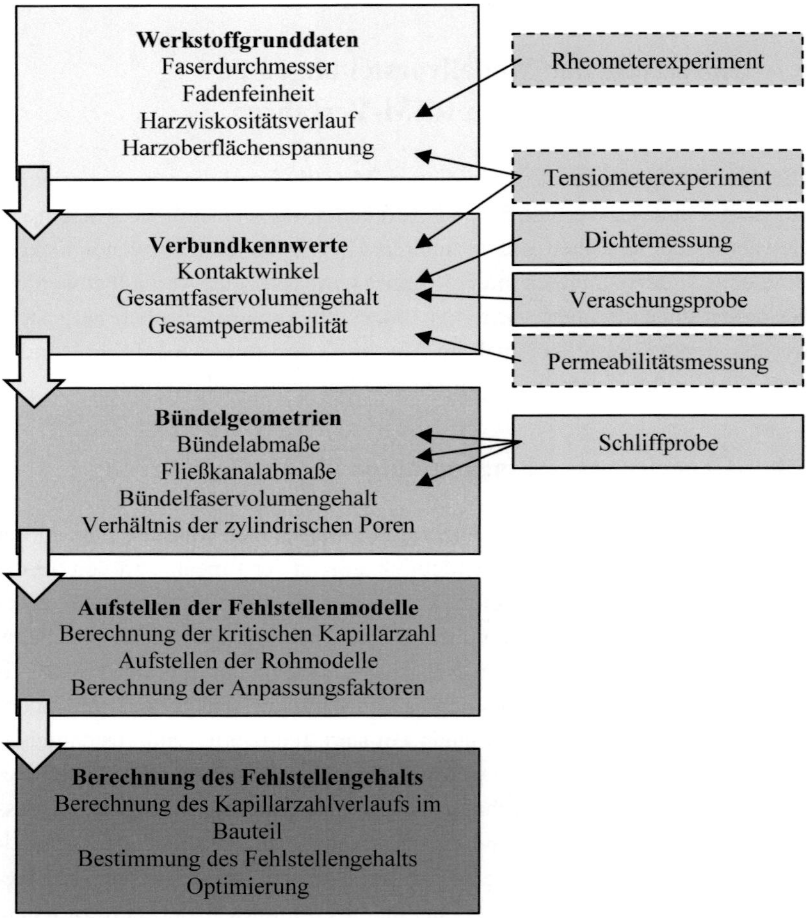

Abbildung 6-1 Vorgehensweise zur Prognose des Fehlstellengehalts in RTM-Bauteilen

Die Oberflächeneigenschaften können in einem Kontaktwinkelexperiment mit Hilfe eines Tensiometers gemessen werden. Hierbei ist zu beachten, dass der Polymertyp maßgeblich die Oberflächenspannung des Harzes bestimmt, sodass auch hier auf Literaturwerte zurückgegriffen werden kann. Ein Kontaktwinkelexperiment ermöglicht die Bestimmung des statischen Kontaktwinkels, der für die Verschiebung der Hoffman-Funktion verwendet werden kann. Im Falle der Verwendung der hier genutzten Harz-Finish-Kombination können die bereits ermittelten Kennwerte genutzt werden. Die Gesamtpermeabilität des Gewebes in die beiden maßgeblichen Raumrichtungen wird in der Regel in Permeabilitätsversuchen bestimmt. Hierzu können Versuchsaufbauten wie ein Glaswerkzeug, aber auch Messungen in speziellen Permeametern eingesetzt werden [RJM13] [Rie11] [Sta06]. Ebenso ist es auch mit spezieller Software möglich, die Permeabilität mit ausreichender Genauigkeit anhand von Geometriekenngrößen zu bestimmen [VLL10] [LHL01]. So können weitere Versuchsaufwände eingespart und die Prozessentwicklung beschleunigt werden.

In einem ersten Prozessversuch wird ein erstes Probebauteil hergestellt. Dies kann bereits das zu produzierende Bauteil sein. Das Bauteil wird hinsichtlich der Bündelgeometrien und des Verhältnisses der zylindrischen Fehlstellen untersucht. Dazu werden Proben entnommen und aufbereitet, sodass Kett- und Schussbündel sowie die Faserzwischenräume vermessen werden können. So können die für die Berechnung erforderlichen Geometriekenngrößen gebildet werden. Der Bündelfaservolumengehalt wird anhand der Querschnittfläche und der Faseranzahl im Bündel berechnet. Weiterhin werden Proben zur Bestimmung des Gesamtfaservolumengehalts genutzt.

Die Fehlstellenentstehung kann im nachfolgend anhand der in Kapitel 4 aufgestellten Modelle beschrieben werden. Hierzu werden zunächst die Rohmodelle angewendet und anschließend die kapillarzahlabhängigen Fehlstellenfunktionen mit Hilfe der Anpassungsfaktoren skaliert. Ein entscheidender Punkt ist die kritische Kapillarzahl für die Entstehung sphärischer Fehlstellen, die gleichzeitig den Bereich geringer Fehlstellenentstehung markiert.

Mit Hilfe des Modells kann dann in die Berechnung des Fehlstellengehalts eingestiegen werden. Am konkreten Fall des vorliegenden Bauteils, bzw. des dazugehörigen Produktionswerkzeugs, können anhand des Angusssystems, das aus einem oder mehreren Punkten sowie aus Linien bestehen kann, die Tränkungsbedingungen für das Gewebe bestimmt werden. Die Betrachtung der globalen Fließfrontausprägung ist ein wichtiger Bestandteil der Prozessentwicklung und Angussdefinition, da so etwaige makroskopische Lufteinschlüsse detektiert werden können und die Steigerpositionierung vorgenommen werden kann. Die Definition des Injektionsdruckverlaufs, bzw. im Falle einer volumengesteuerten Injektion des Volumenstroms, gibt die Prozessbedingungen der Tränkung vor. Mit deren Kenntnis kann an jedem Punkt des Werkzeugs mit Hilfe der Modelle eine Prognose des Fehlstellengehalts und davon abgeleitet eine Optimierung des Prozesses erfolgen.

Die hier vorgestellte Vorgehensweise ermöglicht eine umfassende Betrachtung der für die Bauteilqualität entscheidenden Fehlstellengehalte. Die aktuelle Vorgehensweise zur Prozessauslegung beschränkt sich häufig auf die Betrachtung makroskopischer Fehlstellen. In kleinen Betrieben ist die Auslegung nach Versuch und Irrtum, bzw. basierend auf Erfahrungswerten, insbesondere für kleine Stückzahlen weiterhin ein fester Bestandteil. Der Spagat zwischen einer hohen Bauteilqualität und einer hohen Stückzahlausbringung gelingt so häufig nicht, sodass auf mehrere Werkzeuge zurückgegriffen wird oder das RTM-Verfahren nicht als zielführend erachtet wird. Im Folgenden soll eine einfache Vorgehensweise vorgestellt werden, mit der ein fehlstellenarmer Prozess mit Hilfe der entwickelten Prozessmodelle für eine zykluszeitsensible Produktion entwickelt wird.

6.2 Algorithmus für fehlstellenarme Prozessführung

Die aufgestellten Fehlstellenentstehungsmodelle ermöglichen es, die Fehlstellenentstehung für jeden Prozesszustand vorherzusagen. Für die Bauteilherstellung sind neben dem Fehlstellengehalt insbesondere die Zykluszeiten von Belang. Die Injektionszeit ist die für die Zykluszeit maßgebliche Kenngröße, da die Harzsysteme so abgestimmt werden können, dass sie während der Injektionsphase noch eine geringe Viskosität aufweisen und erst in der anschließenden Aushärtephase einen schnellen Viskositätsanstieg durchlaufen.

Aus der Berechnungsformel der Kapillarzahl (28) geht hervor, dass diese von Viskosität, Fließfrontgeschwindigkeit sowie der Oberflächenspannung des Harzes abhängig ist. Die Oberflächenspannung des Harzes verändert sich im Prozess nicht, während die beiden anderen Faktoren eine Änderung durchlaufen. Die Viskosität verändert sich ausgehend von Temperatur und Zeit, wobei die Temperatur während der Injektionsphase als nahezu isotherm betrachtet werden kann. Die Fließfrontgeschwindigkeit hängt von Permeabilität, Fließweglänge, Injektionsdruck und Viskosität ab und kann somit anhand der Einstellparameter vorgegeben werden. Auch bei einer volumetrisch gesteuerten Injektion, bei der eine feste Menge Harz pro Zeit in das Werkzeug injiziert wird, hängt die daraus resultierende Fließfrontgeschwindigkeit vom Permeabilitätsverhältnis der Hauptrichtungen des Halbzeugs sowie dem Faservolumengehalt ab. Zudem ist hier zu beachten, dass bei einer zu hohen Injektionsrate der maximal zulässige Injektionsdruck, den die Injektionsanlage oder die Zuhaltekraft der Presse vorgibt, überschritten werden kann.

Die Kapillarzahl wird im aktuellen Stand der Forschung vorwiegend als Indikator des Prozesses genutzt. Auch die ausgearbeiteten Modelle ergeben einen Fehlstellengehalt, der sich aus der vorliegenden Kapillarzahl errechnet. In der klassischen Vorgehensweise zur Produktentwicklung gibt jedoch ein Lastenheft vor, welche Eigenschaften das Bauteil aufweisen soll. So wird auch der maximal akzeptierte Fehlstellengehalt vorgegeben. Eine einfache Möglichkeit, einen qualitätsorientierten Prozess zu etablieren, ist daher die Vorgabe einer Kapillarzahl, bei der die vorgegebenen Spezifikationen sicher eingehalten werden. So ist ein Freiheitsgrad der Prozessauslegung genommen und die Prozessentwicklung kann sicher am Faktor Qualität in Form eines niedrigen Fehlstellengehalts ausgerichtet werden. Damit ist es möglich, die Prozessparameter direkt aus der Simulation des Prozesses abzuleiten. Die Berechnungsformel der Kapillarzahl wird daher auf die einzige während des Prozesses sinnvoll zu steuernde Prozesskenngröße, die Fließfrontgeschwindigkeit, umgestellt. Die Definition der Fließfrontgeschwindigkeit und somit der Injektionsparameter erfolgt somit anhand der vorgegebenen Kapillarzahl.

$$v = \frac{Ca\,\sigma}{\eta} \tag{100}$$

Die Kapillarzahl sollte dafür im Bereich der zylindrischen Fehlstellenentstehung liegen, da hier eine hohe Fließfrontgeschwindigkeit vorliegt. Somit wird sichergestellt, dass eine möglichst hohe Injektionsgeschwindigkeit vorliegt. Der in diesem Bereich gewählte Punkt stellt somit das vom Anwender gewählte Optimum für den Prozess dar und sollte mit einem ausreichenden Abstand zum gewünschten Fehlstellenmaximum gewählt werden. Mit steigendem Fließweg steigt bei gleichbleibender Fließgeschwindigkeit der erforderliche Injektionsdruck, häufig bis zum maschinentechnischen Maximaldruck, sodass von diesem Punkt mit einer sinkenden Kapillarzahl zu rechnen ist. Im Bereich der sphärischen Fehlstellen steigt der Fehlstellengehalt bei weiter sinkender Kapillarzahl an, sodass auch hier eine Kapillarzahl identifiziert werden kann, bei der der maximal zulässige Fehlstellengehalt noch sicher nicht überschritten wird. Diese Betrachtung muss für die beiden Hauptrichtungen vorgenommen werden, wobei sich unterschiedliche Kennwerte ergeben. In Kombination kann so ein Prozessbereich festgelegt werden, in dem der Prozess sicher einen geringen Fehlstellengehalt ergibt. In Abbildung 6-2 wurde diese Betrachtung für Kett- und Schussrichtung des Köpergewebes mit Flächengewicht 280 g/m² und Finish FK800 vorgenommen. Als maximal zulässiger Fehlstellengehalt wurde hier 1% gewählt. Da stets Prozessschwankungen auftreten können, wurde ein Sicherheitsabstand von ca. 25% eingesetzt. Im zylindrischen Bereich wurden die beiden Fehlstellentypen durch Addieren zusammengefasst. Der Prozessbereich wird von den zylindrischen Fehlstellen der Kettrichtung sowie den sphärischen Fehlstellen der Schussrichtung begrenzt. Der Prozess sollte demnach den Kapillarzahlbereich von 0,003 und 0,02 nicht verlassen, was durch die Wahl der Prozessparameter sicherzustellen ist. Der Prozessbereich erstreckt sich hier folglich über nahezu eine gesamte Größenordnung der Kapillarzahl und lässt somit eine große Bandbreite an Prozesseinstellungen zu. Je geringer der maximale Fehstellengehalt gesetzt wird, desto kleiner wird das zur Verfügung stehende Prozessfenster.

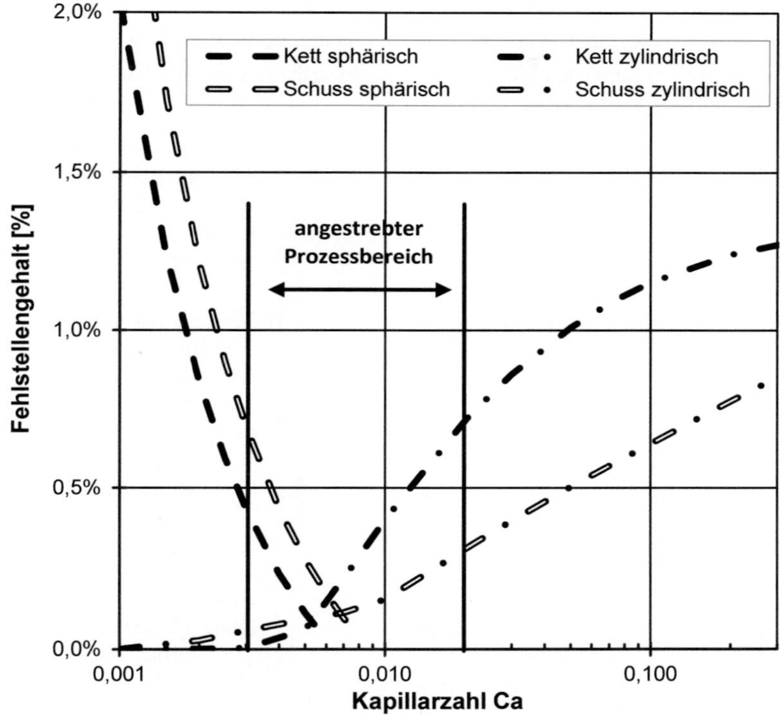

Abbildung 6-2 Angestrebter Prozessbereich im RTM-Prozess für das Köpergewebe mit 280 g/m² mit Finish FK800

Mit der vorgegebenen Kapillarzahl kann die Prozessauslegung beginnen. Das Bauteil wird dazu in Berechnungsabschnitte eingeteilt, für die die jeweiligen Prozessbedingungen berechnet werden. Eine Implementierung der Vorgehensweise in ein FEM-Programm ist hier ebenfalls möglich. Ziel der Prozessauslegung ist, die Definition eines Druck-, bzw. Volumenstromverlaufs für die Injektion, bei dem keine Überschreitungen der Grenzwerte sowie eine schnelle Prozessgeschwindigkeit sichergestellt sind. Unter dieser Prämisse wurde ein Algorithmus erarbeitet, der in Abbildung 6-3 dargestellt ist. Dieser basiert auf einem volumenstromgesteuerten Prozess. Zuvor sollte bereits basierend auf Erfahrungswerten ein erster Ansatz des Prozesses erarbeitet worden sein, bei dem grundlegende Parameter wie Werkzeugtemperatur und Angussposition festgelegt wurden. Der hier errechnete Injektionsdruck kann auch für die Nutzung des gleichen Prozesses auf Injektionsdruckgesteuerten Anlagen verwendet werden.

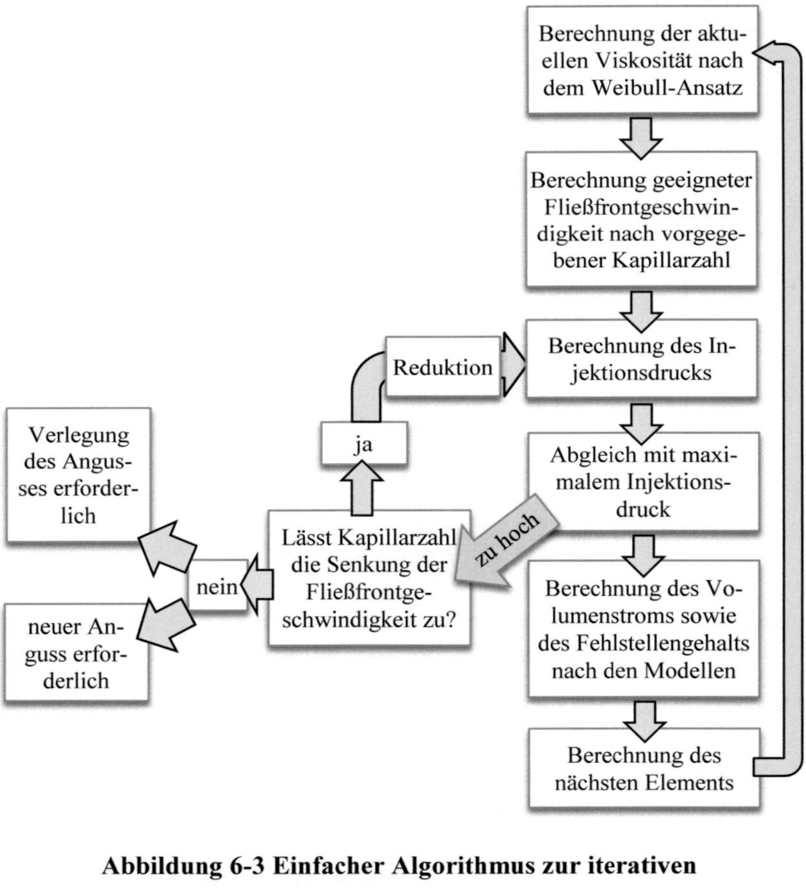

Abbildung 6-3 Einfacher Algorithmus zur iterativen qualitätsorientierten RTM-Prozessauslegung

Anhand des in Kapitel 4.1.1 vorgestellten Modells zur Viskositätsberechnung basierend auf der Weibull-Funktion wird zunächst der aktuelle Viskositätswert ermittelt. Es erfolgt die zentrale Ermittlung der Fließfrontgeschwindigkeit anhand der vorgegebenen Kapillarzahl. Mit Hilfe dieser Vorgaben kann der erforderliche Injektionsdruck ermittelt werden, der unter dem maximal zulässigen Injektionsdruck liegen muss. Der anhand des Fließfrontfortschritts erforderliche Volumenstrom, den die Injektionsanlage zur Verfügung stellen muss, wird anschließend bestimmt. Somit liegen die wichtigen Prozessparameter Volumenstrom und zugehöriger Injektionsdruck vor, die zur Einstellung der Injektionsanlage benötigt werden. Ebenso kann an dieser Stelle der Fehlstellengehalt nach den vorgestellten Modellen errechnet werden. Die zeitliche Aneinanderreihung der einzelnen Prozesseinstellungen der eingeteilten Abschnitte ergibt ein Injektionsprogramm, mit dem stets die angestrebte Kapillarzahl eingehalten wird. Im gesamten Bereich kann daher von einem Fehlstellengehalt unterhalb des zuvor bestimmten Maximalwerts ausgegangen werden. Gleichzeitig liegt stets die hierfür maximal mögliche Fließfrontgeschwindigkeit vor.

Im Laufe der Injektion steigen Fließweglänge und Viskosität an, sodass davon ausgegangen werden muss, dass zu einem gewissen Prozesszeitpunkt der zulässige Injektionsdruck überschritten wird. In diesem Fall wird zunächst die Fließfrontgeschwindigkeit gesenkt, was dazu führt, dass die Kapillarzahl analog sinkt. Damit wird zunächst ein verringerter Fehlstellengehalt erzielt, bis die kritische Kapillarzahl zur Entstehung sphärischer Fehlstellen unterschritten wird. Es wird also eine erhöhte Produktqualität in diesem Bereich erwartet. Die Fehlstellenentstehungsmodelle können hier genutzt werden, um für jeden Prozesszustand den zu erwartenden Fehlstellengehalt zu berechnen. Die Fließfrontgeschwindigkeit und somit der Prozessfortschritt sinkt jedoch analog zur Kapillarzahl. Wenn die untere Begrenzung des Kapillarzahlbereichs erreicht ist, ist die Fließfrontgeschwindigkeit stark gesunken und der sphärische Fehlstellengehalt erreicht das maximal vorgegebene Niveau. So müssen neue Maßnahmen definiert werden, die nicht mehr über eine einfache Injektionsdruckvariation zu erzielen sind.

Hier empfiehlt es sich, die Angusspositionierung zu überprüfen und somit wieder in die klassische Prozessauslegung einzusteigen. Eventuell kann so ein geringerer maximaler Fließweg erzielt werden. Sollte dies nicht ausreichen, kann ein neuer Anguss definiert werden. So kann ebenfalls die maximale Fließweglänge verringert werden. Ebenso kann der zusätzliche Anguss als Kaskadenanguss genutzt werden, der beispielsweise im Bereich des Unterschreitens der kritischen Kapillarzahl der sphärischen Fehlstellenentstehung positioniert wird. So können zudem Bereiche vermieden werden, in denen zwei Fließfronten aufeinandertreffen.

Der hier vorgestellte Algorithmus liefert eine Möglichkeit, die klassische Prozessauslegung um die Komponente der Fehlstellenentstehung zu ergänzen und somit nach der Prämisse der Bauteilqualität den Produktionsprozess auszulegen. Da gleichzeitig eine möglichst hohe Prozessgeschwindigkeit vorliegt, ist diese Vorgehensweise geeignet, um Großserienprozesse auszulegen, in denen Qualität und Zykluszeit einen hohen Stellenwert aufweisen.

6.3 Qualitäts- und zykluszeitoptimierter RTM-Prozess

Der im vorangestellten Kapitel aufgezeigte Algorithmus zur Prozessauslegung wird anhand eines anschaulichen Beispiels angewendet, um die Vor- und Nachteile dieser Vorgehensweise darzustellen. Zum Einsatz kommt das in den Prozessversuchen angewendete quadratische Werkzeug mit mittigem Anguss. Der Algorithmus ist prinzipiell auf alle Geometrien übertragbar. Betrachtet wird insbesondere der längste Fließweg, ausgehend vom Injektionspunkt bis zu einer der Ecken, wie in Abbildung 6-4 aufgzeigt. Dieser Ausschnitt repräsentiert das Verhalten für alle auftretenden Fließwege ausgehend vom Injektionspunkt.

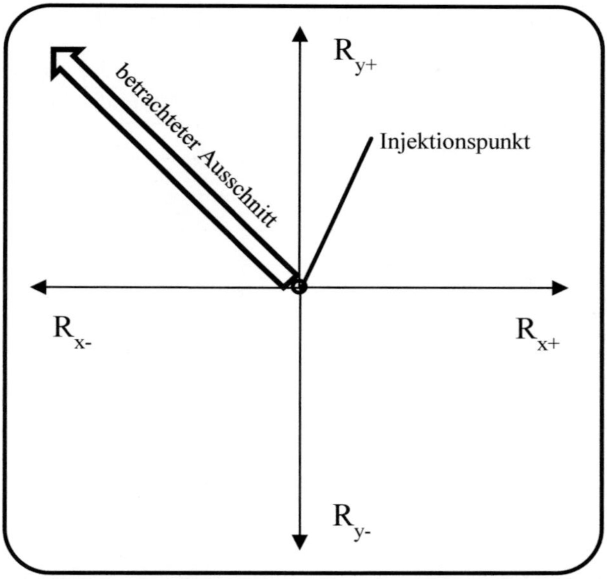

Abbildung 6-4 Beispielgeometrie zur Demonstration der Wirkweise des Algorithmus

Für die Berechnung wird ein Parametersatz zusammengestellt, in dem alle Prozessrelevanten Kenngrößen enthalten sind. Diese sind in Tabelle 6-1 zusammengefasst. Zugrunde gelegt wird ein Standard-RTM-Prozess, bei dem der maximale Injektionsdruck 6 bar beträgt. Es wird eine der Werkzeugtemperatur entsprechende Harztemperatur vorausgesetzt, sodass isotherme Verhältnisse herrschen.

Die Berechnung wird für eine isotrope Permeabilität mit einer Gesamtzahl von 40 Berechnungsabschnitten durchgeführt. Bis zum Erreichen der Bauteilränder wird das Bauteil mit einem klassischen Mittenanguss berechnet. Ab diesem Zeitpunkt werden die Ecken vereinfacht als Linienanguss mit entsprechender Länge betrachtet. In Abbildung 6-5 sind der Viskositätsverlauf sowie der Fließweg über die Injektionszeit dargestellt. Es ist zu erkennen, dass die Injektion des Bauteils hier ca. 6 Minuten in Anspruch nimmt und die Viskosität zum Ende der Injektionsphase bereits spürbar ansteigt.

Tabelle 6-1 Eingangsdaten der Berechnung

η_0	143	mPas
η_{max}	535000	Pas
κ	11	
λ	0,0008	
Permeabilität (isotrop)	2,56E-10	m^2
Faservolumengehalt	0,5	
Oberflächenspannung	33,35	mN/m
maximale Kapillarzahl	0,02	
minimale Kapillarzahl	0,003	
maximaler Injektionsdruck	6	bar
Bauteilbreite/-länge	0,8	m
Angussdurchmesser	8	mm
Bauteildicke	2	mm

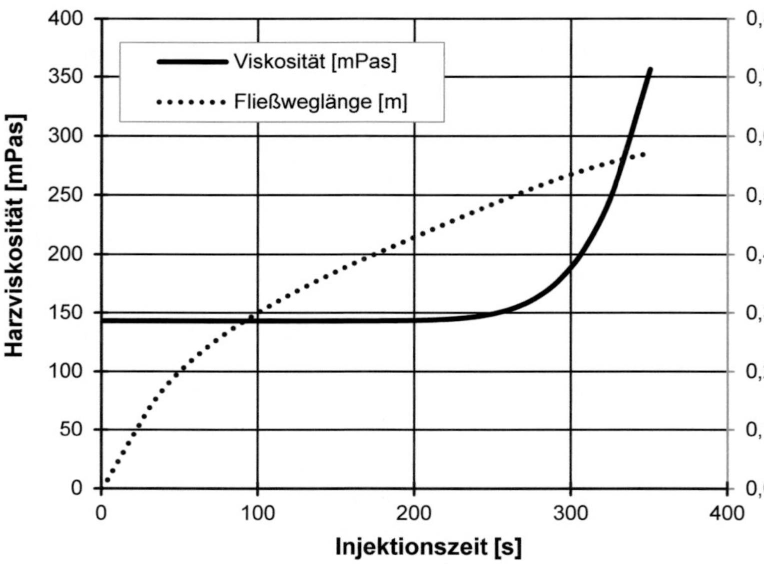

Abbildung 6-5 Veränderung der Viskosität und Fließweg über die Injektionszeit

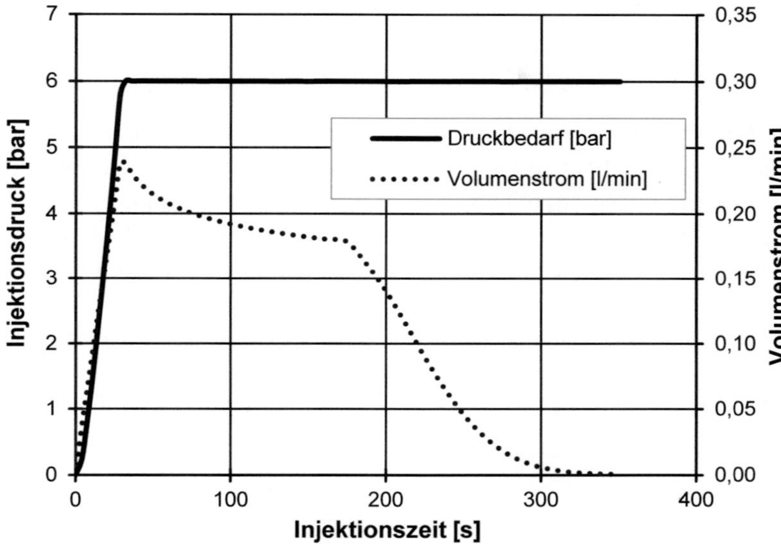

Abbildung 6-6 Zeitliche Änderung von Injektionsdruck und Volumenstrom bei Nutzung des Auslegungsalgorithmus

Die zu diesem Verlauf führende Variation des Injektionsdrucks, bzw. des Volumenstroms ist in Abbildung 6-6 zusammengefasst. Dies sind die Einstelldaten an der Injektionsanlage. Zunächst wird ein geringer Injektionsdruck benötigt, da noch ein sehr kurzer Fließweg vorhanden ist. Dieser steigt innerhalb der ersten 30 Sekunden der Injektion bis auf den maximalen Injektionsdruck an. Ebenso steigt der Harzvolumenstrom, da der Radius der globalen Fließfront sich vergrößert. In diesem Bereich wird der Algorithmus genutzt, um stets die idealen Injektionsbedingungen zur Verfügung zu stellen.

Ab dem Erreichen des maximalen Injektionsdrucks sinkt der Volumenstrom ab, da die Fließweglänge weiter ansteigt und der Druckgradient bei gleichbleibendem Druck entsprechend kleiner wird. Bis zur Injektionszeit von ca. 170 Sekunden sinkt der Volumenstrom nur langsam, da der Fließfrontradius weiter steigt. Ab diesem Punkt trifft die Fließfront auf die Werkzeugseitenwände und die Fließfront wird entsprechend in Richtung der Ecken immer kleiner. Hier wird für den gleichen Fließweg eine geringere Harzmenge benötigt, sodass ein stärkerer Abfall einsetzt, bis der Volumenstrom bei Erreichen der Ecken auf 0 fällt.

Die Betrachtung der Kapillarzahl im entsprechenden Bereich ist in Abbildung 6-7 durchgeführt worden. Zur verbesserten Lokalisierung erfolgt hier die Analyse entlang des Fließwegs vom Injektionspunkt zur Ecke. Zunächst liegt die vorgegebene maximale Kapillarzahl vor, bis bei einem Fließweg von ca. 0,13 m der maximale Injektionsdruck erreicht wurde und die Fließfrontgeschwindigkeit und dementsprechend auch die Kapillarzahl sinkt. Ab dem Erreichen der Bauteilkanten bei 0,4 m steigt die Kapillarzahl wieder leicht an, da die Fließgeschwindigkeit in den Ecken wieder ansteigt. Ebenso erhöht sich hier die Viskosität, was ebenfalls zu höheren Kapillarzahlen führt.

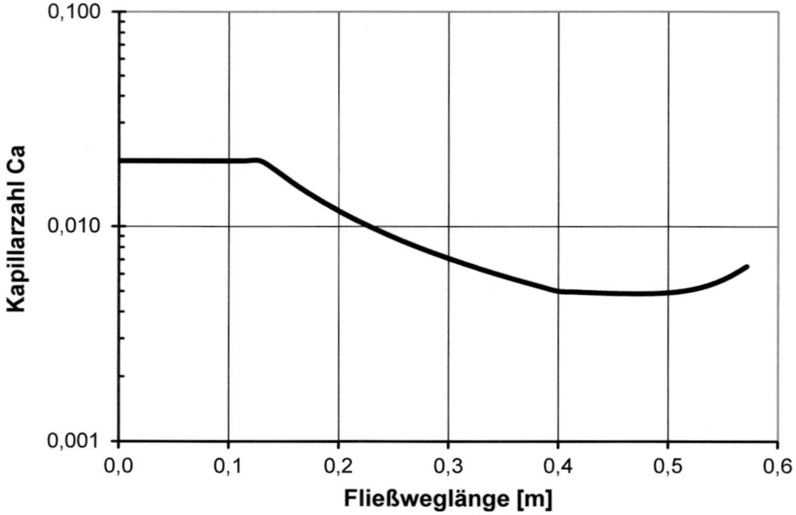

Abbildung 6-7 Entwicklung der Kapillarzahl betrachtet über die Fließweglänge

Es ist zu erkennen, dass die Kapillarzahl hier dauerhaft im festgelegten Bereich bleibt. Dabei liegt über einen großen Zeitraum die maximale Kapillarzahl vor, die eine hohe Injektionsgeschwindigkeit sicherstellt. Trotz eines starken Abfalls der Kapillarzahl auf unter 0,005 wird die untere Prozessgrenze hier nicht erreicht, sodass von einem Produktionsprozess mit hoher Qualität ausgegangen werden kann. Eine Überarbeitung des Angusskonzepts ist ebenso nicht erforderlich.

Zur Berechnung des Fehlstellengehalts wird das validierte Prozessmodell verwendet. Der betrachtete Fließweg liegt jeweils im 45°-Winkel zu Kett- und Schussrichtung. Es fließt also Harz in beide Hauptachsenrichtungen. Daher wird eine einfache Mischungsregel verwendet. Je näher die Fließrichtung an einem der beiden Hauptrichtungen liegt, desto stärker kommen die hier vorliegenden Fehlstellenentstehungsmechanismen zum Tragen. So kann für jeden Fließfrontverlauf im Bauteil eine Prognose für den vorliegenden Fehlstellengehalt erstellt werden.

$$\varphi_l = \varphi_{lKett} \frac{(90° - \beta)}{90°} + \varphi_{lSchuss} \frac{\beta}{90°} \tag{101}$$

β Winkel der Fließrichtung zur Kettrichtung des Gewebes [°]

Der Fehlstellengehalt, der anhand der Fehlstellenentstehungsmodelle berechnet wird, ist in Abbildung 6-8 dargestellt. Es wurde die Einteilung in die beiden Hauptfehlstellentypen vorgenommen. Die Betrachtung erfolgt wieder entlang des Fließwegs.

Es ist zu erkennen, dass die Anwendung des Algorithmus den Fehlstellengehalt wirksam unterhalb des festgelegten maximalen Fehlstellengehalts hält. Zunächst liegt der Fehlstellengehalt am oberen Rand des definierten Bereichs, was der angestrebten schnellen Prozessführung geschuldet ist. Nach Erreichen des maximalen Injektionsdrucks bei ca. 0,13 m sinkt der Gehalt der zylindrischen Fehlstellen, bis nach einem Fließweg von ca. 0,25 m die sphärische Fehlstellenentstehung einsetzt und zwischen 0,4 m und 0,5 m ein flach ausgeprägtes Maximum erreicht ist. Hier trifft die Fließfront auf die Bauteilkante. Im anschließenden Bereich, in dem nur noch die Ecken gefüllt werden, sinkt die sphärische Fehlstellenentstehung wieder ab und es werden wieder geringfügig mehr zylindrische Fehlstellen gebildet.

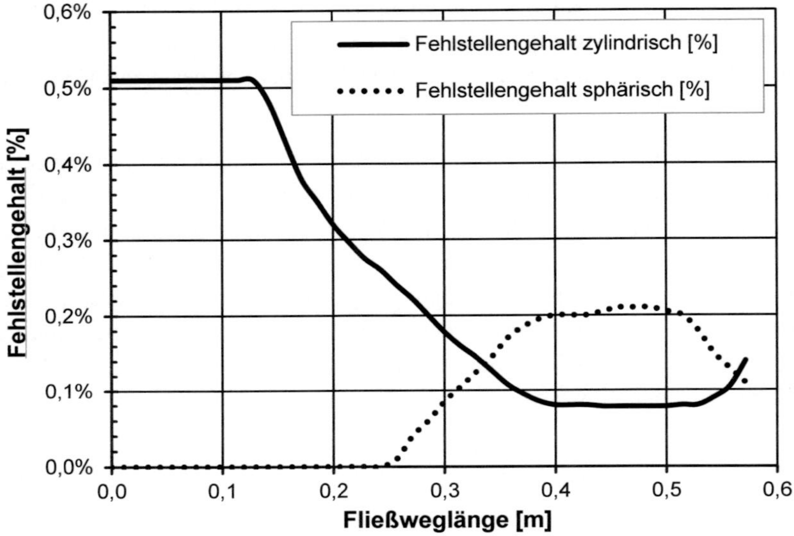

Abbildung 6-8 Verlauf des Fehlstellengehalts über den betrachteten Fließweg

Es konnte gezeigt werden, dass der entwickelte Algorithmus in der Lage ist, geeignete Prozesseinstellungen zu generieren, bei denen sowohl ein niedriger Fehlstellengehalt als auch eine kurze Zykluszeit realisierbar sind. Die zu erwartenden Fehlstellengehalte können dabei anhand der entwickelten Fehlstellenentstehungsmodelle berechnet werden. Am hier gezeigten einfachen Beispiel lassen sich charakteristische Phasen identifizieren, in denen unterschiedliche Prozessgeschwindigkeiten vorliegen oder Fehlstellenentstehungsmechanismen dominieren. Für eine weitere Anhebung der Prozessgeschwindigkeit müssen entweder der maximale Fehlstellengehalt oder der maximale Injektionsdruck angehoben werden, was durch die Einführung sogenannter Hochdruck-RTM-Prozesse bereits in der Industrie erfolgt ist. Jedoch ist auch hier zu beachten, dass ein zu hoher Injektionsdruck zur Fehlstellenentstehung beiträgt. Auch die Nutzung niedrigviskoser und dennoch schnell aushärtender Harzsysteme kann erwogen werden. Mit dem hier vorgestellten Algorithmus, der auf den entwickelten Fehlstellenentstehungsmodellen beruht, kann hier ein entsprechend angepasster Prozessverlauf entwickelt werden.

7 Zusammenfassung und Ausblick

Die vorgestellten theoretischen Betrachtungen und experimentellen Ergebnisse zeigen, dass eine verbesserte Prozessauslegung des RTM-Prozesses möglich ist und somit der Ausgleich zwischen einem qualitativ hochwertigen Produkt mit wenigen Lufteinschlüssen und einer kurzen Zykluszeit gelingen kann. Die großserientaugliche Herstellung von Faserverbunden im RTM-Verfahren kann so basierend auf einfachen Materialuntersuchungen und unter Nutzung der aufgestellten Fehlstellenentstehungsmodelle erfolgen.

Anhand einer grundlegenden Betrachtung des Fließverhaltens bei der Bündeltränkung konnte aufgezeigt werden, dass mit Hilfe eines Zwei-Skalen-Ansatzes die Benetzung der Bündel beschrieben werden kann. Ausschlaggebende Einflussfaktoren bei der Benetzung der Bündel sind auf das bereits reagierende Harz wirkende Drücke und Fließwiderstände sowie der Kapillareffekt. Aufgrund der großen Unterschiede der Permeabilität zwischen den beiden in der Preform vorhandenen Bereichen - Bündel und Fließkanäle - entstehen ungleichmäßige Fließfronten, die zur Fehlstellenentstehung in Form von Poren führen können. Dabei kann zwischen sphärischen Poren in den Fließkanälen sowie zylindrischen Poren in den Bündeln unterschieden werden.

Die Fehlstellenentstehung wurde bereits in mehreren Studien betrachtet. Hierbei wurden jedoch stets statische Messwerte genutzt, um die dynamischen Effekte bei der Bündeltränkung zu beschreiben. Die tatsächlich auftretenden Effekte konnten somit nicht abgebildet werden. Es fehlten weiterhin diese physikalischen Vorgänge beschreibende Modelle, die das Verhalten der Fließfront innerhalb des Bündels beschreiben. Dennoch wurde mit der Kapillarzahl eine geeignete Kenngröße für die Erfassung der Fehlstellenentstehung gefunden. Hierauf aufbauend wurde ein neues Benetzungsmodell basierend auf dynamischen Kennwerten für den Kapillareffekt entwickelt. Dieser Oberflächeneffekt kann je nach Benetzungsgeschwindigkeit eine fördernde, jedoch auch eine hemmende Wirkung auf den Fließfortschritt im Bündel haben. Der Einfluss des Kapillareffekts wurde in Modellen zur axialen und radialen Tränkung des Bündels implementiert. So konnten neue Betrachtungen der Mechanismen innerhalb des Bündels und auf Mesoebene ermöglicht werden, die die Vorgänge beschreiben.

Die Bündelbenetzung ist entscheidend für die Fehlstellenentstehung. Die hierfür maßgebliche Fließfrontgeschwindigkeit wird von den Prozessparametern des Gesamtprozesses vorgegeben. Eine niedrige Benetzungsgeschwindigkeit führt dabei zum Voreilen des Harzes innerhalb des Bündels. Die fließfrontgeschwindigkeitsabhängige Berechnung des Kontaktwinkels zwischen Faser und Harz ermöglichte hier die modellhafte Abschätzung dieses Effekts. Bei niedriger Fließgeschwindigkeit kann es aufgrund der verstärkten Wirkung des Kapillareffekts zum Umfließen der Luft im Fließkanal kommen, sodass eine Fehlstelle entsteht. Weiterhin können zylindrische Fehlstellen innerhalb des Bündels auftreten, wenn bei der Benetzung des Bündels aufgrund des Voreilens des Harzes in den Fließkanälen die Luft im Bündel umschlossen wird. Dies kann sowohl bei axialer als auch bei radialer Anströmung des Bündels auftreten. Hierbei kann der Kapillareffekt die Tränkung behindern. Entsprechende Modelle wurden erarbeitet, die diese dynamischen Effekte berücksichtigen. Sie basieren auf den geometrischen Verhältnissen der Faserbündel und Fließkanäle sowie deren Materialeigenschaften. Die Modelle ermöglichen eine kapillarzahlabhängige Betrachtung und stellen so die Verbindung zwischen Materialdaten, globalen Prozessparametern und dem hieraus resultierenden Fehlstellengehalt her.

Anhand eines definierten Versuchsprogramms wurden die Modelle zur Fehlstellenentstehung anschließend mittels empirischer Ergebnisse validiert. Ziel war es, die Modelle an die tatsächlichen Kennwerte anzugleichen. So entstanden für sphärische sowie zylindrische Fehlstellen in und quer zur Benetzungsrichtung vereinfachte Gleichungen für Anpassungsfaktoren. Mit Hilfe dieser Anpassungsfaktoren wurden die Fehlstellenentstehungsmodelle validiert. Diese ermöglichen nun die Abschätzung des Fehlstellengehalts für ein beliebiges Gewebe, das bei gegebenen Prozessparametern benetzt wird. Die Anpassungsfaktoren ergeben sich hierbei anhand der verwendeten Webart, bzw. nach der vorliegenden Benetzungsrichtung.

Die validierten Modelle können dazu dienen, eine fehlstellenorientierte Prozessoptimierung durchzuführen. Diese schließt eine hohe Produktionsgeschwindigkeit nicht generell aus. Eine entsprechende anwendungsgerechte

Vorgehensweise wurde beschrieben. Dazu ist zunächst die Ermittlung einer im Vergleich zu anderen Modellen stark verringerten Anzahl von Kennwerten erforderlich. Diese können mit einfachen Mitteln erfasst werden oder werden vom Materialhersteller bereitgestellt. Ein Algorithmus wurde erarbeitet, der eine Prozesseinstellung für möglichst kurze Zykluszeiten bei einem gewählten maximalen Fehlstellengehalt und vorliegenden Prozessrandbedingungen ermöglicht. Hiermit wurde anhand eines einfachen Bauteils eine Prozessoptimierung vorgestellt. Mit Hilfe des Algorithmus können vorteilhafte Prozessparameter unter den getroffenen Vorgaben direkt aus der Simulation ermittelt werden. Somit wird dem Anwender ein wirkungsvolles Werkzeug zur Prozessdefinition zur Verfügung gestellt. Weiterhin ist eine schnelle Abschätzung des zu erwartenden Fehlstellengehalts auf Grundlage der Modellvorstellungen in allen Bereichen des Bauteils möglich.

Die hier vorgestellten Fehlstellenentstehungsmodelle können problemlos in Injektionssimulationen nach FEM überführt werden, um auch komplexe Bauteile untersuchen zu können. Auch der erarbeitete Algorithmus kann implementiert werden, sodass die Prozessparameter nach den vom Anwender vorgegebenen Optimierungszielen erzeugt werden können. So wäre eine nahezu vollständig automatisierte Prozessauslegung möglich. Die Übertragung des prognostizierten Fehlstellengehalts auf die mechanische Berechnung schließt zudem die aktuell noch bestehende Lücke im Entwicklungsprozess.

In weitergehenden Betrachtungen können nach gleichem Muster Fehlstellenentstehungsmodelle für weitere Halbzeugtypen wie unidirektionale und biaxiale Gelege erzeugt werden. Dazu kann auf die vorhandenen Bündeltränkungsmodelle zurückgegriffen werden. Wichtig hierbei ist der stetige Abgleich mit dem Experiment. Ferner können die bestehenden Modelle genutzt werden, um verbesserte Halbzeuge zu entwickeln, die eine geringere Tendenz zur Fehlstellenentstehung aufweisen. Da die Modelle für den RTM Standardprozess entwickelt wurden, ist ein vereinfachter Übertrag auf weiterführende Prozesse wie das HD-RTM möglich.

Die hier erarbeiteten Vorstellungen für die Fehlstellenentstehung auf Grundlage von Fließmodellen zeigen, dass anhand der mikro- und mesoskopischen Vorgänge während der Injektionsphase eine umfassende Prozessbetrachtung und hieraus resultierend eine Prozessoptimierung möglich ist. Eine Grundlage zur Zykluszeitminimierung bei hoher Bauteilqualität konnte erarbeitet und somit ein Beitrag zur verbesserten Serienfähigkeit des RTM-Prozesses geleistet werden.

II Abbildungsverzeichnis

III Tabellenverzeichnis

IV Abkürzungen und Symbole

Abkürzung	Beschreibung
CFD	Computational Fluid Dynamics
CFK	kohlenstofffaserverstärkter Kunststoff
CRTM	Compression RTM
FEM	Finite Elemente Methode
FVK	faserverstärkte Kunststoffe
GFK	glasfaserverstärkter Kunststoff
RTM	Resin Transfer Molding
VARTM	Vacuum Assisted Resin Transfer Molding
WLF	Willams-Landel-Ferry

Symbol	Beschreibung
A	Fläche [m²]
a_{1c}/a_{2c}	chemische Modellparameter nach YANG [ ]/[s-1]
a_{1d}/a_{2d}	Modellparameter nach DUAN und SHI [Pas]/[s-1]
a_{1p}/a_{2p}	physikalische Modellparameter nach YANG [ ]/[s-1]
a_{1W}/a_{2W}	Modellparameter WLF-Modell [ ]/[K]
$b_{f_{\parallel}}$	Fließspaltbreite axial [m]
$a_{\perp}$	gewebespezifischer Anpassungsfaktor zylindrischer Fehlstellen orthogonal zur Fließrichtung [ ]
$a_{\perp}$	Anpassungsfaktor des angepassten Modells für zylindrische Poren orthogonal zur Fließrichtung [ ]
A_b	Bündelfläche [m²]
a_s	gewebespezifischer Anpassungsfaktor für die Entstehung sphärischer Fehlstellen [ ]
b_b	Breite des ellipsenförmigen Bündels [m]

Symbol	Beschreibung
b_f	Fließkanalbreite [m]
b	Ordinatenabschnitt [%]
B_h	Steigung der quadrierten Steighöhe z [m²/s]
c	Formfaktor parallel [ ]
C_1	Faktor der Faseranordnung [ ]
c_1/c_2	Webartspezifische Anpassungsfaktoren [ ]
Ca	Kapillarzahl [ ]
Ca^*	modifizierte Kapillarzahl [ ]
Ca_{krit}	kritische Kapillarzahl für die Entstehung sphärischer Fehlstellen [ ]
c_T	Proportionalitätsfaktor [ ]
d	charakteristische Länge [m]
$d_{\parallel}$	Fließfrontdifferenz axial [m]
d_1/d_2	Webartspezifische Anpassungsfaktoren [ ]
D_e	äquivalenter Porendurchmesser [m]
e_1/e_2	Webartspezifische Anpassungsfaktoren [ ]
F	geometrieabhängiger Formfaktor ($F\parallel = 4$ und $F\perp = 2$) [ ]
F_N	gemessene Kraft [N]
$F(t)$	Stammfunktion des Fließfrontradius [ ]
g	Gravitationskonstante [m/s²]
G'	Speichermodul [Pa]
G''	Verlustmodul [Pa]
h	Schrittweite der Zeit t [s]
h_b	Höhe des ellipsenförmigen Bündels [m]
$h_{b_\parallel}$	Höhe des Bündels in axialer Richtung [m]
h_f	Lagenabstand [m]
i, j	Zählvariablen [$i, j \in \mathbb{N}$]
K	Permeabilität der Verstärkungsfasern [m²]

Symbol	Beschreibung
k	Konzeny-Konstante [ ]
k'	Konzeny-Konstante nach GUTOWSKI et al. [ ]
k_c	kinetischer Faktor [s-1]
$K_{//\,//}$	Permeabilität entlang der Faserrichtung im axialen Bündel [m²]
$K_{//\perp}$	Permeabilität entlang der Faserrichtung im orthogonalen [m²]
$k_1, k_2, \ldots$	Hilfsgrößen des Runge-Kutta-Verfahrens [m]
k_∞	kinetisches Analogon zu η_0 [s-1]
K_b	Permeabilität des Bündels [m²]
K_e	äquivalente Permeabilität [m²]
k_r	relative Permeabilität [%]
K_s	gesättigte Permeabilität [m²]
L	Länge [m]
L_c	charakteristische Länge [m]
m	Steigungsparameter [ ]
m_{fg}	Flächengewicht der Halbzeuge [kg/m²]
$m_{lz//}$	Steigung der Fehlstellenfunktion [ ]
m_{Modell}	Anstieg des sphärischen Fehlstellengehalts nach dem Rohmodell [ ]
m_s	Anstieg des sphärischen Fehlstellengehalts [ ]
n	Lagenanzahl [ ]
P	Produkt aus Fließwinkel tan α(Ca=0,1) und maximalem Fehlstellengehalt [%]
P_c^*	dimensionsloser Kapillardruck [ ]
P_{atm}	Druck im ungesättigten Bereich der Kavität [Pa]
P_b	Schwelldruck [Pa]

Symbol	Beschreibung
P_c	Kapillardruck [Pa]
$P_{c//}$	verbleibender Kapillardruck im axialen Bündel bei vollständigem Umfließen [Pa]
$P_{c\perp}$	Gesamtkapillardruck bei vollständigem Umfließen im orthogonalen Bündel [Pa]
P_g	absoluter Gasdruck im umflossenen Bereich [Pa]
P_m	Druck des makroskopischen Fließens, bzw. mechanischer Druck [Pa]
P_v	Druck des viskosen Fließens [Pa]
q_1	Halbmesserverhältnis der Fließellipse [ ]
q_2	Anstieg der Fließfrontstammfunktion [ ]
Q	Volumenstrom des Harzes [m³/s]
R	Faserradius [m]
r	Kapillarinnenradius [m]
$R_{x_{0,e}}$	äquivalenter Angussdurchmesser [m]
R_{x_e}	äquivalenter Fließfrontradius [m]
r_0	Ersatzradius des Bündels [m]
r_b	Radius des ungetränkten Bündelbereichs [m]
r_{bkrit}	kritischer Radius für den Lufteinschluss [m]
Re	Reynolds-Zahl [ ]
r_f	Radius der Fließfront im Bündel [m]
r_{f0}	Fließfrontradius zum Zeitpunkt t0 [m]
r_{f1}	Fließfrontradius zum Zeitpunkt t1 [m]
R_x, R_y	Halbmesser der Fließellipse [m]
S	Sättigungsgrad [%]
S_f	Verhältnis der Faseroberfläche zum Matrixvolumen [m-1]
t	Aushärtezeit [s]

Symbol	**Beschreibung**
T	Harztemperatur [K]
t	Plattenstärke [m]
T_g	Glasübergangstemperatur [K]
t_{krit}	kritische Benetzungszeit [s]
T_r	Referenztemperatur [K]
T_t	Feinheit der Bündel [tex]
u	volumengemittelte Fließgeschwindigkeit in axialer-Richtung [m³/s]
v	Fließfrontgeschwindigkeit [m/s]
V	Volumenstromvektor [m³/s]
v	volumengemittelte Fließgeschwindigkeit in radialer Richtung [m³/s]
$\bar{v}$	Flussdichte [m/s]
v^*	dimensionslose Fließfrontgeschwindigkeit [ ]
V_a'	Faservolumengehalt, bei dem kein Fließen mehr stattfindet [%]
v_{cap}	kapillardruckinduzierte Geschwindigkeit [m/s]
V_f	Faservolumen [m³]
V_{ges}	Gesamtvolumen [m³]
V_l	Luftvolumen [m³]
V_{lS}	Luftvolumen der sphärischen Pore [m³]
V_m	Matrixvolumen [m³]
We	Weber-Zahl [ ]
W_f	Fasermasseanteil im Verbund [kg]
x_v	Fließfrontvorsprung im Bündel [m]
z	Steighöhe [m]
β	Winkel der Fließrichtung zur Kettrichtung des Gewebes [°]

Symbol	Beschreibung
ΔE_k	kinetisches Analogon zu ΔEη [ln(Jmol^{-1}K^{-1})]
ΔE_η	Arrhenius-Aktivierungsenergie der Viskosität [Jmol^{-1}K^{-1}]
Δp	Druckdifferenz [Pa]
ε	Porosität [%]
η	Viskosität [Pas]
η_0	Mischviskosität [Pas]
η_∞	Viskosität nach vollständiger Aushärtung [Pas]
η_g	Viskosität im Gelpunkt [Pas]
η_r	relative Viskosität [ ]
θ	Kontaktwinkel zwischen Festkörper und Flüssigkeit [°]
θ_0	statischer Kontaktwinkel [rad]
θ_a	voranschreitender Kontaktwinkel [rad]
κ	Formparameter [ ]
λ_b	Porengrößenverteilungsindex [ ]
λ	Zeitparameter [s^{-1}]
ρ	Dichte [kg/m³]
ρ_c	Dichte des Verbunds [kg/m³]
ρ_f	Dichte der Fasern [kg/m³]
ρ_g	Dichte der Glasfasern [kg/m³]
ρ_h	Dichte des ausgehärteten Harzes [kg/m³]
σ	Oberflächenspannung des Harzes [N/m]
σ_{lg}	Grenzflächenspannung Flüssigkeit-Gasphase [N/m]
σ_{sg}	Grenzflächenspannung Festkörper-Gasphase [N/m]
σ_{sl}	Grenzflächenspannung Festkörper-Flüssigkeit [N/m]
τ	Gewundenheit [ ]
φ_n	Winkelkoordinate [°]

Symbol	**Beschreibung**
φ_0	Koordinate des zuerst benetzten Winkels
φ_f	Faservolumengehalt [%]
φ_{fmax}	maximaler Faservolumengehalt [%]
φ_b	Faservolumengehalt im Bündel [%]
$\varphi_{b\parallel}$	Faservolumengehalt entlang der Faserrichtung im axialen Bündel [%]
$\varphi_{b\perp}$	Faservolumengehalt entlang der Faserrichtung im orthogonalen [%]
φ_l	Porenvolumengehalt [%]
φ_{ls}	Porenvolumengehalt sphärischer Fehlstellen [%]
$\varphi_{lz\parallel}$	Porenvolumengehalt der zylindrischen Poren axial zur Fließrichtung [%]
$\varphi_{lz\parallel max}$	maximaler Gehalt zylindrischer Poren in Fließrichtung [%]
$\varphi_{lz\perp}$	Porenvolumengehalt der zylindrischen Poren orthogonal zur Fließrichtung [%]
$\varphi_{lz\perp max}$	maximaler Gehalt zylindrischer Poren orthogonal zur Fließrichtung [%]
ω	Kreisfrequenz [s-1]

V Literaturverzeichnis

[AdD04] Advani, S.G.; Dimitrovova, Z.: Role of Capillary Driven Flow in Composite Manufacturing, in Hartland, S.: Surface and Interfacial Tension, New York: Dekker, 2004

[AmL01] Amico, S.; Lekakou, C.: An experimental study of the permeability and capillary pressure in resin-transfer moulding, Composites Science and Technology Vol. 61, Issue 13, 2001

[ARR88] Adams, K.L.; Russel, W.B.; Rebenfeld, L.: Radial Penetration of a viscous liquid into a planar anisotropic porous medium, International Journal of Multiphase Flow Vol. 14, No.2, 1988

[AVK13] AVK Industrievereinigung Faserverstärkte Kunststoffe (Hrsg.): Handbuch Faserverbundkunststoffe/Composites, 4. Auflage, Wiesbaden: Springer Fachmedien, 2013

[ARM13] Arnold, M.; Rieber, G.; Mitschang, P.: Permeabilität als Schlüsselparameter für kurze Zykluszeiten, Kunststoffe 3/2012, München: Carl Hanser Verlag, 2012

[ASB91] Ahn, K.J.; Seferis, J.C.; Berg, J.C.: Simultaneous Measurements of Permeability and Capillary Pressure of Thermosetting Matrices in Woven Fabric Reinforcements, Polymer Composites Vol. 12, No. 3, 1991

[BaP90] Bayramli, E.; Powell, R.L.: The normal (transverse) impregnation of liquids into axially oriented fiber bundles, Journal of Colloid and Interface Science Vol. 138, Issue 2, 1990

[BaE10] Baradun, G.A.; Ermanni, P.: Process Development for Complex Resin Transfer Molding (RTM) Components: Optimization of Resin Injection and Laminate Porosity, The 10th International Conference on Flow Processes in Composite Materials, Ascona (CH), 2010

[BBT11] Bensadoun, F.; Bickerton, S.; Trochu, F.; Kchit, N.; Billotte, C.; Ruiz, E.: A Study of Nanoclay Reinforcement of Biocomposites Made by Liquid Composite Molding, International Journal of Polymer Science, Special Issue: Natural Fibers, Bio- and Nano-composites, 2011

[BCM96] Batch, G.L.; Chen, Y.T.; Macosco, C.W.: Capillary Impregnation of Aligned Fibrous Beds: Experiments and Model, Journal of Reinforced Plastics and Composites Vol. 15, 1996

[Bea72] Bear, J.: Dynamics of fluids in porous media, American Elsevier Publication Company, New York, 1972

[BeY03] Bechtold, G.; Ye, L.: Influence of fibre distribution on the transverse flow permeability in fibre bundles, Composites Science and Technology Vol. 63, 2003

[BHA04] Barraza, H.J.; Hamidib, Y.K.; Aktasb, L.; O'Rear E.A., Altan, M.C.: Porosity Reduction in the High-Speed Processing of Glass-Fiber Composites by Resin Transfer Molding (RTM), Journal of Composite Materials Vol. 38, 2004

[BHC11] Bareis, D.; Heberer, D.; Connolly, M.: Advances in Urethane Composites: Resins with Tunable Reaction Times, Vortrag, Composites 2011, American Composites Manufacturers Association, Fort Lauderdale, 2011

[BHT03] Bréard, J.; Henzel, Y.; Trochu, F.; Gauvin, R.: Analysis of Dynamic Flows Through Porous Media Part I: Comparison Between Saturated and Unsaturated Flows in Fibrous Reinforcements, Polymer Composites Vol. 24, No. 3, 2003

[BHP98] Binetruy, C.; Hilaire, B.; Pabiot, J.: Tow Impregnation Model and Void Formation Mechanisms during RTM, Journal of Composite Materials Vol. 32, No. 3, 1998

[Blo04] Blokuis, E.M.: Liquid Drops at Surfaces, in: Hartland, S. (Hrsg.): Surface and Interfacial Tension, New York: Dekker, 2004

[BrA93] Bruschke, M.V.; Advani, S.G.: Flow of generalized Newtonian fluids across a periodic array of cylinders, Journal of Rheology Vol. 37, Issue 3, 1993

[BüH06a] Bürzle, W.; Henne, M.: RTM-Prozess - Teil 1: Massnahmen zur Reduktion der Formfüllzeit, Kunststoffe – Synthetics 9/2006, Aarau, CH: AZ Fachverlage AG, 2006

[BüH06b] Bürzle, W.; Henne, M.: RTM-Prozess - Teil 2: Massnahmen zur Reduktion der Formfüllzeit, Kunststoffe – Synthetics 10/2006, Aarau, CH: AZ Fachverlage AG, 2006

[Car37] Carman, P. C.: Fluid Flow Through Granular Beds, Transactions of the Institution of Chemical Engineers Vol. 15, 1937

[CAX15] Chen, D.; Arakawa, K.; Xu, C.: Reduction of Void Content of Vacuum-Assisted Resin Transfer Molded Composites by Infusion Pressure Control, Polymer Composites Vol. 36, Issue 9, 2015

[Cha13] Chaudari, R.: Characterization of high-pressure resin transfer molding variants for manufacturing high-performance composites, Dissertation, Karlsruher Institut für Technologie, 2013

[ChH91] Chan, A.W.; Hwang, S.T.: Anisotropic In-Plane Permeability of Fabric Media, Polymer Engineering and Science Vol. 31, No. 16, 1991

[ChM93] Chan, A.W.; Morgan, R.J.: Tow Impregnation During Resin Transfer Molding of Bi-Directional Nonwoven Fabrics, Polymer Composites Vol. 14, No. 4, 1993

[CMD95] Chen, Y.-T.; Macosko, C.W.; Davis, H.T.: Wetting of Fiber Mats for Composites Manufacturing: II. Air Entrapment Model, AIChE Journal Vol. 41, No. 10, 1995

[CRT18] Causse, P.; Ravey, C.; Trochu, F.: Capillary Characterization of Fibrous Reinforcement and Optimization of Injection Strategy in Resin Transfer Molding, Journal of Composites Science Vol. 19, No.2, 2018

[Cru08] Cruz, J.C.: Advanced Cure Monitoring and Analysis for Optimization of Thermoset Resin Processes, Dissertation, University of Wisconsin, Madison, 2008

[CTM19] Caglar, B.; Tekin, C.; Karasu, F.; Michaud, F.: Assessment of capillary phenomena in liquid composite molding, Composites Part A: Applied Science and Manufacturing Vol. 120, 2019

[Dar56] Darcy, H.: Les fontaines publique de la ville de Dijon, Paris: Dalmont, 1856

[DeP10] DeValve, C.; Pitchumani, R.: Void Formation During Preform Impregnation in Liquid Composite Molding Processes, Conference Paper, 10th International Conference on Flow Processes in Composite Materials, Ascona, Schweiz, 2010

[DeP12] DeValve, C.; Pitchumani, R.: An analytical model for the longitudinal permeability of aligned fibrous media, Composites Science and Technology Vol. 72, Issue 13, 2012

[DIN98] Deutsches Institut für Normung e.V. Normenstelle Luftfahrt: Kohlenstofffaser-Laminate Bestimmung der Faser-, Harz- und Porenanteile, DIN EN 2564, 1998

[DMS82] Dusi, M.R.; May, C.A.; Seferis, J.C.: Predictive Models as Aids to Thermoset Resin Processing, ACS Symposium Series Vol. 227, 1982

[DSL06] Duan, Y; Shi, F.; Liang, Z., Zhang, Z.: Rheological behavior of a bismaleimide resin system for RTM process, Acta Materiae Compositae Sinica Vol. 23, No. 1, 2006

[Dyc95] Dyckhoff, J.-H.: Resin Transfer Moulding: Beitrag zu Verbesserung der Formteiloberflächenqualität, Dissertation, RWTH Aachen, 1995

[Ehr06] Ehrenstein, G.-W.: Faserverbundkunststoffe – Werkzeuge-Verarbeitung-Eigenschaften, 2. Auflage, München: Carl Hanser Verlag, 2006

[EML05] Endruweit, A.; McGregor, P.; Long, A.C.; Johnson, M.S.: Influence of the fabric architecture on the variations in experimentally determined in-plane permeability values, Composites Science and Technology Vol. 66, Issue 11, 2005

[FLJ07] Frishfields, V.; Lundström, T.S.; Jakovics, A.: Bubble motion through non-crimp fabrics during composites manufacturing, Composites: Part A Vol. 39, 2008

[FoG05] Foley, M.E.; Gillespie, J.W.: Modeling the Effect of Fiber Diameter and Fiber Bundle Count on Tow Impregnation during Liquid Molding Processes, Journal of Composite Materials Vol. 39, No. 12, 2005

[Fri09] Friedrich, M.: Perspektiven einer automatisierten RTM-Fertigung, Wissenschaftstag Institut für Faserverbundleichtbau und Adaptronik, Braunschweig, 2009

[FZR13] Flemming, M.; Ziegmann, G.; Roth, S.: Faserverbundbauweisen – Fertigungsverfahren mit duroplastischer Matrix, 2. Auflage, Berlin: Springer Verlag, 2013

[GBK06] Gourichon, B.; Binetruy, C.; Krawzak, P.: Experimental investigation of high fiber tow count fabric unsaturation during RTM, Composites Science and Technology Vol. 66, 2006

[GCB87] Gutowski, T.G.; Cai, Z.; Bauer, S.; Boucher, D.; Kingery, J.; Wineman, S.: Consolidation Experiments for Laminate Composites, Journal of Composite Materials Vol. 21, 1987

[GDB08] Gourichon, B.; Deléglise, M.; Binetruy, C, Krawczak, P.: Dynamic void content prediction during radial injection in liquid composite molding, Composites Part A Vol. 39, Issue 1, 2008

[Geb92] Gebart, B.R.: Permeability of Unidirectional Reinforcements for RTM, Journal of Composite Materials Vol. 26, No. 8, 1992

[GEL14] Gommer, F.; Endruweit, A., Long, A.C.: Analysis of filament arrangements and generation of statistically equivalent composite micro-structures, Composites Science and Technology Vol. 99, 2014

[GGL15] Gascon, L.; Garcia, J.A.; LeBel, F.; Ruiz, E.; Trochu, F.: Numerical prediction of saturation in dual scale fibrous reinforcements during Liquid Composite Molding, Composites Part A Vol. 77, 2015

[Gil86] Gilham, J.K.: Formation and Properties of Thermosetting and High T_g Polymeric Materials, Polymer Engineering and Science Vol 26, Issue 20, 1986

[GLZ09] Guo, Z.S.; Liu, L.; Zhang, B.M.; Du, S.; Critical Void Content for Thermoset Composite Laminates, Journal of Composite Materials Vol. 43, No. 17, 2009

[GMC87] Gutowski, T.G.; Morigaki, T.; Cai, Z.: The Consolidation of Laminate Composites, Journal of Composite Materials Vol. 21, 1987

[GrA16] Grouve, W.J.B.; Akkerman, R.: A Consolidation Process Model for Film-Stacking Glass/PPS Laminates, Plastics, Rubber and Composites Vol. 39, No. 3/4/5, 2010

[Gri06] Grindling, J.: Simulation zur Verarbeitung von reaktiven Non-Post-Cure-Epoxidharz-Systemen im Druckgelieren und konventionellen Vergiessen, Dissertation, Universität Paderborn, 2006

[GrN10] Grunenfelder, L.K.; Nutt, S.R.: Void formation in composite prepregs – Effect of dissolved moisture, Composites Science and Technology Vol. 70, 2010

[HaM96] Halley, P.J.; Mackay, M.E.: Chemorheology of Thermosets – An Overview, Polymer Engineering and Science Vol. 36, No 5, 1996

[Has14] Haspel, B.: Werkstoffanalytische Betrachtung der Eigenschaften von mittels neuartiger RTM-Fertigungsprozessen hergestellten glasfaserverstärkten Polymerverbunden, Dissertation, Karlsruher Institut für Technologie, 2014

[Hau14] Haugk, B.: Beitrag zur Bewertung des Einsatzes von Faser-Verbund-Kunststoffen im Werkzeugmaschinenbau, Dissertation, Technische Universität München, 2014

[HDN11] Henningsen, M.; Desbois, P.; Neuhaus, B.: Innovative Matrixsysteme für schnelle RTM-Prozesse, Vortrag, CCeV Automotive Forum, Ingolstadt, 2011

[Hes96] Hesekamp, D.: Chemo-Rheologie von reaktiven Epoxidharz-Klebstoffen, Dissertation, Universität Paderborn, 1996

[Hex06] Hexion: EPIKOTE Resin MGS RIM 135, Datenblatt, Hexion Specialty Chemicals, Stuttgart, 2006

[HFN07] Hamadoui, M.; Fayala, F.; Nasrallah, S.B.: Dynamics of capillary rise in yarns: influence of fiber and liquid characteristics, Journal of Applied Polymer Sciences Vol. 104, Issue 5, 2007

[HLB04] Heardman, E.; Lekakou, C.; Bader, M.G.: Flow monitoring and permeability measurement under constant and transient flow conditions, Composites Science and Technology Vol. 64, 2004

[Hof75] Hoffman, R.L.: A Study of the Advancing Interface I: Interface shape in liquid-gas systems, Journal of Colloid and Interface Science Vol. 50, No. 2, 1975

[Hof83] Hoffman, R.L.: A Study of the Advancing Interface I: Theoretical Prediction of the Dynamic Contact Angle in Liquid-Gas Systems, Journal of Colloid and Interface Science Vol. 94, No. 2, 1983

[HsL93] Hsu, C.P.; Lee, L.J.: Free-radical crosslinking copolymerization of styrene/unsaturated polyester resins: 1. Phase separation and microgel formation, Polymer Vol. 34, Issue 21, 1993

[JYX04] Jinlian, H.; Yi, L.; Xueming, S.: Study on void formation in multi-layer woven fabrics, Composites Part A Vol. 35, 2004

[Kai15] Kaiser, W.: Kunststoffchemie für Ingenieure von der Synthese bis zur Anwendung, 4. Auflage, München: Carl Hanser Verlag, 2015

[KaK04] Kang, K.; Koelling, K.: Void Transport in Resin Transfer Molding, Polymer Composites Vol. 25, No. 4, 2004

[KaP00] Karkanas, P.I.; Partridge, I.K.: Cure Modeling and Monitoring of Epoxy/Amine Resin Systems. II. Network Formation and Chemoviscosity Modeling, Journal of Applied Polymer Science Vol. 77, No. 10, 2000

[Kap08] Kaptay, G.: The threshold pressure of infiltration into fibrous preforms normal to the fibers' axes, Composites Science and Technology Vol. 68, Issue 1, 2008

[Kat04] Katoh, K.: Contact Angle and Surface Tension Measurement, in Hartland, S.: Surface and Interfacial Tension, New York: Dekker, 2004

[KAZ12] Klunker, F.; Aranda, S.; Ziegmann, G.; et al.: Modelling the Resin Infusion Process Part II: Accounting for Deformation of Textiles by Analogy to Thermomechanical Models, Zeitschrift Kunststofftechnik 8/2012, München: Carl Hanser Verlag, 2012

[KBL16] Koubaa, S.; Burtin, C.; Le Corre, S.: Investigation of capillary impregnation for permeability prediction of fibrous reinforcements, Journal of Composite Materials Vol. 50, No. 11, 2016

[KFH11] Kedari, V.R.; Farah, B.I.; Hsiao, K.T.: Effects of vacuum pressure, inlet pressure and mold temperature on the void content, volume fraction of polyester/e-glass fiber composites manufactured with VARTM process, Journal of Composite Materials, Vol. 45, Issue 25, 2011

[Kis01] Kissinger, C.: Ganzheitliche Betrachtung der Harzinjektionstechnik – Messsystem zur durchgängigen Fertigungskontrolle, Dissertation Technische Universität Kaiserslautern, 2001

[Kis93] Kistler, S.F.: Hydrodynamics of Wetting, in Berg, J.C.: Wettability, New York: Dekker, 1993

[Kis96] Kissa, E.: Wetting and Wicking, Textile Research Journal Vol. 66, No. 10, 1996

[KLF02] Kiuna, N.; Lawrence, C.J.; Lee, P.D.; Selerland, T.; Spelt, P.D.M.: A model for resin viscosity during cure in the resin transfer moulding process, Composites Part A: applied science and manufacturing 33, 2002

[KLH00] Kang, M.K.; Lee, W.I.; Hahn, H.T.: Formation of microvoids during resin-transfer molding process, Composites Science and Technology Vol. 60, Issue 12, 2000

[Klu08] Klunker, F.: Aspekte zur Modellierung und Simulation des Vacuum Assisted Resin Infusion, Dissertation, Technische Universität Clausthal, 2008

[Koc87] Koch, M.: Berechnung und Auslegung von Nutbuchsenextrudern, Dissertation Universität-GH-Paderborn, 1987

[KoE07] Kopczynska, A.; Ehrenstein. G.W.: Oberflächenspannung von Kunststoffen Messmethoden am LKT, Sonderdrucke, Friedrich-Alexander-Universität Erlangen-Nürnberg,

[Köt91] Kötte, R.: Verfahrensanalyse des Resin-Transfer-Molding-Prozesses (RTM), Dissertation, RWTH Aachen, 1991

[KPA96] Karkanas, P.I.; Partridge, I.K.; Attwood, D.: Modelling the Cure of a Commercial Epoxy Resin for Applications in Resin Transfer Molding, Polymer International Vol. 41, No. 2, 1996

[Krü13] Krüss GmbH: Benetzbarkeit von Carbonfasern anhand von Einzelfaser-Kontaktwinkelmessungen – eine Machbarkeitsstudie, Application Report, 2013

[KSA07] Kuentzer, N.; Simacek, P.; Advani, S.G.; Walsh, S.: Correlation of void distribution to VARTM manufacturing techniques, Composites Part A Vol. 38, 2007

[LAG95] Luce, T.; Advani, S.G.; Grant Howard, J.; Parnas, R.S.: Permeability Characterization Part 2: Flow Behavior in Multiple-Layer Preforms, Polymer Composites Vol. 16, No.6, 1995

[Leb12] Lebel, F.: Contrôle de la fabrication des composites par injection sur renforts, Dissertation, École Polytechnique de Montréal, 2012

[LeB97] Lekakou, C.; Bader, M.G.: Mathematical modelling of macro- and micro-infiltration in resin transfer moulding (RTM), Composites Part A Vol. 29, 1996

[Leh99] Lehmann, U.: Herstellung von endlosverstärkten, hohlen Formteilen mit innendruckbeaufschlagten Kernen im Harzinjektionsverfahren, RWTH Aachen, Dissertation, 1999

[LeL03] Lee, G.W.; Lee, K.J.: Mechanism of Void Formation in Composite Processing with Woven Fabrics, Polymers & Polymer Composites Vol. 11, No7, 2003

[LEM12] Lässig, R.; Eisenhut, M.; Mathias, A.; et al.: Serienproduktion von hochfesten Faserverbundbauteilen – Perspektiven für den deutschen Maschinen- und Anlagenbau, Studie, Roland Berger, VDMA, 2012

[LeR08] Leclerc, J.S.; Ruiz, E.: Porosity reduction using optimized flow velocity in Resin Transfer Molding, Composites Part A Vol. 39, 2008

[LGB01] Labat, L.; Griesel, M.; Breard, J.; Bouquet, G.: Original use of electrical conductivity for void detection due to injection conditions of composite materials, Comptes Rendus de l'Académie des Sciences Série II b Vol. 329, 2001

[LGS99] Lundström, T.S.; Gebart, B.R.; Sandlund, E.: In-Plane Permeability Measurements on Fiber Reinforcements by the Multi-Cavity Parallel Flow Technique, Polymer Composites Vol. 20, No.1, 1999

[LHL01] Lomov, S.V.; Huysmans, G.; Luo, Y.; Parnas, R.S.; Prodromou, A.; Verpoest, I.; Phelan, F.R.: Textile composites: modelling strategies, Composites Part A Vol. 32, 2001

[LiC16] Liu, X; Chen, F.: A Review of Void Formation and its Effects on the Mechanical Performance of Carbon Fiber Reinforced Plastics, Engineering Transactions Vol. 64, No. 1, 2016

[LKK97] Lai, Y.H.; Khomani, B.; Kardos, J.: Accurate Permeability Characterization of Preforms Used in Polymer Matrix Composites, Polymer Composites Vol. 18, No. 3, 1997

[LLK06] Lee, H.D.; Lee, W.I.; Kang, M.K.: Analysis and minimization of void formation during reins transfer molding process, Composites Science and Technology Vol. 66, 2006

[Low93] Lowe, J.R.: Void Formation in Resin Transfer Moulding, Dissertation, University of Nottingham, 1993

[LPS12] Lebel-Lavacry, A.; Park, C.H.; Saouab, A.; Guéroult, S.; Bizet, L.; Bréard, J.: Modeling and Simulation of Void Formation During the Resin Transfer Molding Process, Proceedings of the ASME 2012 11th Biennial Conference on Engineering Systems and Design Analysis, Nantes, Frankreich, 2012

[LSB88] Lee, W.J.; Seferis, J.C.; Berg, J.C.: Characterizing High Performance Composite Processability with Dynamic Fiber Wettability Measurements, Polymer Composites Vol. 9, No. 1, 1988

[LTR91] Lee, L.J.; Trevino, L.; Rupel, K.; Young, W.B.; Liou, J.: Analysis of Resin Injection Molding in Molds with Preplaced Fiber Mats I: Permeability and Compressibility Measurements, Polymer Composites Vol. 21, No. 1, 1991

[LuG94] Lundström, T. S.; Gebart, B.R.: Influence from Process Parameters on Void Formation in Resin Transfer Molding, Polymer Composites Vol. 15, No. 1, 1994

[Lun96] Lundström, S.: Bubble Transport through Constricted Capillary Tubes with Application to Resin Transfer Molding, Polymer Composites Vol. 17, No. 6, 1996

[LWG10] Li, M.; Wang, S.; Gu, Y.; Zhang, Z.; Li, Y.; Potter, K.: Dynamic capillary impact on longitudinal micro-flow in vacuum assisted impregnation and the unsatured permeability of inner fibertows, Composites Science and Technology Vol. 70, Issue 11, 2010

[LZX11] Liu, Z.; Zeng, J.; Xiao, J.; Jiang, D.; Peng, C.: Studies on Rheological Behaviors and Processing Windows of Low Viscosity Epoxy Resin for VIMP, Journal of Wuhan University of Science – Materials Science Vol. 26, No. 5, 2014

[MAA19] May, D.; Aktas, A.; Advani, S.G.; Berg, D.C.; et al.: In-plane permeability characterization of engineering textiles based on radial flow experiments: A benchmark exercise, Composites Part A Vol. 121, 2019

[MaP12] Masoodi, R.; Pillai, K.M.: A general formula for capillary suction-pressure in porous media, Journal of Porous Media Vol. 15, No. 8, 2012

[MAU09] Mekic, S.; Akhatov, L.S.; Ulven, C.A.: Analysis of a radial infusion model for in-plane permeability measurements of fiber reinforcement in composite materials, Polymer Composites Vol. 30, Issue 12, 2009

[MeB13] Mekic, S.; Bakke, B.: Radial infusion models for permeability measurements of compressed fibrous beds, International Journal of Multiphase Flow Vol. 48, 2013

[Mez10] Mezger, T.G.: Das Rheologie Handbuch, 3. Auflage, Hannover: Vincentz Network, 2010

[MGH09] Maclaren, O.; Gan, J.M.; Hickey, C.M.D.; Bickerton, S.; Kelle, P.A.: The RTM-Light Manufacturing Process: Experimentation and Modelling, Conference Paper, 16th ICCM International Conferences on Composite Materials, Edinburgh, 2009

[Mic16] Michaud, V.: A Review of Non-Saturated Resin Flow in Liquid Composite Moulding processes, Transport in Porous Media Vol. 113, No. 2, 2016

[MiF08] Michaeli, W.; Fischer, K.: Untersuchung zur Fertigung von flächigen Bauteilen aus faserverstärkten Kunststoffen mithilfe des Spaltimprägnierverfahrens, Zeitschrift Kunststofftechnik 4/2008, München: Hanser Verlag, 2008

[MiF10] Michaeli, W.; Fischer, K.: Spaltimprägnierverfahren für schnellere Herstellung von Hochleistungsbauteilen, Lightweight Design 3/2010, Wiesbaden: Springer, 2010

[MiL89] Mijovic, J.; Lee, C.H.: Modeling of Chemorheology of Thermoset Cure by Modified WLF Equation, Journal of Applied Polymer Science Vol. 37, No. 4, 1989

[MMT15] Murata, M.; Matsuzaki, R.; Todoroki, A.; Mizutani, Y.; Suzuki, Y.: Three-dimensional reconstruction of resin flow using capacitance sensor data assimilation during a liquid composite molding process: A numerical study, Composites Part A Vol. 73, 2015

[MST14] Matsuzaki, R.; Seto, D.; Todoroki, A.; Mizutani, Y.: Void Formation in Geometry-Anisotropic Woven Fabrics in Resin Transfer Molding, Advanced Composite Materials Vol. 23, No. 2, 2014

[MTL89] Molnar, J.A.; Trevino, L.; Lee, L.J.: Liquid Flow in Molds with Prelocated Fiber Mats, Polymer Composites Vol. 10, No. 6, 1989

[MWH14] Meier, R.; Walbran, A.; Hahn, C.; Zaremba, S.; Drechsler, K.: Methods to Determine the Permeability of Textile Reinforcements, Journal of Plastics Technology Vol. 10, 2014

[NeM65] Nelder, J.A.; Mead, R.: A Simplex Method for Function Minimization, The Computer Journal Vol. 7, Issue 4, 1965

[NAA06] Neacsu, V.; Abu Obaid, A.; Advani, S.G.: Spontaneous radial capillary impregnation across a bank of aligned mircro-cylinders – Part I: Theory and model development, Journal of Multiphase Flow Vol. 32, 2006

[NMB14] Neitzel, M.; Mitschang, P.; Breuer, U.: Handbuch Verbundwerkstoffe – Werkstoffe, Verarbeitung, Anwendung, 2. Auflage, München: Carl Hanser Verlag, 2014

[NoM12] Nordlund, M.; Michaud, V.: Dynamic saturation curve measurement for resin flow in glass fibre reinforcement, Composites Part A Vol. 43, Issue 3, 2012

[NSI14] Naik, N.K.; Sirisha, M.; Inai, A.: Permeability characterization of polymer matrix composites by RTM/VARTM, Progress in Aerospace Sciences Vol. 65, 2014

[OBO02] Olivero, K.A.; Barraza, H.J.; O'Rear, E.A.; Altan, M.C.: Effect of Injection Rate and Post-Fill Cure Pressure on Properties of Resin Transfer Molded Disks, Journal of Composite Materials Vol. 36, No. 16, 2002

[OCF95] Olivier, P.; Cottu, J.P.; Ferret, B.: Effects of cure cycle pressure and voids on some mechanical properties of carbon/epoxy laminates, Composites Vol. 26, 1995

[PaK95] Palmese, G.R.; Karbhari, V.M.: Effects of Sizings on Microscopic Flow in Resin Transfer Molding, Polymer Composites Vol. 16, No. 4, 1995

[PaL11] Park, C.H.; Lee, W.I.: Modeling void formation and unsaturated flow in liquid composite molding processes: a survey and review, Journal of Reinforced Plastics and Composites, Vol. 30, 2011

[PaL95] Patel, N.; Lee, L.J.: Effects of Fiber Mat Architecture on Void Formation and Removal in Liquid Composite Molding, Polymer Composites Vol. 16, No. 5, 1995

[PaL96a] Patel, N.; Lee, L.J.: Modeling of Void Formation and Removal in Liquid Composite Molding. Part I: Wettability Analysis, Polymer Composites Vol. 17, No. 1, 1996

[PaL96b] Patel, N.; Lee, L.J.: Modeling of Void Formation and Removal in Liquid Composite Molding. Part II: Model Development and Implementation

[Pap07] Papula, L.: Mathematik für Ingenieure und Naturwissenschaftler Band 2, 11. Auflage, Wiesbaden: Vieweg, 2007

[PaS93] Parnas, R.S.; Salem, A.J.: A Comparison of the Unidirectional and Radial In-Plane Flow of Fluids Through Woven Composite Reinforcements, Polymer Composites Vol. 14, No. 5, 1993

[PaW05] Parnas, R.S.; Walsh, S.M.: Vacuum-Assisted Resin Transfer Molding Model, Polymer Composites Vol. 26, Issue 4, 2005

[PDI14] PD Interglas: Glasfilamentgewebe für die Kunststoffverarbeitung –Produktspezifikation, Datenblatt, 2014

[PeR92] Peterson, R.C.; Robertson, R.E.: Mechanisms affecting void distribution and elimination in resin transfer molding, Proceedings of the 8th Advanced Composites Conference, Chicago, 1992

[PGS98] Pearce, N.; Guild, F.; Summerscales, J.: A study of the effects of convergent flow fronts on the properties of fibre reinforced composites produced by RTM, Composites Part A Vol. 29, Issue 2, 1998

[PHL95] Parnas, R.S.; Howard, J.G.; Luce, T.L.; Advani, S.G.: Permeability Characterization Part I: A Proposed Standard Reference Fabric for Permeability, Polymer Composites Vol. 16, No. 6, 1995

[PiA98] Pillai, K.M.; Advani, S.G.: A Model for Unsaturated Flow in Woven Fiber Preforms during Mold Filling in Resin Transfer Molding, Journal of Composites Materials Vol. 32, No. 19,1998

[PLP94] Phelan, F.R.; Leung, Y.; Parnas, R.S.: Modeling of Microscale Flow in Unidirectional Fibrous Porous Media, Journal of Thermoplastic Composite Materials Vol. 7, 1994

[PLS11] Park, C.H.; Lebel, A.; Saouab, A.; Bréard, J.; Lee, W.I.: Modeling and simulation of voids and saturation in liquid composite molding processes, Composites Part A Vol. 42, Issue 6, 2011

[PPA97] DeParseval, Y.; Pillai, K.M.; Advani, S.G.: A Simple Model for the Variation of Permeability due to Partial Saturation in dual Scale Porous Media, Transport in Porous Media Vol. 27, 1997

[PRK06] Patnaik, A.; Rengasamy, R.S.; Kotharai, V.K.; Ghosh, A.: Wetting and Wicking in Fibrous Materials, Textile Progress Vol. 39, Issue 1, 2006

[PRL95] Patel, N.; Rohatgi, V.; Lee, L.J.: Micro Scale Flow Behavior and Void Formation Mechanism during Impregnation Through a Unidirectional Stitched Fiberglass Mat, Polymer Engineering and Science Vol. 35, No. 10, 1995

[PSK13] Peters, L; Stieglitz, A; Königsreuther, P.: Gekonnte Auslegung von RTM-Werkzeugen, Maschinenmarkt 11/2013, Würzburg: Vogel Business Media, 2013

[PSS94] Parnas, R.S.; Salem, A.J.; Sadiq, T.A.K.; Wang, H.-P.; Advani, S.G.: The interaction between mirco- and macroscopic flow in RTM Preforms, Composite Structures Vol. 27, 1994

[Pot97] Potter, K.: Resin Transfer Moulding, London: Chapman & Hall, 1997

[RaP00] Ramakrihnan, B.; Pitchumani, R.: Fractal Permeation Characteristics of Preforms Used in Liquid Composite Molding, Polymer Composites Vol. 21, No. 2, 2000

[RAS06] Ruiz, E.; Achim, V.; Soukane, S.; Trochu, F.; Bréard, J.: Optimization of injection flow rate to minimize micro/macro-voids formation in resin transfer molded composites, Composites Science and Technology Vol. 66, Issues 3-4, 2006

[RAS13] Rodriguez de Oliviera, I.; Campos Amico, S.; Ávila Souza, J.; et al.: Resin Transfer Molding Process: A Numerical Investigation, Defect and Diffusion Forum, 2013

[Rie11] Rieber, G.M.: Einfluss von textilen Parametern auf die Permeabilität von Multifilamentgeweben für Faserverbundkunststoffe, Dissertation, Technische Universität Kaiserslautern, 2011

[RJM13] Rieber, G.; Jian, J.; Mitschang, P.; et al.: Influence of textile parameters on the in-plane Permeability, Composites Part A Vol. 52, 2013

[RLK97] Rudd, C.D.; Long, A.C.; Kendall, K.N.; Mangin, C.G.E.: Liquid Moulding Technolgies, Albington, GBR: Woodhead, 1997

[RLR13] Ravey, C.; Lebel, F.; Ruiz, E.; Courteau-Godmaire, H.; Trochu, F.: Void Minimization and Optimization of Injection Velocity in RTM Processing, The 19th International Conference on Composite Materials Proceedings, Montreal, 2013

[RPA96] Ranganathan, S.; Phelan, F.R.; Advani, S.G.: A Generalized Model for the Transverse Fluid Permeability in Unidirectional Fibrous Media, Polymer Composites Vol. 17, No. 2, 1996

[RPL96] Rohatgi, V.; Patel, N.; Lee, L.J.: Experimental Investigation of Flow-Induced Microvoids During Impregnation of Unidirectional Stitched Fiberglass Mat, Polymer Composites Vol. 17, Issue 2, 1996

[Rol75] Roller, M.B.: Characterization of the Time-Temperature-Viscosity Behavior of Curing B-Staged Epoxy Resin, Polymer Engineering and Science Vol. 15, No. 6, 1975

[Rol85] Roller, M.B.: Rheology of Curing Thermosets: A Review, Polymer Engineering and Science Vol. 26, No. 6, 1985

[RoP05] Roy, T.; Pillai, K.M.: Characterization of Dual-Scale Fiber Mats for Unsaturated Flow in Liquid Composite Molding, Polymer Composites Vol. 26, Issue 6, 2005

[RRT14] Ravey, C.; Ruiz, E.; Trochu, F.: Determination of the optimal impregnation velocity in Resin Transfer Molding by capillary rise experiments and infrared thermography, Composites Science and Technology Vol. 99, 2014

[Rul96] Rulison, C.: Contact Angle Determinations by the “Straw” Method and Packed Cell Method, Application Report, Krüss GmbH, 1996

[Sch79] Schlichting, H: Boundary Layer Theory, New York: McGraw Hill, 1979

[Sch07] Schell, J.S.U.: Investigation of the Influence of meso-scale Flow Effects in Liquid Composite Moulding Processes on the Laminate Quality, Dissertation, ETH Zürich, 2007

[SDG67] Selden, P.H. (Hrsg.), Damen, L.W.J.; Grünewald, R.; et al.: Glasfaserverstärkte Kunststoffe, Berlin-Heidelberg: Springer, 1967

[SEH12] Samir, J.; Echaabi, J.; Hattabi, M.: Control Volume Finite Element Methods for Flow in Porous Media: Resin Transfer Molding, in Finite Element Analysis – Applications in Mechanical Engineering, 2012

[ShL02] Shih, C.; Lee, L.J.: Analysis of Void Removal in Liquid Composite Molding Using Microflow Models, Polymer Composites Vol. 23, No.1, 2002

[SiA15] Simacek, P.; Advani, S.G.: “Equivalent” permeability and flow in compliant porous media, Composites Part A Vol. 80, 2015

[Sie13] Siebenpfeiffer, W. (Hrsg.): Leichtbau-Technologien im Automobilbau – Werkstoffe, Fertigung, Konzepte, 1. Auflage, Wiesbaden: Springer, 2014

[SKB15] Swery, E.E.; Paras, K.A.; Bickerton, S.: Numerical Permeability Prediction of Woven Textiles: Examining the Characteristics of Multilayer Preforms, 20th International Conference on Composite Materials, Kopenhagen, 2015

[SKK93] Skartsis, L.; Kardos, J.L.; Khomani, B.: Resin Flow Through Fiber Beds During Composite Manufacturing Processes. Part I: Review of Newtonian Flow Through Fiber Beds, Polymer Engineering and Science Vol. 43, No.4, 1992

[SPA01] Slade, J.; Pillai, K.M.; Advani, S.G.: Investigation of Unsaturated Flow in Woven, Braided and Stitched Fiber Mats During Mold-Filling in Resin Transfer Molding, Polymer Composites Vol. 22, No. 4, 2001

[SQF16] Seveno, D.; Qiu, S.; Fuentes, C.A.; Zhang, D.; Van Vuure, A.W.: Wettability of Carbon Fibers at the Microscale, The Fiber Society's 2016 Spring Technical Conference, Mulhouse, Frankreich, 2016

[SSE07] Schell, J.S.U.; Sigerist, M.; Ermanni, P.: Experimental Determination of the Transversal and Longitudinal Fibre Bundle Permeability, Applied Composite Materials Vol. 14, Issue 2, 2007

[Sta06] Stadtfeld, H.: Entwicklung einer Messzelle zur Bestimmung von Kompaktierungs- und Permeabilitätskennwerten bei flächigen Faserhalbzeugen, Dissertation Technische Universität Kaiserslautern, 2006

[TaP12a] Tan, H.; Pillai, K.M.: Multiscale modeling of unsaturated flow in dual-scale preforms of liquid composite molding I: Isothermal flows, Composites Part A Vol. 43, Issue 1, 2012

[TaP12b] Tan, H.; Pillai, K.M.: Multiscale modeling of unsaturated flow in dual-scale preforms of liquid composite molding I: Non-Isothermal flows, Composites Part A Vol. 43, Issue 1, 2012

[TaP12c] Tan, H.; Pillai, K.M.: Multiscale modeling of unsaturated flow in dual-scale fiber preforms of liquid composite molding III: Reactive flows, Composites Part A Vol. 43, Issue 1, 2012

[TBK11] Timms, J; Bickerton, S.; Kelly, P.A.: Numerical Simulation of the RTM-Light Manufacturing Process, Conference Paper, 18th ICCM International Conference on Composite Materials, Jeju, 2011

[THA14] Tahir, M.W.; Hallström, S.; Åkermo, M.: Effect of dual scale porosity on the overall permeability of fibrous structures, Composites Science and Technology Vol. 103, 2014

[THE12] Thoma, B.; Henning, F.; Elsner, P.: Prozessentwicklung zur automatisierten Verarbeitung von Hochleistungs-Faserverbundkunststoffen, Lightweight Design 02/2012, Wiesbaden: Springer Fachmedien, 2012

[TSA15] Tahir, M.W.; Stig, F.; Äkermo, M.; Hallström, S.: A numerical study of the influence from architecture on the permeability of 3D-woven fibre reinforcement, Composites Part A Vol. 74, 2015

[Tuc96] Tucker, C.L.: Heat Transfer and Reaction Issues in Liquid Composite Molding, Polymer Composites Vol17, No. 1, 1996

[VBK91] Van West, B.P.; Byron Pipes, R.; Keefe, M.; Advani, S.G.: The draping and consolidation of commingled fabrics, Composites Manufacturing Vol. 2, No. 1, 1991

[VGL14] Vajari, D.A.; González, C.; Llorca, J.; Legarth, B.N.: A numerical study of the influence of microvoids in the transverse mechanical response of unidirectional composites, Composites Science and Technology Vol. 97, 2014

[VLL10] Verleye, B.; Lomov, S.V.; Long. A.; Verpoest, I.; Roose, D.: Permeability prediction for the meso–macro coupling in the simulation of the impregnation stage of Resin Transfer Moulding, Composites Part A Vol. 41, Issue 1, 2010

[VMM06] Verrey, J.; Michaud, V.; Månson, J.-A.E.: Dynamic capillary effects in liquid composite moulding with non-crimp fabrics, Composites Part A Vol. 37, 2006

[VRA14] Vernet, N.; Ruiz, E.; Advani, S.; et. al.: Experimental determination of the permeability of engineered textiles: Benchmark II, Composites Part A Vol. 61, 2014

[Wei51] Weibull, W.: A Statistical Distribution Function of Wide Applicability, Journal of the Applied Mechanics Vol. 18, 1951

[Whi74] White, R.P.: Time-Temperature Superposition of Viscosity-Time Profiles of Three High Temperature Epoxy Resins, Polymer Engineering and Science Vol. 14, No. 1, 1974

[Wie08] Wiedemann, J.: Leichtbau Elemente und Konstruktion, 3. Auflage, Berlin: Springer Verlag, 2008

[WiK15] Witten, E.; Kraus, T.: Composites Marktbericht 2015Marktentwicklungen, Trends, Ausblicke und Herausforderungen, Frankfurt: AVK Industrievereinigung Faserverstärkte Kunststoffe, 2015

[WME74] Williams, J.G.; Morris, C.E.M.; Ennis, B.C.: Liquid Flow Through Aligned Fiber Beds, Polymer Engineering and Science Vol. 14, No. 6, 1974

[WMM06] Wolfrath, J.; Michaud, V.; Modaressi, A., Manson. J.A.E.: Unsaturated flow in compressible fibre preforms, Composites Part A Vol. 37, 2006

[WSW02] Weitzenböck, J.R.; Shenoi, R.A.; Wilson, P.A.: A Unified Approach To Determine Principal Permeability of Fibrous Porous Media, Polymer Composites Vol. 23, No. 6, 2002

[WTE03] Wacker, M.; Trawiel, P.; Ehrenstein, G.W.: Härtung von Reaktionsharzen - Time-Temperature-Transition-Diagramm, Sonderdruck FAU Erlangen-Nürnberg, 2003

[YaM05] Yamaleev, N.K.; Mohan, R.V.: Modeling of transient flow inside a fiber tow during liquid composite molding, Proceedings of ASME International Mechanical Engineering Congress and Exposition, Orlando, USA, 2005

[YaM07] Yamaleev, N.K.; Mohan, R.V.: A model for the two-phase flow through a dual-scale porous medium in liquid composite molding, Proceedings of ASME International Mechanical Engineering Congress and Exposition, Seattle, USA, 2007

[YaX95] Yang, X.F.; Xi, X.M.: Critical Wetting Angle for Spontaneous Liquid Infiltration into Orderly Packed Fibres or Spheres, Journal of Materials Science Vol. 30, Issue 20, 1995

[YLG97] Yousefi, A.; Lafleur, P.G.; Gauvin, R.: Kinetic Studies of Thermoset Cure Reactions: A Review, Polymer Composites Vol. 18, No. 2, 1997

[YSL11] Yazdchi, K.; Srivastava, S.; Luding, S.: Microstructural effects on the permeability of periodic fibrous porous media, Journal of Multiphase Flow Vol. 37, 2011

[YuY97] Yu, H.-W.; Young, W.-B.: Optimal Design of Process Parameters for Resin Transfer Molding, Journal of Composite Materials Vol. 31, No. 11, 1997

[YXZ12] Yang, J.; Xiao, J.; Zeng, J.; Peng, C.; Feng, X.; Hou, B.: An Empirical Model for Resin Viscosity During Cure in Vacuum Infusion Molding Process, Applied Composite Materials Vol. 19, Issue 3, 2012

[Zir13] Zirn, R.: Anforderungen an die Pressentechnik bei der Produktion von CFK-Karosserieteilen für die Großserie, Lightweight Design 01/2013, Wiesbaden: Springer Fachmedien, 2012

[ZJC14] Zhou, Z.; Jiang, B.; Chen, X.; Jiang, F.; Jian, Y.: Rheological Behavior and Process Prediction of Low Viscosity Epoxy Resin for RTM, Journal of Wuhan University of Technology – Materials Science Vol. 29, No. 5, 2014